"十四五"时期国家重点出版物出版专项规划项目

金属矿绿色开采理论与实践

赵国彦　著

中南大学出版社
www.csupress.com.cn
·长沙·

图书在版编目(CIP)数据

金属矿绿色开采理论与实践 / 赵国彦著. --长沙：
中南大学出版社, 2025.3.
　　ISBN 978-7-5487-6092-4

Ⅰ. TD85

中国国家版本馆 CIP 数据核字第 2024SN6718 号

金属矿绿色开采理论与实践
JINSHUKUANG LÜSE KAICAI LILUN YU SHIJIAN

赵国彦　著

□出 版 人	林绵优
□责任编辑	伍华进
□责任印制	李月腾
□出版发行	中南大学出版社
	社址：长沙市麓山南路　　　　邮编：410083
	发行科电话：0731-88876770　　传真：0731-88710482
□印　　装	湖南省众鑫印务有限公司

□开　　本　710 mm×1000 mm 1/16　□印张 17.75　□字数 355 千字
□互联网+图书　二维码内容　图片 9 张
□版　　次　2025 年 3 月第 1 版　　□印次 2025 年 3 月第 1 次印刷
□书　　号　ISBN 978-7-5487-6092-4
□定　　价　75.00 元

作者简介

About the Author

赵国彦(1963.8.25—)，湖南沅江人，中南大学二级教授，博士生导师。从事采矿技术、安全理论与灾害防治方面研究三十多年，在金属非金属矿安全高效开采方法与技术、矿井地压支护与连续开采方法、矿山安全与工程灾害控制方面具有很高的学术造诣。主持包括"十三五"国家重点研发计划"深部金属矿绿色开采关键技术研发与示范"子项在内的课题数十项，已授权国家发明专利三十余件，先后在国内外刊物上发表高水平论文两百余篇，并获国家科技进步二等奖五项、省部级科技进步奖数十项。

内容简介

Introduction

本书依托"十三五"国家重点研发计划"深部金属矿绿色开采关键技术研发与示范"(项目编号 2018YFC0604600),参考有关行业标准和产业政策,针对绿色开采发展模式不明确、考核体系不健全及理论与技术不成熟等实际问题编写而成的。全书阐释了金属矿绿色开采概念、内涵及核心目标,提出了金属矿绿色开采理论体系,对于深化落实绿色开采具有重要意义。

全书内容共 8 章,介绍了我国金属矿绿色开采理论与实践现状,形成了包括金属矿绿色开采模式优选、技术架构集成、长效机制建设、考核评价方法在内的系统性理论方法,揭示了国内具有代表性的金属矿山绿色开采实践过程。本书可为绿色矿山建设一线技术人员、行业标准政策制定者以及采矿专业学生提供参考。

前　言
Foreword

　　绿色开采是建设绿色矿山、发展绿色矿业的基础，是推动矿业高质量发展的动力引擎，是实现传统矿业绿色转型、守护"绿水青山"、推动生态文明建设的重要推手。而现阶段金属矿绿色开采的发展模式不明确、考核体系不健全、理论与技术不成熟，不利于落实"两山"理论，这些问题严重制约了生态文明建设的进程。因此，亟须根据可持续发展、循环经济、绿色发展等先进理论成果，结合金属矿开采难点，形成系统的适用于金属矿绿色开采的理论与实践体系。

　　《金属矿绿色开采理论与实践》是经过反复推敲和经过实践检验的思想结晶，是"十三五"国家重点研发计划"深部金属矿绿色开采关键技术研发与示范"的重要成果，它为传统矿业向绿色矿业转型升级提供了强有力的理论指导和技术支撑。本书理论部分为金属矿绿色开采选择发展模式、集成技术架构、健全长效机制和优化绩效评估做出了探索，形成了系统的理论研究成果；实践部分剖析了行业内有代表性的金属矿山绿色开采案例，为读者提供了切实的策略和案例研究，展示了金属矿绿色开采实践的成功实施案例，为绿色开采理论形成了概念框架。

　　《金属矿绿色开采理论与实践》有助于提升专业技术人员、政策制定者、研究人员和学生对绿色开采的了解，有助于推动矿山技术变革和政策长效发展。通过研究金属矿绿色开采相关的挑战和机遇，我们希望促进行业内的思维转变，以绿色开采理论为先锋，打破禁锢绿色开采的枷锁。当我们在绿色开采的复杂领域中前进时，我们真诚地希望本书能够启迪思维，迸发出新的活力，通过集体智慧和创新方法为采矿业与环境之间更加可持续、和谐的发展铺平道路。

　　我们对慷慨分享专业知识见解的贡献者表示感谢，使本书成为任何寻求走在绿色采矿革命最前沿的人的宝贵资源。本书由中南大学赵国彦教授课题组撰写，全书分为 8 章，第 1、2、7 章由中南大学赵国彦教授、彭康教授、梁伟章副教授撰写，第 3 章由西安交通大学赵源博士、中南大学马举副教授撰写，第 4 章由中南大学吴攀博士、简筝博士撰写，第 5 章由中南大学李洋博士、刘雷磊博士撰写，第 6 章由中南大学邱菊硕士、王猛博士撰写，第 8 章由中国矿业大学吴浩副教授、中南大学王宁博士撰写，本书由《黄金》杂志编辑张小瑞审核，谨以此感谢课题组老师和学生对本书的贡献。本书得到国家自然科学基金青年项目（52204117）的资助。

绿色不仅仅是一种颜色，更是对一个繁荣和有弹性的地球的承诺。当我们开始探索金属矿绿色开采理论和实践时，让我们牢记我们为子孙后代保护环境的共同责任和原则。通过遵循这些原则，我们可以共同建设一个天更蓝、水更绿、山更青的世界，这将成为绿色开采实践变革力量的持久见证。

中南大学采矿楼

2023. 12. 31

目　录

Contents

第 1 章
绪　论

1.1　研究背景及意义

1.1.1　研究背景

  我国资源约束趋紧、生态环境恶化日趋严重，资源环境问题的日益凸显已成为制约社会和经济发展的重要因素。改革开放以来，依靠以资源消耗为主的粗放型发展模式虽然极大地促进了经济的发展，但同时也造成了环境的严重污染。其中，与资源环境产业关联密切的采矿业，存在资源利用率低、污染排放率高、采后恢复治理滞后等问题，导致矿区生态环境日益恶化，严重威胁矿区周边居民的健康安全及社会的和谐稳定。因此，落实绿色开采、建设绿色矿山、发展绿色矿业是我国矿业发展的必然出路。

  近年来，随着国家对矿山生态保护重视程度的不断提高，矿山生态环境保护被提升到同矿产资源开采同等重要的地位。早在 2009 年，《全国矿产资源规划 (2008—2015 年)》就确立了发展绿色矿业及 2020 年基本建立绿色矿山格局的战略目标，形成以充填采矿和矿山固废充填为核心的绿色开采方案。2010 年，国土资源部正式下发《国土资源部关于贯彻落实全国矿产资源规划发展绿色矿业建设绿色矿山工作的指导意见》[1]（以下简称《意见》），《意见》中要求贯彻落实绿色发展理念，推进矿业生产与生态环境的协调发展，这标志着我国矿业开始新的发展阶段。2017 年，六部门联合发布的《关于加快建设绿色矿山的实施意见》从绿色矿山建设格局、发展方式、工作机制方面明确了建设目标，力求形成符合生态文明建设要求的矿业发展新模式。2018 年，自然资源部提出了九大行业绿色矿山建设规范，从资源开发方式等五大方面提出了相关规定。金属矿开采不再只是看重资源的高效产出，而是更加强调矿山生产作业全流程对资源、生态的利用和保护。2020 年，自然资源部印发《绿色矿山评价指标》和《绿色矿山遴选第三方评估工作要求》，进一步统一了评估标准和规范了第三方评估工作。2024年，自然资源部联合七部门印发了《关于进一步加强绿色矿山建设的通知》，提出我国要在2028年底，实现90%大型矿山、80%中型矿山达到绿色矿山的标准要求，同时加强小型矿山管理，形成更为完善的绿色矿山建设工作机制。

我国绿色矿山建设相关政策文件逐步细化，制度逐渐趋于完善，由早期的宏观规划目标到最近的实施意见和规范标准，再到评估标准和第三方评估要求，政策的系统性和操作性逐渐增强，反映了国家对绿色矿业建设的长期承诺和逐步推进的策略。总的来说，这些政策文件体现了国家对绿色矿业和生态保护的高度重视和坚定决心，旨在实现资源开发与环境保护的双赢，推动矿业行业的绿色转型和可持续发展。发展绿色矿业已成为转变矿业发展方式、提升矿业整体形象、促进矿业可持续发展的重要抓手。

《中国矿产资源报告（2023）》中指出，截至2022年底，我国已建成超过1100座国家级绿色矿山。尽管我国在推动绿色矿山建设方面取得了显著成效，但由于金属矿山的特殊性和复杂性，仍然面临许多亟待解决的问题。其一是标准和要求不统一。金属矿山分布广泛，矿种类别繁多，规模大小不一，统一的绿色矿山建设标准难以适用，加之中小型金属矿山在资源、技术、资金等方面相对不足，难以满足严格的绿色矿山建设要求。其二是绿色开采模式不明确。现有的绿色开采模式尚未完全适应不同类型和规模的金属矿山，缺乏针对金属矿山的绿色开采发展模式，矿山企业在实施绿色开采时缺乏明确的指导。其三是考核体系不健全。当前的考核体系尚未全面覆盖绿色矿山建设的各个方面，导致评估和监管的效果有限，考核指标不够具体和量化，难以准确评估矿山的绿色开采水平。其四是理论与技术不成熟。金属矿绿色开采的相关理论研究相对滞后，缺乏系统性的理论支持，绿色开采技术尚未成熟，许多关键技术处于试验阶段，实际应用效果不理想。

在生态文明建设的背景下，金属矿山绿色开采和绿色矿山建设面临诸多挑战。通过制定分级分类标准、明确绿色开采模式、完善考核体系、加强理论与技术研究、推动产学研合作以及强化政策支持和激励，可以逐步克服这些困难，推动金属矿山的绿色转型和可持续发展。

1.1.2 研究意义

金属矿绿色开采是国家发展战略，响应国家号召坚持绿色开采方针、严格遵循国家绿色开采路线与政策是金属矿山发展的必由之路。然而金属矿开采环境复杂、安全风险高、资源损失大、固废堆存量大及生态环境破坏严重，矿山大规模进行绿色开采困难重重。形成这种困境的原因是多方面的，一是金属矿产资源禀赋差异性大，受到区域、矿种、规模等多重因素影响，矿山绿色开采发展模式尚不明确；二是金属矿产资源开采标准化程度低，不同的开采方法、采选工艺、矿石品位等导致各个矿山的考核要求不尽相同,目前没有形成完善的绿色开采考核体系;三是金属矿绿色开采技术难度大,金属矿开采机械化程度低,深部开采面临"三高一扰动"问题,尾矿废石资源化利用、无害化处置成本高,绿色开采理论与技术不成熟等。

为突破金属矿绿色开采困境,推动金属矿山绿色高质量发展,亟须围绕金属矿绿色开采核心问题,剖析具有代表性的金属矿山绿色开采案例,形成系统的金属矿绿色开采理论,以绿色开采模式聚焦矿山发展方向,以技术架构引领技术发展脉络,以长效机制保障绿色开采实施,以绿色开采评价量化考核成效,以金属矿绿色开采实践案例发挥示范作用。金属矿绿色开采理论与实践的系统研究和推广将填补金属矿绿色开采理论的空白,为金属矿山的绿色高质量发展提供理论指导和实践支持。

本研究提出的金属矿绿色开采模式理论系统性地分析了金属矿的类型和特点以及资源开采特点,为矿山企业选择合适的绿色开采路径提供了理论依据,揭示了金属矿绿色开采模式的形成路径;针对金属矿绿色开采模式选择提出的量化分析法、博弈分析法和灰色聚类法,从时间维度、处置维度和规模维度分别探讨了不同金属矿的绿色开采模式类型,为不同规模、不同矿种及不同处置方法的矿山提供了可供选择与优化的绿色开采模式。

本研究根据金属矿绿色开采模式和技术架构体系,对绿色开采技术进行集成和优化,包括绿色采矿技术、环境治理技术、资源循环利用技术等,提出了金属矿绿色开采成套技术配置集成理论和实践方法,对于推动绿色开采关键技术的研发和应用,提高矿山企业的绿色开采水平和促进产业升级具有重要意义。

本研究针对当前金属矿绿色开采实施过程中存在的激励约束不匹配、政府监管调控不到位的情况,开展了绿色开采长效机制研究,通过演化博弈规律、政策效益分析,可以获得绿色开采政策调整对各参与主体的影响规律,有利于探究各种类型政策效益,为地方政府、金属矿山与监管部门各方实施绿色开采提供参考。

本研究针对金属矿绿色开采评价方法不健全、评价指标体系不合理的现象,对多种评价方法进行优选分析,从而确定合理的评价方法。在现有的绿色开采评价指标基础上,优选涵盖了区域、矿种、规模的绿色开采拓扑结构评价指标,建立更完备、更趋实际的金属矿绿色开采评价指标体系,对我国矿山企业建立健全更加有效合理的绿色开采制度、开展绿色开采具有重要意义。

本研究依据可持续发展、循环经济、绿色发展等理论,结合金属矿开采特点,开展了大量的绿色开采理论与实践研究,提出了与金属矿绿色开采相配套的发展模式、技术架构集成、长效机制保障、绿色开采绩效评价等成体系的理论,论述了具有代表性的金属矿山绿色开采实践过程,理论结合实践,其成果为传统矿业向绿色矿业转型升级提供了强有力的理论指导和技术支撑。

1.2 绿色开采国内外研究现状

1.2.1 绿色开采国内研究现状

对于绿色开采的理论研究与探索，通过文献检索发现，绿色开采理论研究大体分为三个阶段，绿色开采理论研究趋势见图 1-1。第一阶段为 2000—2008 年，为绿色开采理论概念萌芽期，研究的内容少、范围小，发表的文献较少；2009—2012 年为绿色开采理论爆发期，此阶段绿色开采相关研究内容更深入，范围扩大，相关论文发表数量呈急剧增加之势；2013 年至今，为绿色开采理论研究深入期，无论是绿色开采研究内容的深度，还是研究的广度，都较之前有很大进步，发表的论文水平较高，论文的数量也维持在平稳的阶段。

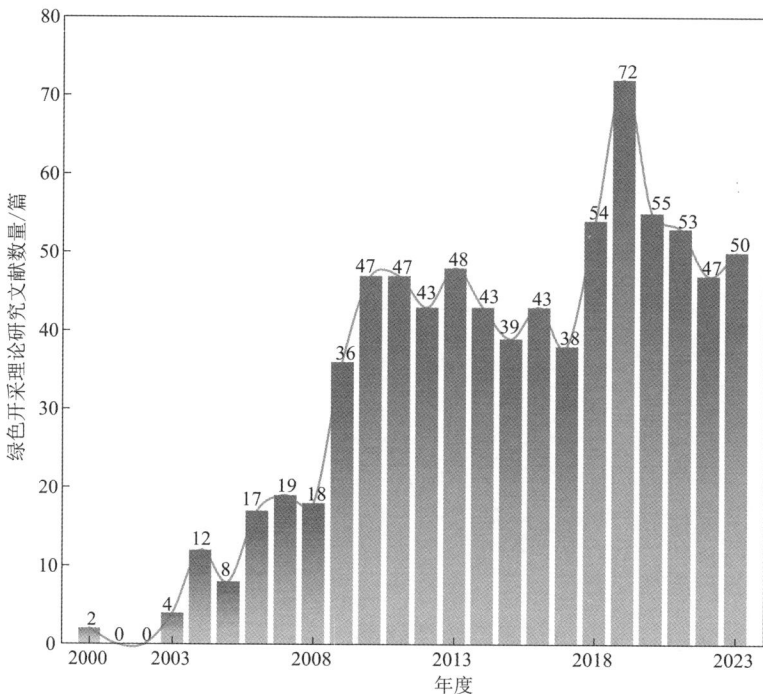

图 1-1　绿色开采理论研究趋势

李永绣等[2]首次在国内发表论文中提到绿色开采概念，针对南方离子型稀土矿的无序开采和环境破坏问题提出了稀土矿绿色开采技术存在的问题和需要开展的工作。2003 年，钱鸣高等[3]针对煤矿灾害、生态破坏和资源损失提出了绿色开采技术，并且系统性地提出了煤矿绿色开采概念、内涵和技术体系。随后，煤矿绿色开采技术体系创新、应用实践和探索进入了一个新的发展阶段，钱鸣高等[4]提出了资源与环境协调开采的概念，崔丽琴[5]也提出了绿色开采与矿区可持续发展理论，从而较早地将资源开发和宏观政策联系起来，强化了绿色开采的理论支撑。2016 年，王建法等[6]提出了金属矿绿色开采理念和技术框架，该框架主要参考煤矿绿色开采技术框架，研究认为金属矿绿色开采需要减少岩层移动和控制尾砂废石排放。

在绿色开采制度方面，刘勇等[7]探讨了绿色开采的相关法律问题，首次指出了我国缺乏绿色开采的法律定义，缺乏完整的成体系的绿色开采法律法规。另外，在矿山绿色开采的制度执行方面，也存在标准落后及执法不严的问题。季闪电[8]对绿色矿业评价和相关政策展开了研究，系统性地分析了我国矿业的产业格局，从矿业勘查、开发、布局、规划和管理层面构建评价指标体系，并且对我国绿色矿业发展提出了整体性建议，主要是建立健全鼓励和扶持性矿业政策，国家进行宏观调控。申洛霖[9]通过研究发现我国绿色开采技术政策的不足，认为需要建立一个绿色开采保障体系，让国家提出的绿色开采技术落到实处，让更多的矿山企业运用绿色开采技术，他采用经济增长模型和博弈论等方法开展研究，得出在绿色开采建设方面国家应当立足大型矿山、促进小型矿山发展的思路。

在绿色开采评估理论方面，王晓宇等[10]对绿色开采评价指标体系开展了研究，随后刘丰韬[11]、王建法[12]、刘鹏[13]分别针对不同矿山进行了绿色开采指标体系构建和评价，缪海宾[14]和赵国彦等[15-16]对金属矿绿色开采评价指标体系和赋权评价方法进行了系统性的研究。

在绿色开采的实践方面，王运敏[17]通过系统性的绿色开采理论和实践，在河钢石人沟铁矿实现了尾矿的零排放。余南中[18]指出膏体充填在绿色开采方面的应用前景广阔，必定会在绿色开采中发挥重要作用，并提出了要全面认识绿色开采与经济效益的关系，在矿山评价过程中充分考虑经济、环境、社区效益。

古德生等[19]在分析现代金属矿业的发展主题时指出，未来的发展方向包括绿色开发、智能化采矿和深部开采三个方面，同时也提出了要把资源和环境看成一个整体，实现资源环境和经济的协调发展。随后，吴爱祥等[20]在金属矿山地下开采关键技术进展和展望的研究中也指出，深部开采、智能开采和绿色开采是我国金属矿的三大发展方向，国家还需要在理论、技术和装备等方面开展更加深入系统的研究。龚鹏等[21]首次系统性地整理分析了我国绿色矿业的相关文献，并开展了统计学分析，指出我国绿色开采、绿色矿业研究偏重煤炭行业领域，非煤矿山绿色开采研究有待加强。

总体来看，我国金属矿绿色开采的相关研究呈增加趋势，但是，现有的理论与技术尚未形成系统科学的理论体系与技术标准，目前的绿色开采理论与技术研究仅仅指明了未来采矿业的发展出路，绿色开采势在必行。绿色开采理论与技术研究主要体现在：①绿色开采概念方面，主要是资源、环境、经济的协调发展，同时引入了可持续发展和循环经济等理念；②绿色开采评价方面，开展了绿色开采评价指标体系、评价等级和评价方法的系统化研究；③绿色开采技术方面，主要是尾砂废石的综合利用，包括资源化利用、生态化处置和井下充填等途径。

从研究主题上来看，绿色开采相关研究主要体现在煤炭开采、绿色开采技术方面；在金属矿绿色开采理论方面仍有许多问题值得深入研究与探讨，如绿色开采模式、技术架构、长效机制、考核评价等仍处于理论洼地，少有人涉足，且这些正是绿色开采最为关键的问题，也是我国全面推行绿色开采、建设绿色矿山最需要解决的核心理论问题。

1.2.2 绿色开采国外研究现状

虽然"绿色开采"是由我国率先提出[22-23]的新理念，但是其实西方矿业发达国家早在 20 世纪中叶就已经提出了与"绿色开采"具有相同内涵的矿产资源开发理念。美国、加拿大和澳大利亚等国家在 20 世纪 60 年代就从矿山环境保护出发，制定了矿山规划、设计、建设、运营、闭坑的法律法规，以立法形式强调矿业开发必须保护自然环境，并进行了矿山生态模式的相关研究。

例如德国在 20 世纪矿山开发中就开始探索对矿山废弃地进行植被覆盖试验，并提出了"生态现代化"的概念。美国在此阶段制定了复垦法，从顶层规范矿山的复垦行为，并设立专门机构予以管理，同期矿山的绿化工作尚处于"浅绿"阶段。到 20 世纪 80 年代，西方国家开始将"以人为本"和"可持续发展"理念融入资源开发中，强调提高矿产资源综合利用率。随着矿业发展逐渐转入"泛绿"和"深绿"阶段，绿色矿山建设从"外观绿色"向"内涵绿色"转化，政府及公司着重于矿业的制度设计、合理规划以及资源的集约开采和环境的科学保护，同时开始对废弃矿山进行改造，发展矿山公园和矿业旅游。进入 21 世纪后，可持续开采理念逐渐成为西方矿业发达国家进行矿山绿色开采的主要指导思想[24-25]。

"可持续开采"（sustainable mining）出现在 2000—2002 年采矿、矿业和可持续发展项目（the Mining, Minerals and Sustainable Development, MMSD）的最终报告《开辟新领域：采矿、矿业和可持续发展》（breaking new ground: mining, minerals and sustainable development）[26]中，作为全球采矿倡议（Global Mining Initiative, GMI）[27]的一部分被提出后，受到广泛关注。包括美国可持续矿物圆桌协会（US-based Sustainable Minerals Roundtable）、加拿大的矿物和金属倡议（Canadian Minerals and Metals Initiative）、欧洲的矿物协会（European Industrial Minerals Association）[28]等在内的全球 40 多家公司和组织参与了这项倡议，以确认矿业界未来的可持续发

展将面临的主要挑战和可能采取的对策。

2002 年，在南非约翰内斯堡召开的可持续发展世界首脑会议形成的《可持续发展世界首脑会议执行计划》提出，通过提高增值产品加工技术，回收与恢复已经退化的土地，从而促进可持续采矿的发展[29]。会议提出了从低品位矿石中提取有用矿物和开发地表矿物这两项主要技术，以降低开采的能源消耗和减少尾废的产量，同时也提出了"污染者付费"和"预防"的原则[30]。然而，可持续开采的理念同期并没有被矿业从业者完全理解，即使是西方的矿业公司也不能完全接受这些关于可持续开采的设想[31]。

加拿大政府提出可持续开采模式要贯穿从矿石开采和加工，到固废、液废处理，甚至到矿物金属制品的再利用和再循环的整个环节。在矿山开采和加工方面，通过开发更高效、更环保的生产和转化工艺，提高制造过程中能源和材料的利用效率；在减少碳排放方面，鼓励使用清洁能源，对井下生产运输设备进行电气化改造，取代燃油设备；在固废处置矿山修复方面，研究高强度、高密度的充填系统，探讨水下和其他反应性废物处理方法，并按照环境标准修复受污染影响的土地和水体；在矿物金属制品的再利用和再循环方面，努力延长金属制品的有效寿命，在金属部件的生产中最大限度地使用回收材料，并开发回收利用技术。经过多年的努力，加拿大矿业公司在利用可再生能源、降低碳排放量，以及废物回收利用方面取得了全球领先的成绩。

澳大利亚的可持续开采理念同加拿大一样，贯穿于矿产勘探和可行性分析、矿山开发与建设、矿物加工、矿山修复和闭坑的整个过程。按照《矿业可持续发展领导实践指南》建议，从矿产勘探和可行性分析阶段起，就要对以后的固废排放、酸性水处理、尾矿库设计、矿山闭坑和修复等方面进行系统规划，以延后矿山闭坑时间，并降低矿山开采活动对环境的影响[32]。矿山建设期间挖掘的废料和矿石经过分类管理后都可以作为日后矿山修复的原料，同时应该在勘查阶段就了解矿山表土和覆盖层的特性，确保它们不会在采矿或闭坑时产生不利影响或妨碍重新复垦植被。

美国的矿业环保行动始于 20 世纪 70 年代。1970 年初，美国总统尼克松签署了美国国家环境政策法案（NEPA），首先引入了环境影响报告（EIS）的概念，在 EIS 中需要描述即将开发项目的实施方案对环境产生的积极影响和消极影响，并且还要列出实施方案外可供选择的一个或多个替代方案[33]。美国的一系列法案体现出对矿业开发从严治理的环保理念。根据美国《露天采矿与复垦法》《硬岩采矿和复垦法案》等矿产相关的法案规定，矿山开发前，矿业企业要向政府提交矿山开采结束后矿区土地复垦的详细计划，并获得政府批准。矿山开采后，政府每季度要按开采量向企业征收修复保证金，建立复垦基金。开采矿山在闭坑前能按照标准完成矿山修复工作的，政府将企业原来上缴的修复保证金及利息全额返还给矿山企业；如果矿山企业未能履行复垦义务，则由政府招标开展复垦工作，并用保证金支付复垦发生的费用[34]。

1.3 金属矿绿色开采理论与实践研究现状

1.3.1 金属矿绿色开采发展历程

本研究通过总结分析矿业发展阶段和绿色矿业发展阶段的典型划分方法，综合考虑各阶段主要特征，并重点关注矿业发展中的"绿色"方面，从而将我国矿业绿色发展划分为五个阶段（见表1-1）：起步与调整阶段（1949—1981年）、合理开发与节约利用阶段（1982—1991年）、环境治理与保护阶段（1992—2002年）、绿色矿业和绿色矿山阶段（2003—2018年）以及绿色开采阶段（2018年至今）。

表 1-1 矿业绿色发展阶段

阶段	时间	主要特征
起步与调整	1949—1981 年	矿业体系初步建立、矿业规模扩大
合理开发与节约利用	1982—1991 年	矿业技术发展、资源开发和环保工作统筹规划
环境治理与保护	1992—2002 年	矿业可持续发展成为重大战略
绿色矿业和绿色矿山	2003—2018 年	科学发展观指导、绿色矿山建设逐步展开
绿色开采	2018 年—至今	绿色发展成为国家战略，绿色开采技术落实到矿山

1.3.1.1 起步与调整阶段

起步与调整阶段（1949—1981年），以中华人民共和国成立及矿业开发筚路蓝缕、欣欣向荣为标志。矿业的绿色发展，不是存在于矿业发展的某个时期，而是伴随着矿业从萌芽到发展的整个过程，与矿业整体发展息息相关。中华人民共和国成立前，中国没有完全独立自主的矿业，中国的矿业自中华人民共和国成立起才开始大力发展，矿业的绿色发展也随着中华人民共和国的成立起步，并逐渐理论化和实践化。中华人民共和国成立后，中国就开始积极恢复矿业，并于1950年12月通过了《中华人民共和国矿业暂行条例》，使矿业发展有法可依。

起步与调整阶段是从中国矿业起步，到中国矿业绿色发展的酝酿和准备时期。受长期战争影响，中华人民共和国成立初期，中国矿山均受到不同程度的破坏，矿业生产基本属于停滞状态。之后，政务院设立了重工业部与燃料工业部，并在1950年12月通过了《中华人民共和国矿业暂行条例》，积极恢复矿业生产。该阶段我国矿业刚起步，发展缓慢，规模较小。但计划经济的"重效率"使矿业从无到有，矿业体系逐步完善，矿业机制逐渐健全，是之后绿色矿业能够良好发展的基础。

在该阶段，从中央到省市自治区，分别建立了矿产勘查开发管理机构，但机构管理较分散，缺乏统一规划与组织管理。在人才培养方面，地质矿业教育获得大发展，建成了一大批地质院校和矿业院校，为矿业发展培养了一批人才。同时，矿产资源勘查工作取得大进展，为矿业发展提供了资源保障。矿业规模扩大，大批矿山企业成立，矿业生产取得突破性进展。

因此，起步与调整阶段的特征为：矿业生产逐步展开，矿业体系初步建立，矿业机制开始健全，矿业发展有法可依；在矿产资源勘查开发方面，矿产资源勘查开发机构成立；技术方面，地质矿业教育逐步跟进，培养出大批矿业人才；组织管理方面，矿业规模扩大，大批矿山企业建立，但缺乏统一的组织管理。

1.3.1.2　合理开发与节约利用阶段

合理开发与节约利用阶段（1982—1991 年），以矿业的开发、节约与保护提升到了制度层面为标志。在此时期，资源破坏与浪费现象较严重，矿产资源勘查工作跟不上开发需要，一些矿山面临资源枯竭的威胁。受矿产资源浪费以及开采乱象等影响，政府相应部门（地质部门）增添了矿产资源开发的监督与管理职能，由此矿产资源开采与浪费问题受到重视，我国对矿产资源开发中的资源节约和环境保护工作开始进行统筹规划。因此，该时期为合理开发与节约利用阶段。

合理开发与节约利用阶段，中国由计划经济逐步向市场经济过渡，矿产资源需求量剧增，矿业产值飞速增长，矿业生产步入快车道。该阶段资源与需求的矛盾开始凸显，矿产资源的合理开发与节约利用受到关注。于是，1982 年中央书记处赋予地质部监督管理矿产资源开发的职能，矿产资源的无序开发和损失浪费等问题亟须得到解决。

1982 年，全国人大常委会将地质部变更为地质矿产部，并设矿产开发管理局作为监管机构，对矿产资源开发中的资源节约和环境保护工作进行统筹规划。

1986 年，全国人大常委会通过的《中华人民共和国矿产资源法》对矿产资源的勘查、利用提出明确要求，并提出要提高资源综合利用效率。在此时期矿业开发是开源与节流并重，在寻找勘探新矿资源的同时，加强对矿产资源的管理监督，防止在采矿产资源的过度浪费与损失，考虑到矿产资源开发的不可逆性，矿产资源的开源与节流同等重要，节流比开源甚至更加重要。

在此时期，矿业经济所有制逐渐多元化，矿业企业进行了公司化改造，矿业管理体制进行了重大改革；矿产勘查开发技术有了很大进步，采矿设备大型化、现代化程度有所提高；地质勘查费用逐年增长，同时矿产资源勘查开发开始引进外资进行合作，使勘探取得重大进展。管理体制的改革提高了矿山企业发展的积极性，加上勘查力度加大，开采技术进步，煤炭、石油、天然气，及金属铁、铜、铝、铅、锌等产量增长迅速，矿产资源开采量获得了较大增长。

因此，合理开发与节约利用阶段的发展特征为：随着计划经济向市场经济的转变，矿业经济所有制由国有化走向多元化，矿业企业进行公司化改造，矿业对外开放取得进展，勘查开发技术有所进步，但矿产资源勘查难以满足开发需要，资源浪费现象较严重；此外，矿产资源开发的监督管理上升到国家层面，对于矿产资源开发中的资源节约和环境保护工作开始统筹规划，注重矿产资源的开源与节流。

1.3.1.3 环境治理与保护阶段

环境治理与保护阶段（1992—2002 年），以"可持续发展"理念的提出为标志。在此阶段，以美国为代表的西方阵营将矿业确定为夕阳产业，解散了丹佛尔矿业中心。此时期，一方面，中国经济增速开始放缓，矿业产值增速也较前期有所放缓，年均增长率为 9%；另一方面，国内外矿业发展更加注重环境保护与治理。1992 年，在联合国环境与发展大会上《气候变化框架公约》获得通过，以此希望通过全球各方共同努力维护全球环境。同年，中国政府在以可持续发展为核心的《里约环境与发展宣言》上签了字，可持续发展作为国家发展的战略逐渐提上日程，矿业的可持续发展开始得到重视。政策要求矿业协调好对生态环境的影响，在积极开发利用矿产资源、满足当代人对矿产资源需求的同时，保护好生态环境，不过度浪费资源，不过度破坏环境。

在此阶段，随着全球经济的放缓，矿业开发由快速发展转为平稳发展。矿业开发在节约资源的同时，将矿山地质环境治理与环境保护提到了新的高度，认为环境保护与可持续发展在经济发展中非常重要。1992 年后，随着可持续发展成为各行业的发展战略，矿业也将可持续发展作为重大发展战略并积极贯彻实施；2001 年，面对矿业发展过程中伴随的生态环境破坏问题，我国提出了"绿色矿城"的建设模式，并将其作为资源型城市转型升级的重要内容。该阶段侧重矿业环境治理和环境保护，强调矿业的可持续发展，以及建设绿色矿城的发展理念。

针对资源处于枯竭状态的危机矿山，国家开始了"加强找矿"工作的战略部署。重要矿产品种类和数量大幅增加，至 2000 年，累计发现矿产地 25000 多处，建成各类矿山 153063 座。但矿产品深加工程度低，产品价格低，矿山企业长期处于后续加工业的地位。

因此，环境治理与保护阶段的特征为：矿业可持续发展作为重大战略实施，矿业环境治理和环境保护受到空前关注，矿业发展对城市环境造成的问题得到重视；找矿战略部署进一步加强，重要矿产品大幅增长，但矿山企业深加工程度低，矿产品价格低，矿业规模化程度有待提高。

1.3.1.4 绿色矿业和绿色矿山阶段

绿色矿业和绿色矿山阶段(2003—2018 年),以绿色矿业发展步入一个新时期为标志。2003 年左右,中国矿业再次进入快速发展期。同时,浙江、河北、湖南、山西等地开始探索绿色矿山的建设。2005 年,在第七届中国矿业城市发展论坛上,强调绿色矿山以及绿色园林式城市的建设,并倡导积极治理矿业开采引起的地质灾害,恢复和建设破坏了的生态环境,实现人与自然的和谐共处。在此阶段,"循环经济""绿色矿业""绿色矿山"等理念应运而"出",矿业的绿色发展由简单的环境治理与保护,逐步转向全面绿色矿山建设,矿山更注重矿产资源开采环境因素测评、地质勘查、中期建设规划、采选冶、后期治理恢复整个过程中生态效益与经济效益的平衡。因此,该阶段为绿色矿业和绿色矿山阶段。

在绿色矿业和绿色矿山阶段,伴随着中国工业化和城市化进程的加快,对矿产资源的需求日益增加,推动了矿业的快速发展。在此背景下,该阶段矿业的绿色发展更加注重科学高效的资源开采方式,基于科学发展观,开始了绿色矿山的探索与实践。

在此阶段,矿产资源勘查的集约化为国民经济的平稳快速发展提供了有力的资源保障,绿色矿山建设取得初步成效,通过实施矿产资源开发过程中的系列举措,矿产资源的开发利用秩序实现了明显好转。但是,在经济和社会发展过程中,矿产资源需求继续快速增长,且重要矿产资源的储量增长放缓,消费增长快于产量增长,长期粗放型的经济增长模式仍未得到根本性转变。

因此,绿色矿业和绿色矿山阶段特征为:经济高速增长带动矿产资源需求的增长,矿业快速发展,强调全面、协调、可持续的科学发展观,绿色矿山的探索和实践逐步展开;矿产资源勘查力度加大,重要矿产资源消耗大,储量增长相对缓慢,传统的粗放型增长模式和结构性矛盾有待改变。

1.3.1.5 绿色开采阶段

绿色开采阶段(2018 年至今),以新型绿色矿业的倡导为标志。受世界经济低迷、需求放缓、能源结构调整等影响,我国煤炭、钢铁、水泥等矿产品存在需求过剩的状况,矿业较前期增长放缓。随着"绿色矿业"倡议的提出,矿业绿色发展逐渐由绿色矿山向绿色矿业过渡,绿色矿山试点范围日益扩大,分领域、分地域的绿色矿山标准体系逐渐健全,形成了转变矿业发展方式、提升矿业形象、改善民生、加强生态保护、促进社会和谐的重要平台,提出了矿山企业规范运营、转型升级、融资上市、走向海外的绿色矿业目标。

在此阶段,地质找矿取得重大进展,累计投入地质勘查经费 8000 多亿元,新发现大中型矿产地 1708 处,找矿战略行动取得重大进展。矿业经济规模不断扩大，大中型矿山占比提高，基本形成了规模开发、集约利用、安全生产、秩序良好的资源开发局面。新能源、新材料等战略性新兴矿产资源的需求逐步凸显。矿业方面的国际合作取得新进展，矿业贸易总额高达 1.1 万亿美元，连续多年占全国商品进出口总额的 1/4。

因此，绿色开采阶段的发展特征为：矿业增速放缓，部分矿产品存在产能过剩局面；大力提倡"绿色矿业"理念，矿业的绿色发展由绿色矿山开始逐步过渡到绿色矿业；地质找矿取得重大进展，矿业发展规模化、集约化程度提高，战略性新兴矿产需求凸显，矿业国际合作加强。

1.3.2　金属矿绿色开采理论研究现状

现阶段，我国金属矿绿色开采理论研究还处于发展阶段。相较于煤炭绿色开采理论，金属矿绿色开采理论没有形成系统性的、深度思考的理论体系。如在煤矿绿色开采方面，钱鸣高[35]对煤矿开采提出了绿色开采的概念和技术体系；李兴尚等[36]根据采充均衡提出了煤矿开采的模式选择；王建国等[37]探讨了煤矿绿色开采的理论问题，提出露天煤矿绿色开采"绿色因子"的概念与内涵，分析了露天煤矿开发过程中占用土地的绿色动态演变。而在金属矿绿色开采方面，赵源等[38]对金属矿绿色开采模式的内涵、特征与类型展开了分析，根据金属矿山尾废产率、规模大小设计了不同的发展模式；赵国彦等[39-40]提出了金属矿绿色开采技术集成与架构方法，这些研究逐渐丰富了金属矿绿色开采的理论。

1.3.3　金属矿绿色开采实践的瓶颈问题

目前，我国金属矿绿色开采在实践过程中遇到诸多瓶颈问题，可以从理论与技术两个方面进行探讨。绿色开采理论瓶颈表现在：①绿色开采模式；②绿色开采技术架构与技术集成；③绿色开采长效机制；④绿色开采效果评价体系等。绿色开采技术瓶颈表现在：①低废开采技术；②尾矿资源化利用技术；③尾矿生态化堆存技术；④尾矿无害化处置技术等。以上理论与关键技术难以应用与落实，导致我国金属矿山企业绿色开采动力明显不足，进步慢。鉴于此，我们应该加快推进绿色矿山建设，努力推广并实施绿色开采技术。

1.3.3.1　绿色开采理论瓶颈

（1）绿色开采模式

由于金属矿山类型、规模、地质条件、地域差异大，缺乏统一的绿色开采模式，实践中难以有效选择和实施适合的开采模式，亟须针对不同矿种、规模和区域，开展绿色开采模式研究，提出适合不同条件的开采模式。

（2）绿色开采技术架构与技术集成

绿色开采技术架构不完善，缺乏系统性和集成性，导致各项技术难以协调应用，整体开采效果不佳，基于多目标的决策集成理论尚未得到普遍推广应用，亟须构建系统的绿色开采技术架构，明确各技术模块的功能和相互关系，推动技术集成和综合应用，实现各项绿色开采技术的协同效应。

（3）绿色开采长效机制

金属矿山在当前与远期利益、安全与经济效益、环境与社会效益之间徘徊，缺乏长效的绿色开采管理和激励机制，企业在绿色开采方面的持续动力不足，亟须建立健全绿色开采长效管理机制，包括政府监管、企业自律、社会监督等方面的机制，确保绿色开采的持续实施。

（4）绿色开采效果评价体系

现有的绿色开采评价指标和方法不够科学、全面，难以准确反映绿色开采的实际效果，亟须制定涵盖区域、矿种、规模等因素的指标，确保评价的科学性和全面性，同时开发先进的评价方法和工具，以提高评价的客观性和准确性。

1.3.3.2　绿色开采技术瓶颈

（1）低废开采技术

低废开采的目标是最大限度地减少废料的产出和排放，提高资源综合利用率，减轻或消除矿产资源开发对生态和环境的破坏。低废开采的实现途径与开采技术条件及矿山开采实际情况紧密相关，就目前金属矿开采整体技术经济条件来讲，距离低废开采的实现仍然存在较多问题有待解决。

金属矿井下废石与矿山开采的矿体类型、矿石中有用矿物含量（品位）、矿山所用开拓方式、采准切割作业等有关，部分薄或极薄矿体的开采为满足工作空间的需要而必须采出部分废石。另外，无论采用何种采矿方法，受矿岩边界线划分、矿体厚薄、矿岩稳固性，以及采矿方法、采掘设备施工精度、工人责任心、凿岩爆破技术水平等因素影响，外加出矿、提升运输、采掘计划、配矿等原因，均会造成金属矿开采过程中出现一次贫化与二次贫化，因而造成矿山尾矿与废石的大量存在。从当前我国金属矿开采现有的技术条件与技术水平来看，低废或无废开采尚存在以下三方面的问题：一是采矿方法选择不当，二是凿岩设备以及爆破技术落后，三是资源利用率较低。

（2）尾矿资源化利用技术

尾砂堆存地表，不仅污染环境破坏生态，而且存在严重的安全隐患。为了维护尾矿坝的安全、减少尾矿对环境造成的危害，矿山企业和政府每年都投入大量的人力物力，但仍旧难以避免事故发生与环境污染。因此，一方面，当前矿产资源越来越短缺、形势愈发严峻。另一方面，在地表尾矿的安全问题愈发严重、生态环境影响愈发恶劣的背景下，如何有效综合利用二次资源受到了人们的广泛关注与重视。显然，通过科学技术创新，将尾矿资源综合化利用，是实现矿山少尾和无尾的根本途径，其作用与意义巨大，不仅可缓解当前资源贫乏的问题，而且还可以减少生态环境破坏，给企业带来巨大的经济效益，是矿山企业走可持续发展道路的方向所在。

在尾矿综合利用技术的研究与工业应用过程中，需要研究尾矿的基本性质，包括尾矿的原始颗粒级配、含泥量、颗粒形貌，尾矿中矿物颗粒的沉降性能、表面性能、表面缺陷、内部缺陷，以及有害组分类型及无害化处理方法等，以适应新的材料、产品、用途的需要与环境、特性等要求。

当前，尾矿资源综合利用主要存在以下问题：尾矿中细颗粒的资源化问题，高杂质低含量有用成分尾矿综合利用问题，常规技术难以解决尾矿高效回收问题，低含量稀贵金属难回收问题，缺乏专门的浮选药剂与选矿设备等。

(3)尾矿生态化堆存技术

尾矿生态化堆存一般分为干式堆存与湿式堆存两种形式，干式堆存是对选厂低浓度尾矿进行浓密脱水后在某一固定地点进行存放；而湿式堆存则是根据地形采用围湖筑坝等方式修建尾矿库，将选厂低浓度尾矿通过泵入尾矿库的形式存放。干式堆存需要解决脱水、浓密固化等问题，但干式堆存尾矿不易实现表层绿化；湿式堆存一般库容较大，建造合适的尾矿库极为困难。

调查分析金属矿尾矿生态化堆存现状，不难发现在实践中存在如下问题：生态化堆存技术不成熟；尾矿库选址与征地困难；干式堆存难以实现绿化；生态化堆存投入大；生态化堆存从技术装备研发到化学处置技术、生物培育均需投入大量的人力、物力和资金；而且堆存尾矿需要长期监测重金属含量、尾矿库渗流等数据，需要全周期投入。但是整个过程体现在长远的生态效益上，而企业在堆存治理过程中收益较小，这种矛盾导致企业投入生态化堆存技术研发积极性降低。

(4)尾矿无害化处置技术

尾矿废石无害化处置方法有物理法、化学法、生物法及其他方法。尾矿的物理无害化处置是通过物理隔离方法，构建物理防渗隔离层，使尾废、有毒有害物质不与周边水土体接触，从而避免固废污染；固废化学无害化处置是运用化学方法，使用化学添加剂减少或去除污染物；固废生物无害化处置是指使用生物方法，利用动物、植物、微生物将尾矿中的污染源物质吸收、降解、转化，使污染物浓度降低，从而达到无害化处置和综合利用的目的。

我国开展尾矿无害化处置研究的时间较长，从20世纪80年代开始就有人进行了研究。尾矿无害化处置存在的问题有两方面：一是创新性不强，技术含量不够，整体水平低，不能有效处置金属矿尾矿中有毒有害物质，避免二次污染；二是重视程度不够，法律制度不健全，没有形成完善的尾矿处置标准与技术规范。

1.4 金属矿绿色开采理论与实践研究内容和特点

1.4.1 金属矿绿色开采理论与实践研究内容

绿色开采理论提出由来已久，尤其是在煤矿开采领域，钱鸣高院士系统性地提出了煤矿绿色开采概念、内涵和技术体系。而在金属矿开采领域尚缺乏系统深入的理论研究。针对金属矿绿色开采存在的困境，本研究总结凝练出了金属矿绿色开采核心问题，见图 1-2。

金属矿绿色开采基础理论明确了金属矿绿色开采的概念、内涵、核心目标，由相关理论得出绿色开采的理论和现实依据，解决了为什么要绿色开采的问题；金属矿绿色开采模式理论和技术架构理论解决了怎样进行绿色开采的问题。前者为金属矿绿色开采发展模式提供了理论依据，后者为绿色开采技术集成提供了方法。金属矿绿色开采长效机制理论解决了谁来进行绿色开采和如何保障绿色开采的问题。金属矿绿色开采评价理论给出了详细的评级标准，用具体指标量化了绿色开采的优劣，解决了如何评价绿色开采的问题。围绕金属矿绿色开采核心问题，主要研究内容包括以下五个方面。

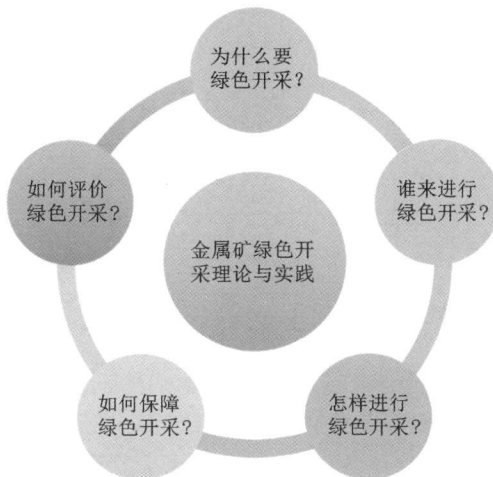

图 1-2 金属矿绿色开采核心问题

（1）金属矿绿色开采模式理论

金属矿的开采方式、选矿技术、主要污染物等条件与煤矿有较大的区别，基于煤矿的绿色开采模式和技术体系不完全适用于金属矿。为形成金属矿绿色开采模式理论，本研究揭示了金属矿绿色开采模式的形成路径，提出了量化分析法、博弈分析法和灰色聚类法用以分析并优选时间、处置方式和规模三个维度下的金属矿绿色开采模式类型。

（2）金属矿绿色开采技术架构理论

金属矿绿色开采技术有别于煤矿绿色开采技术，涉及采矿方法、固废处置、资源化利用，技术种类繁多。为形成金属矿绿色开采技术架构理论，本研究通过技术指标分类，构建了金属矿绿色开采技术库，基于组合赋权灰色关联分析模型，提出了金属矿绿色开采技术架构搭建方法。

（3）金属矿绿色开采长效机制理论

《关于加快建设绿色矿山的实施意见》中明确指出了要形成主要行业全覆盖、有特色的绿色矿山标准体系，以及完善配套激励政策体系、构建绿色矿业发展长效机制的要求。本研究提出了金属矿绿色开采长效机制内涵和运行方式，梳理了金属矿绿色开采政策，探究了激励约束和监管对金属矿绿色开采长效机制的影响规律，分析了金属矿绿色开采的政策效益，形成长效机制以协调金属矿山企业与执法、监督、行政部门的关系，大幅度提高金属矿山企业绿色开采的效率。

（4）金属矿绿色开采评价理论

针对金属矿绿色开采量化考核标准体系不完善的问题，本研究构建了涵盖区域、矿种、规模的金属矿绿色开采安全、低废高效、低耗、综合利用、生态环保、机械智能化六维度的拓扑结构评价指标体系，提出了全新的金属矿绿色开采量化评价方法，形成了金属矿绿色开采评价理论，实现对金属矿绿色开采的精确评估。

（5）金属矿绿色开采实践

在金属矿绿色开采实践部分，本研究分析了三山岛金矿、凡口铅锌矿、德兴铜矿等矿山绿色开采的过程，论述了矿山工程背景和绿色开采实践过程，详细介绍了其安全高效开采、资源综合利用、生态环境保护情况，评述了其绿色开采效果。

1.4.2 金属矿绿色开采理论与实践研究特点

"绿水青山就是金山银山"，绿色高质量发展是时代主流，矿发开发作为高污染产业，必然需要从传统向绿色转型。绿色开采作为一门新兴学科，涉及资源、环境、可持续发展、国家政策及当代科学技术水平等，其中不乏许多金属矿绿色开采的重要基础性和关键性问题有待解决。本研究围绕绿色开采概念探讨国家的矿业环保政策法规，以解决矿山资源、环境、安全、经济的矛盾关系问题为目标导向，通过文献综述、理论方法、博弈分析、数值计算相结合的手段，对当前金属矿绿色开采面临的瓶颈问题，即绿色开采模式选择、绿色开采技术构架、绿色开采长效机制、绿色开采评价方法等进行了系统科学的研究。成果有助于推动绿色开采模式与技术在全国乃至全世界的广泛应用，激发绿色矿业技术创新活力、带动传统矿业转型升级，实现资源、环境、安全、经济的和谐统一。

（1）金属矿绿色开采理论具有系统性

金属矿绿色开采理论在要素、结构和功能上均具有系统性。就单个金属矿绿色开采理论而言，研究明确了相关理论概念，分析了理论研究的作用和意义，提出了基于理论的方法论，并给出了研究案例进行分析，这种自上而下的方法论也使单个理论要素具有系统性。金属矿绿色开采理论由基础理论、模式理论、技术架构理论、评价理论和长效机制理论构成，这些理论是成体系的，在整体结构上具有完整性和系统性。从功能上来看，金属矿绿色开采理论从哲学的辩证思维角度解决了为什么要绿色开采？谁来进行绿色开采？怎样进行绿色开采？如何保障绿色开采？如何评价绿色开采？等系列核心问题(见图 1-2)，这些理论的核心目标都是突破绿色开采困境、推动绿色开采发展，功能上也具有系统性。

(2) 金属矿绿色开采理论具有创新性

金属矿绿色开采理论属于创新性的交叉学科研究，诸多理论研究尚无可借鉴之处，本研究查证大量文献，经过辩证思考和讨论，定义了大量的金属矿绿色开采相关概念。本研究结合绿色开采现状旗帜鲜明地指出了绿色开采的必然性，在基础理论部分明确了金属矿绿色开采概念、内涵及核心目标，论述了绿色开采、绿色矿山、绿色矿业之间的辩证关系，详细介绍了可持续发展等金属矿绿色开采的理论基础。金属矿绿色开采模式理论指明了发展方向，由发展模式指导金属矿山选择具体的技术进行绿色开采，进而实现绿色开采的技术集成，为金属矿绿色开采指明了发展路线，模式与技术架构理论解决了怎样进行绿色开采的问题。金属矿绿色开采长效机制理论指出了金属矿山、政策制定部门、监管机构等在绿色开采过程中的职责分工，揭示了金属矿绿色开采长效机制运行方式，提出了绿色开采三阶段的激励约束方法，长效机制理论解决了谁来进行绿色开采、如何保障绿色开采的核心问题。金属矿绿色开采评价理论构建了涵盖区域、矿种、规模的评价指标体系，优选了量化评价方法，实现了绿色开采效果的精准评价。因此，金属矿绿色开采理论填补了理论洼地，具有理论方面的创新性。

(3) 金属矿绿色开采实践具有代表性

金属矿绿色开采实践选取国内具有代表性的金属矿山，有露天开采的德兴铜矿，也有地下开采的三山岛金矿和凡口铅锌矿；有矿石品位极低的金矿，也有矿石品位相对较高的铅锌矿；有全程多向采用绿色开采模式的三山岛金矿，实现了尾废无害化处置和生态化堆存，也有采用智能分选进行无尾绿色开采的凡口铅锌矿。三山岛金矿是国内首批绿色矿山；凡口铅锌矿建设了国家级矿山公园；德兴铜矿是国内最大的露天有色金属矿山，享有"中国第一铜矿"之称。本书金属矿绿色开采实践介绍了矿山工程背景，详细论述了金属矿山安全高效的采矿工艺、资源综合利用方法和生态环境保护情况，这些先进工艺技术均可为同类矿山绿色开采提供思路。本书实践部分选取的金属矿山绿色开采水平均处于行业领先地位，极具代表性，可以为同类金属矿山绿色开采高质量发展提供借鉴参考。

第 2 章
金属矿绿色开采基础理论

　　金属矿绿色开采具有时代必然性，从科学发展观到生态文明建设，再到"两山"理念，无不体现出资源、环境、经济的协调统一，经济发展和资源开发必须考虑生态环境的长期承载能力。传统的资源开采方式生产效率低、生态环境损伤大，排放的污染物超过环境承载能力，导致生态环境遭受破坏，不利于金属矿山的可持续发展。如何合理利用资源、减少固废排放、保护生态环境以实现绿色开采，已成为矿业可持续发展的重要研究内容。

　　金属矿绿色开采具有极为丰富的思想内涵和深厚的理论基础，它是在可持续发展、循环经济、绿色发展、生态矿业、资源循环经济学等理论支撑下，为解决资源开发与环境保护之间的矛盾而提出的一种能够实现资源、环境、经济和社会效益和谐统一的现代开采方式。金属矿绿色开采以解决采矿引发的生态环境问题和实现矿山企业的长期盈利、地矿和谐为核心目标，它是绿色矿山建设的核心和关键，也是发展绿色矿业的重要环节。

2.1　金属矿绿色开采概述

2.1.1　绿色开采的概念

　　绿色象征着生命，是大自然的本色，也是人类发展的生命色。1989 年加拿大环境部长提出了"绿色计划"，在世界上第一次从宏观层面上将"绿色"与国民经济社会的发展结合在一起。"绿色计划"的提出与实施在一定程度上催生了"绿色理念"在工业领域的形成和发展，从而在全世界兴起了"绿色产业"，进而在矿业领域形成了"绿色矿业"的概念。绿色产业的提出是人类对过往的传统产业给生态环境造成巨大破坏的反思。

　　进入 21 世纪后，随着矿业可持续发展与绿色发展理念的不断实践，对于矿业领域来说，建设绿色矿山、发展绿色矿业的需求越来越迫切。为了建设绿色矿山和发展绿色矿业，将"绿色"技术与管理措施深入落实到矿山生产的各方面，钱鸣高院士首次提出了"绿色开采"的概念。"绿色开采"从字面上看，强调了"绿色"与"开采"两个方面，狭义的理解可将绿色开采认为是一种技术，即将"绿色"的采矿技术用于矿山开采中；广义的理解则可认为是一种模式，一种不同于传统的新型矿山开采模式。绿色开采把两个互不相干甚至相互矛盾的主体整合在一起，是人类资源利用与开发进步的象征，也是社会发展的必然趋势，同时更是新时代习近平总书记提出的"绿水青山就是金山银山"在矿业的具体体现。

绿色开采以矿山资源开采为对象，以"绿色"相关理论为基础，以绿色环保政策法规为约束和导向，以绿色评价体系为发展脉络，在矿山设计、开采与闭坑的各个阶段，遵循可持续发展理念、循环经济理论与资源综合利用，创新研发并应用各种矿山先进的绿色技术及工艺，实现矿山生产作业的"无废化、高利用、低排放和生态化"[41]。它要求在矿山开采的全生命周期内，尽可能地采用新方法、新材料、新技术、新手段，合理处置固废，尽量实现资源化利用、生态修复等工作，使矿山开采对生态环境的影响降到允许的程度，既要保护好矿区生态环境，又要使资源开采促进经济发展的脚步不停歇，使资源、经济和生态成为一个和谐共生的多维体系。

2.1.2　金属矿绿色开采内涵

"绿色开采"是一种关于矿产资源开采的长期发展理念，它源自循环经济和清洁生产，旨在将绿色发展理念贯彻于矿产资源开采的全过程，实现资源、环境、经济和社会效益的和谐统一。

在市场经济环境下，能让企业长期发展下去的不是短期的暴利，而是可持续发展的能力。矿山企业如果选择破坏生态环境的方式来降低开采成本，那无异于竭泽而渔。很多国内知名矿业公司的领导者很早就认识到绿色开采对企业长期发展的重要意义，积极响应绿色矿山建设的号召，发展绿色开采技术，实现了经济和社会整体效益最大化。绿色开采的内涵具体表现为以下三点[42]。

（1）尊重环境、绿色环保

与传统矿山开采不同，绿色开采不仅是一个工业概念，而且还是一个具有哲学意蕴的概念。因为它将生态哲学、科技哲学、工程哲学等基本原理与经济学法则融合在一起，其中的"绿色"既是开发活动追求的目标，也是开发活动的价值导向，它规定了矿山应朝着什么方向开展，什么样的开发方式才是合理的，从而使尊重自然、绿色环保、实现开发活动目的与手段的统一成为其首要内涵。

（2）地矿和谐、可持续发展

矿石的开采是人类同自然界进行物质交换的社会实践活动，这种活动对地球生态环境的影响是现实而直接的。资源开采活动的方式是否科学合理，直接关系到自然界生态环境系统及相关系统健康与否和协同进化能力。绿色开采将价值理性与技术理性统一于一体，并依照生态学原理将矿山人文环境、生态环境、资源环境和经济环境相互联系起来，构成一个有机的工业系统。

(3)科学合理、生态优先

与传统矿山开采不同的是，金属矿绿色开采虽然也注重经济价值的追求，但它将经济价值的追求与生态的和谐平衡，以及自然环境的保护融为一体，并通过科学合理的方式获得理想的经济效益。绿色开采是以先进的开发理念、技术工艺、管理方法等为基础的科学的绿色发展模式，其开发方式是科学合理实现其价值目标的根本途径。

2.1.3 金属矿绿色开采核心目标

金属矿绿色开采的核心可以总结为"一个解决，两个实现"，见图2-1。具体表述为：解决矿山开采方式和采选废弃物造成的环境问题，实现矿山企业长期盈利，实现地矿和谐。

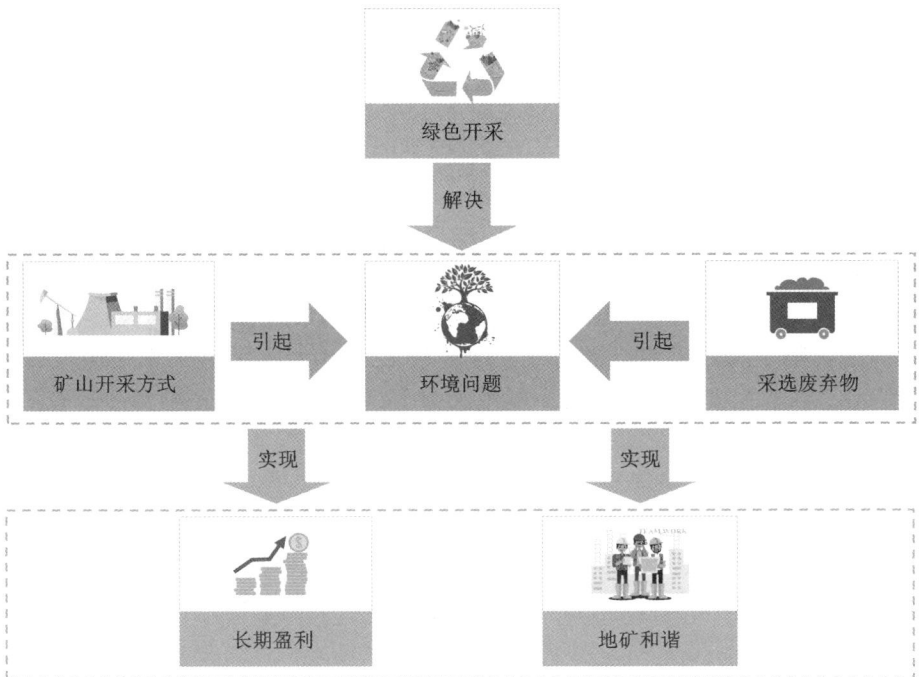

图2-1 绿色开采"一个解决，两个实现"核心目标图

矿山开采的环境问题归根结底来自矿山开采方式和采选废弃物两个方面。在

开采方式上，露天开采不仅会造成地表生态、植被与景观破坏，还会造成一系列地质环境灾害；而地下开采除了造成地面沉陷、诱发矿震等地质环境灾害，还会产生地裂缝，导致地下水位下降等。在采选废弃物方面，以废石、尾砂为代表的固体废弃物堆存于地表，不仅占用土地，污染周边空气与水系等环境，而且产生滑坡、泥石流等自然灾害。因此，解决好这两个方面造成的环境问题是绿色开采的立足点。

绿色开采的另一个核心是实现长期盈利和地矿和谐，它体现了绿色开采兼顾经济和社会效益最大化的追求。绿色开采是集成各项绿色开采技术的策略集，围绕获得有用的矿物质，为众多的采选生产工艺环节设计最佳的绿色开采技术集成方案，使矿山企业采选生产带来的经济和社会效益达到最佳。

2.1.4　绿色开采、绿色矿山和绿色矿业

绿色开采、绿色矿山和绿色矿业是当今采矿界最热门的话题，三者既有内在联系，又有概念上的差异，主要体现为目标、参与者和任务要求方面的侧重点不同。

绿色开采是绿色矿山建设的核心与关键技术。矿山企业作为一个经营单位，从企业本身的需求出发，其首要目标就是实现盈利，这是矿山企业持续发展的根本，也是矿山企业作为主体开展绿色矿山建设工作的基础。但是在矿区生活的职工和周边的人民群众，都需要一个良好的生态环境。在绿色矿山建设的要求下，采用粗放型、劳动密集型、高耗能的传统生产方式，会导致矿山企业的固废处置成本、环境治理成本、人力成本、能耗成本以及灾害风险防范成本增加，利润减少，企业生产难以为继，因此需要将传统生产方式转变为绿色开采方式。绿色开采虽然在开始时的技术升级改造中需要大量资金投入，也可能影响生产进度，但从长远来看其是保证生产建设符合绿色矿山标准，促进矿山企业发展的根本措施。因此，绿色矿山建设离不开绿色开采技术的支撑，矿山只有在生产方式上实现了绿色开采，才能够建设好绿色矿山，才能够开采出"金山银山"，又留下"绿水青山"。

绿色矿山从内涵与范围来讲，是指矿山具体的绿色化建设，比绿色矿业有更明确的指向，但相对于绿色开采又具有更广泛的内涵。绿色矿山是实现绿色矿业目标的具体建设单位。自然资源部 2018 年 6 月发布的《有色金属行业绿色矿山建设规范》，对绿色矿山的建设提出了依法办矿、矿区环境、资源开发方式、资源综合利用、节能减排、科技创新与数字化矿山、企业管理与企业形象等七方面的要求。可以说绿色矿山的理念不仅要求矿山在生产过程中节能环保，同时也要求矿山企业遵守政府的法律法规，建立完善的企业制度和良好的企业文化，处理好企业与当地群众的社会关系。可以说绿色矿山的理念要求矿山企业承担起更多的社

会责任，做到"开矿一方，造福一方"。

绿色矿业是指整个采矿行业的绿色化，涉及政府管理部门、矿山企业、矿山开采设备供应商、矿产品下游加工者和社会公众(见表2-1)。绿色矿业的实施需要整个行业的参与者共同努力，需要建立一套从采矿设备生产到矿石开采，再到矿产品加工的行业标准体系，以支撑矿业的绿色化建设。在绿色矿业的建设中，政府部门、科研机构、行业协会与矿山企业都要各司其职，共同推进矿业绿色发展的标准化建设。要针对我国矿业绿色发展中面临的主要问题，遵循可持续发展、循环经济等绿色发展理念，提供一套从绿色工艺、技术装备、组织行为到规范管理的评价体系。政府和矿业协会需要确立行业的最低标准和最佳实践标准，编制从准入门槛到绿色发展最高目标的基本指导方案，满足不同行业、不同地域、不同规模企业建设绿色矿山的实践需求，为矿山企业提供更好的行为指导和规范。

表 2-1　绿色开采、绿色矿山、绿色矿业的对比

概念	目的	主要参与者	任务
绿色开采	实现矿山管理模式和生产技术的绿色化	矿山企业	通过采用绿色开采的管理模式和技术手段，实现矿山生产的"无废化、高利用、低排放和生态化"
绿色矿山	完成具体矿山的绿色化建设	矿山企业 政府监督管理部门 当地社区(监督)	矿山依法办矿，矿区环境达标，生产节能环保，建立完善的企业制度和良好的企业文化，处理好企业与当地社区的关系
绿色矿业	实现整个采矿行业的绿色化	政府管理部门 矿山企业 社会公众	建立一套覆盖从采矿上游设备供应商，到矿石开采，直到下游矿产品加工者的行业标准体系

从绿色开采到绿色矿山再到绿色矿业，是一个从开采环节到全产业发展升级的过程，绿色开采、绿色矿山、绿色矿业之间的相互联系见图2-2。绿色开采是一系列绿色技术在绿色矿山的集成应用，旨在降低开采环节造成的生态环境损伤，支撑起绿色矿山的运营和发展；绿色矿山是绿色矿业的基础经营单位，包含勘探、开采、选矿、冶炼等诸多环节，绿色开采是绿色矿山建设的核心和关键，也是绿色矿业的重要环节，如果绿色开采受阻，将会影响整个行业发展；绿色矿业的目标需要依靠一座座绿色矿山来具体实现，它需要整个产业上下游生产经营单位的共同努力。由此可见，绿色开采的成效关乎绿色矿山的建设和绿色矿业的发展，研究绿色开采模式理论、技术集成、长效机制、评价体系，形成系统的绿色开采理论，是建设绿色矿山、发展绿色矿业的基础工作。

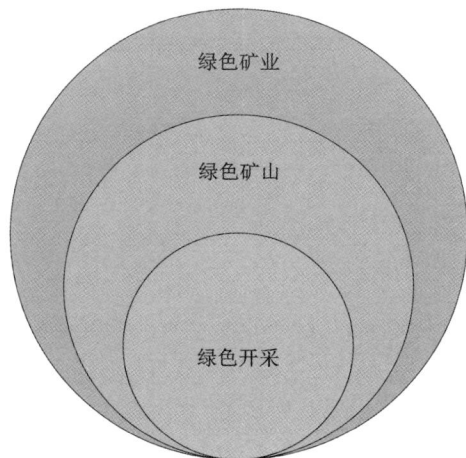

图 2-2　绿色开采、绿色矿山和绿色矿业的相互联系

2.2　相关理论基础

2.2.1　可持续发展理论

众所周知，发展是人类亘古不变的追求，是人类社会进步的动力。自从工业革命以来，社会生产力得到了前所未有的解放，生产作业的机械化程度越来越高，经济发展步入快车道。与此同时，在资本驱动下，机械化的程度越来越高，规模越来越大，人类逐渐适应了工业文明的发展模式，形成了一种以征服自然的程度作为衡量自身发展水平的标准，对大自然的敬畏感荡然无存[43]。在这种模式下，一切生产作业的目的，都是堆叠资本[44]，这种"黑色发展"在短时间内使经济得到了快速发展，但是由于生态问题，人类也将自身置于愈来愈危险的境地[45]。

为了解决发展中面临的严峻生态问题，人类不得不对自己的发展观进行反思[46]。1962 年，美国学者 Rachel Carson 出于对鸟类与环境的关怀，发表了《寂静的春天》，引起了全球范围内针对人类发展观的讨论。随后，1972 年，英国学者 Barbara Ward 和美国学者 Rene Dubos 发表了《只有一个地球》，对人与自然关系的认识被提高到了可持续发展的境界。20 世纪 80—90 年代，联合国世界环境与发展委员会明确提出了可持续发展概念，并通过一系列会议文件将可持续发展拓展成为一个具有国际化意义的环保理论。

可持续发展，是指既满足当代人的需要，又不对后代人满足其需要的能力构成危害，包含两个要素——需要和对需要的限制，即满足经济发展的需要，限制经济发展造成的污染超过环境承载能力。经济发展是实现社会进步的基础条件，可持续发展的核心还是发展，它的目的还是促进发展、鼓励发展，在环境保护的约束条件下发展经济，保持绿色的生产和发展模式。可持续发展要求在地球生态最大承压能力范围内进行经济活动，在需要环境为我们提供资源时，要以可持续的方式获得。当前，世界各国发展程度、经济发达程度、发展的目标都不相同，但是对于可持续发展理念，我们应该有一个共同的追求，建设一个和谐、健康、绿色、自由的生存环境。

可持续发展是指在当前的经济发展下，对资源的开采，既能满足我们当下的需求，同时又考虑到后辈对于资源的需求，做到兼顾，最终目标是达到公平、持续、高效的多方面发展[47-48]。可持续发展理论以公平发展、持续发展、共同发展为基本原则，循序渐进，包括以下三方面的内容。

（1）生态可持续是基础和前提

生态系统是我们生存的物质基础，有良好的生态系统，社会才能正常运转。当我们过分追求发展，以资源过度使用消耗和环境严重破坏为代价时，生态系统就会失去平衡，若不加以控制，整个地球生态系统可能会因此崩溃。可见，生态可持续强调了发展是有限度、需要克制的，经济建设和社会发展必须与自然承载力相适应，没有限度和克制的发展是不能持续的发展。

（2）经济可持续是条件和核心

经济发展是国家发展的基石，是综合国力的重要体现。可持续发展追求的是经济的双向并进，即实现经济的高质量发展和经济规模的持续性增长。相比于传统的生产模式，可持续的生产模式通过实现清洁生产，达到对资源的充分利用，最终实现经济效益的提高。

（3）社会可持续是终极目的

社会发展的核心是人的全面发展，这就要求在发展的过程中，要努力创建一个和谐自由、适合人类成长发展的社会环境。社会可持续对自然、经济、社会这个复杂而和谐的系统起到保护作用，维持着系统的正常运转，保证其健康发展。

金属矿绿色开采的内涵也体现出了可持续发展思想，既要开采矿产资源满足社会进步和经济发展对原材料的需要，又要限制由开采活动造成的环境污染。传统粗放型、劳动密集型、高能耗的开采方式无异于竭泽而渔，它满足了当代人对于资源的需要，但留下千疮百孔的地球和荒芜凋敝的环境，危害了后代人满足其生存需要的能力。金属矿山进行绿色开采，是指采用绿色先进的采矿技术减少开采环节的污染，对开采产生的尾废进行无害化处置和资源化利用，在矿山采完闭坑后再进行土地复垦，因地制宜建设矿山公园等，给后代人生产与生活提供足够的物质资源与适宜的生产生活空间。因此，金属矿绿色开采与可持续发展具有相通的内涵，都体现了生态、经济和社会的可持续性，金属矿山只有进行绿色开采才能实现可持续发展。

2.2.2　循环经济理论

在可持续发展理论的发展过程中，人类认识到有限的资源不能支撑人类无止境的索取，采取必要手段实现资源的循环利用是人类社会可持续发展的关键。资源循环经济侧重于人类生产活动中资源的回收与利用，要求实现资源的循环利用，旨在对传统的污染模式实施变革。循环经济理论最初由美国经济学家Kenneth Boulding 提出，他在地球资源有限理论中指出：以掠夺自然资源来生产产品，是一种不健康的发展模式，有必要对这种线性发展模式进行革新。

由此，简单地说，采取必要手段，对资源进行循环利用，减少其他资源的浪费，实现资源可持续利用，这种发展模式就是循环经济。循环经济原则，简称"3R"原则[49]，由资源使用的 reducing、reusing 和 recycling，即减量化、再利用、再循环的三个首写字母简化而来。循环经济要求通过资源重复利用的技术，以循环的方式发展经济。但是，生态经济学研究证明，物质循环不可能完全处于一个闭塞的环境中而不与外界关联[50]。因此，狭义的循环经济概念用于指导生产实践时，作用和意义有限，需要将狭义的循环经济概念进行扩展。

广义的循环经济不再仅仅着眼于废物的循环再利用，而是将资源高效利用和环境友好的社会生产、再生产活动都包含其中，用于指导社会全方面发展的一种新的理论[51]。它的本质是对社会生产和再生产活动这一循环过程的理解，既包含狭义循环经济中的资源回收与利用，又包括从微观层面节约降耗、从宏观层面调整产业布局等方法与措施。

基于生态学特征发展经济是循环经济的本质。循环经济对于资源利用的基本思路是开发资源—利用资源—回收资源—再利用资源，在回收和利用的循环过程中，将资源的效用发挥到最大[52]。在这个持续不断的生产循环过程中，所有可利用的资源都参与其中，从而把经济活动对资源的浪费和对环境的影响程度控制在一个环境允许承受的范围，从根本上解决经济发展和资源环境保护之间的矛盾[53]。循环经济的内涵主要有三点[54-55]：一是循环经济的核心，即从源头上规划以实现对资源的科学合理开发利用和对生态环境的持续有效保护；二是循环经济的规律，即在研究资源与环境的博弈时，要充分考虑经济学规律，达到效益最大化；三是循环经济的特征，即资源的节约利用和环境的充分保护。

当前，我国工业化在持续不断的发展中，资源需求量也在不断增长。在此背景下，矿产资源供需双方关系不平衡，资源需求量得不到满足。而我们所生活的地球资源量有限，无法支撑起人类对地球无止境的索取。因此，探索资源的循环利用，延长资源可利用时效，是资源短缺条件下的内在需求。然而，金属矿产资源具有种类繁多、矿区地质条件复杂等特点，同时具有显著的地区差异性，极易在开采过程中造成不同形式的资源浪费和生态环境问题，但是循环经济倡导的资源循环利用理论是通用的，因此急需在矿产资源的开发利用过程中贯彻落实循环经济的发展理论[56]。

金属矿绿色开采要实现开采方式科学化、资源利用高效化、生产工艺环保化，就要将"绿色生态"理念贯穿于矿产资源开发利用的全过程，其目标是实现矿业主、矿山、矿工之间的和谐和矿业的稳定、持久发展。循环经济遵循减量化、再利用、再循环原则，金属矿绿色开采中的减少废弃物产出，进行废水循环利用、固废资源化利用，提高选矿回收率、矿产资源综合利用率，降低矿石贫化率，也符合这一原则，属于循环经济理念在金属矿山开采过程中的应用。

绿色开采理念与循环经济理论在本质上具有一致性，二者均以资源集约与合理利用、环境保护为指导思想；以实现人与自然和谐可持续发展为目标；以开采方式科学化、生产工艺环保化为手段；以将粗放型经济增长方式转变为节约型经济增长方式为要求；以资源消耗量最少化，资源利用产生的经济效益、社会效益、环境效益最大化为原则。

2.2.3 绿色发展理论

绿色发展理论，是进入 21 世纪后，人类对可持续发展理论的进一步延伸，它以实现生态环境保护和经济发展协调统一为目标，由联合国开发计划署提出，是新世纪的一种创新发展模式。我国对绿色发展最早的研究体现在《中国：创新绿色发展》一书中，书中指出，绿色发展理论，是一种强调既要经济效益，又要社会和生态效益的发展模式，综合考虑经济与环境协调的生态发展观[57]。创新是绿色发展的途径，发展是根本目标，人与自然和谐是绿色发展的根本宗旨。

绿色发展理论依然是以发展作为核心要义，但是绿色发展又与传统发展方式截然不同，它是将绿色的发展模式引入经济发展方式之中，为了达成总体绿色，进而实现人与自然的和谐共生这一目标，绿色发展理论倡导转变经济发展方式。由于经济发展方式的转变是一个动态过程，因此绿色发展也是一个由"传统"发展向"绿色"发展转变的动态过程，而绿色发展的思想是对传统发展思想的全方位超越[58]。传统的发展观建立在极端经济观和机械自然观基础上，该发展观主张以人类征服自然的方式发展经济或以完全牺牲经济发展的方式恢复环境。而绿色的发展观倡导要通过多种措施，既保证经济发展又保护环境，追求一种可循环、可再生、可持续的发展模式，要求人类从多个层面实行全方位的绿色发展。绿色发展是当前人类认知条件下发展的最终阶段，具备丰富的时代内涵，是一项多方位、多层次的系统性工程，是一种以低碳高效、注重生态利益、促进人与自然和谐为目标的发展方式，是对可持续发展理论的深层次诠释。

20 世纪以来，在可持续发展和循环经济理论的指导下，针对环境保护约束下的经济发展战略的研究越来越多，而在绿色发展理论指导下，国内外研究人员提出了不同的绿色发展战略，综合来看，根据企业特点，可以分为适应型绿色发展战略、竞争型绿色发展战略和领先型绿色发展战略。

适应型绿色发展战略，该战略是在环保要求下的最保守战略，是在宏观政策约束下，为了维持企业基本运作所采取的消极战略。由于该战略是对政策进行防御的一种被迫手段，因此，采取适应型绿色发展战略的企业缺乏发展的主动性和原生动力，不会主动引领绿色发展或者进行绿色创新。

竞争型绿色发展战略，该战略下的企业对绿色发展理论有着清醒的认识，所做的绿色发展决策也不完全受政策压力，有着对自身永续发展的思考，认为绿色发展是发展的必经之路。通常，该战略下的企业有一定的知识、技术和资本资源，能够运用绿色战略优化自身结构、补足自身短板以获得竞争优势。

领先型绿色发展战略，该战略下的企业拥有绿色发展的完全主动性，对绿色发展理论有着深刻的理解，顺应绿色发展趋势是企业的现实需求。通常，企业自身处于行业领导性地位，会投入企业资源，积极进行绿色创新，获得资源优势，引领行业的绿色发展。

在中国特色社会主义进入新时代、经济发展进入新常态的背景下，国家对于社会经济的发展提出了全局性的要求，不再盲目地追求经济的高速发展，转而强调经济转型，提出了以创新驱动，实现健康可持续、绿色高质量发展的模式。该模式要求企业转变发展方式，将绿色发展理论融合在企业发展规划中，做到企业的经济协调发展、产业绿色发展，并通过以政策作为约束，以政府发挥效用，从而达到一个覆盖全范围、各行业的健康可持续发展状态。

对于矿山企业来说，为了切实践行"绿水青山就是金山银山"，促进我国新时代生态文明建设，必须构建矿山绿色发展观，实行绿色开采，转变环境成本较高的传统矿业发展模式，整合矿山技术资源，在矿山生产全流程融入绿色开采理论，营造矿山绿色文化，深刻理解矿山绿色发展的内涵，使矿山生产过程与工艺环节全部实现绿色化的长远性、全局化规划设计，最终达到矿业经济、矿区环境、社会效益三者的最优化。

2.2.4　生态矿业理论

20 世纪 50 年代，美国生态学家 Odum 提出了生态工程概念，旨在解决社会经济发展和生态环境保护协同的问题。生态矿业(ecological mining)是生态工程的一个分支，以生态经济学为理论依据，以节约资源、清洁生产和废弃物多层次循环利用为特征，以满足社会发展需要、提高人类的生活水平为最终目标。

生态矿业是在深刻反思矿业环境问题和工业化沉痛教训的基础上，人们认识和探索的一种矿业可持续发展路径，它是矿业现代化发展的一种模式。生态矿业立足于生态环境保护，致力于提高资源利用率，与传统矿业相比，更有利于实现矿产资源开发与环境资源保护协调发展[59]。传统开采方式是一种"矿产—矿产品—废弃物"的单向线性发展模式，金属矿山只注重开采规模，不注重资源循环利用，诸多伴生矿产资源以及可回收利用资源作为废弃物排放或堆存，不仅污染环境，而且造成了资源的损失，这种粗放的发展模式与生态文明建设理念相悖[60]。

生态矿业采取"矿产资源—产品—再生资源"的反馈式流程，把各个生产部门联系在一起，积极参与矿产资源的多层次循环利用。生态矿业的循环发展模式见图2-3。当各部门的产品排出物作为二次资源进入再生部门时，经过遴选提取，将可以利用的资源再运送到生产的各部门中，对于废品则进行综合利用，不能利用的部分做无害化处理，从而做到高效率、低排放[61]。

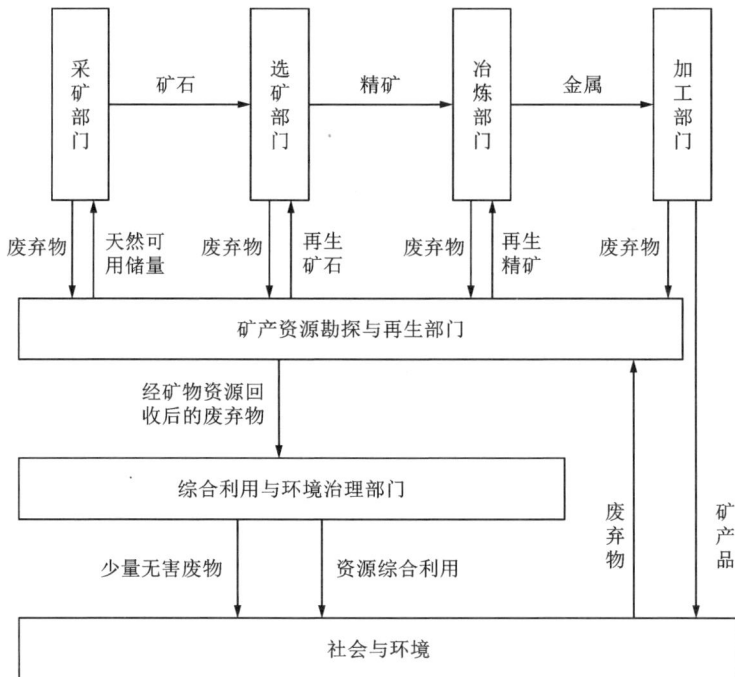

图2-3 生态矿业循环发展模式

生态矿业中的"生态"主要表征在以下三个方面：一是资源利用的生态化，二是产业链的生态化，三是矿区环境的生态化。在矿产资源综合利用过程中，模仿生态系统食物链结构原理，将矿产资源类比为物质和能量，各个生产部门之间形成相互链接的产业链，物质和能量在各个生产部门之间流动，以实现矿产资源的循环利用。在产业链方面，生态矿业统筹区域经济，使矿业与工农业和环保旅游业相互配合，以形成一个经济网络，如尾矿制造混凝土砌块砖与工业相关，工矿用地绿化和复垦与农业相关，废弃矿坑修建主题公园、深坑酒店与环保旅游业相关。生态矿业不仅依靠资源获得经济效益，还依靠产业链延伸来盘活区域经济。在矿区环境生态化方面，矿山需要保障矿区周边居民的权益，做好安置和补偿工作，注意职业病预防和提高企业职工收入以保障职工权益，生态矿业要以人为本，只有满足人的基本需求，才能实现地矿和谐。

生态矿业理论提出，矿产资源开发之前的生态环境调查是构建生态矿业的基础，应当仔细分析研究矿产资源开发可能造成的生态环境干扰破坏问题，首先从源头上制定控制干扰和破坏的技术路线与措施，立足于循环经济模式，强化资源综合利用及废料资源化，做到不建尾矿库、不设废石场、无外排不达标废水的无废开采。生态矿业理论要求，矿业项目在规划、立项、设计、施工建设、生产、闭坑全过程中，将生态保护、环境治理、生态修复融为项目的有机组成，明确各阶段的资金投入，落实各阶段的社会责任，以法律形式进行明确规定[62]。

金属矿绿色开采理论与生态矿业理论既有区别又有联系。绿色开采注重开采活动的绿色，而生态矿业注重资源开发产业上下游的绿色，其研究范围和研究阶段与层次不同；二者也有许多相通之处，生态矿业理论提出的开采前环境分析、开采过程中资源循环利用、开采后生态修复与金属矿绿色开采理论不谋而合，二者都致力于采矿工程全生命周期的生态环境保护，绿色开采中尊重环境、地矿和谐、生态优先的内涵也符合生态矿业理论，可以说绿色开采理论是生态矿业理论的子集。

2.2.5　资源环境经济学理论

资源的日益枯竭及所带来的环境问题，已引起了世界各国政府和多个国际组织，许多环境学家、经济学家的高度重视。1931 年，美国经济学家 Harold Hotelling 发表了《可耗尽资源的经济学》，提出了资源保护和稀缺资源的分配问题，被认为是资源经济学产生的标志。环境经济学在 20 世纪 60 年代开始形成，随着环境现实的发展变化与人们对环境问题认识的不断深化而得以迅速发展，其发展轨迹实际上是沿着两个方向同时抑或交替地向前推进，一是微观环境经济分析的不断深入，二是宏观环境经济分析的不断拓展。

资源经济学研究自然资源与社会经济的相互关系及其发展变化规律，环境经济学主要讨论环境资源的经济价值，强调利用环境经济规律来解决环境污染问题。资源经济学和环境经济学之间的关联如图 2-4 所示。经济体是一系列技术的、法律的、社会的安排的集合,生产和消费是二者基本的社会活动,所有的经济系统存在且被包含于自然环境之中。自然环境因此扮演着双重角色,一是作为生产消费活动所需的原料的提供者,二是作为生产消费活动产生的残余的承载者,关于前者的研究是资源经济学,关于后者的研究是环境经济学。

图 2-4　资源经济学与环境经济学的关联性

资源与环境紧密联系,相互影响,矿产资源的粗放开采方式破坏环境,生态环境的限制又阻碍矿产资源开发,二者都影响着经济活动。因此,将环境与自然资源并行研究,形成资源环境经济学理论,即运用经济学原理研究自然资源环境的发展与保护。环境问题的实质是资源问题、发展问题,环境问题的根源在于人类中心主义指导下的发展模式和生产方式,解决环境问题的根本出路在于转变观念和发展模式,寻求与自然相和谐的、健康的、高质量的生活方式,走可持续发展之路。

金属矿绿色开采是为了解决环境问题而提出的新型发展模式,也涉及很多资源环境经济学问题,如污染排放、绿色金融、生态补偿等绿色开采相关政策都绕不开资源环境经济学,只有对政策效益进行监测和评估,然后不断优化,才能保障绿色开采。金属矿绿色开采需要实现经济的可持续盈利,为此,需要运用经济学手段,促进节能减排、清洁生产、循环经济等新技术、新工艺、新产品的应用,帮助矿山优化资源与环境配置,提高资源利用效率,减少生态环境污染,解决资源紧缺和环境恶化等问题。资源环境经济学也可以为绿色开采项目的评估和绩效管理提供方法和标准,帮助评估资源开采的经济效益、社会效益和环境效益,制定合理的投资回报率和风险控制措施,监督和改进绿色开采的运行效果。

第 3 章
金属矿绿色开采模式理论

我国金属矿山地域分布广，种类多，规模大小也不一，且各有各的特点。矿山如何实施绿色开采，目前尚无特定的模式可以借鉴与参考。与传统的开采方式不同，金属矿山绿色开采不再单纯以经济利益最大化为目标，而是需要兼顾安全、经济、高效、生态环保等多目标的要求。不同矿山无论是从经济实力、科技力量、管理能力，还是从政策理解水平、环境要求及执行能力等方面，均具有各自的优势和劣势。这些个性条件决定了矿山在推行绿色开采时面临的困难具有多样性，广泛而刻板的绿色开采模式会导致部分矿山对实施绿色开采的具体途径感到茫然，觉得无从下手。

因此，金属矿山实施绿色开采时，不能按照某一通用模式或千篇一律的方法进行，而需要在国家绿色开采相关法律及政策的引领下，结合各自的特点，探索有效合理的实施路线。适应矿山自身特点的绿色开采模式，不仅有助于矿山企业满足政府的绿色开采要求，达到绿色矿山建设目标，取得事半功倍的效果，也有助于政府制定合理有效的法规与制度，践行"绿水青山就是金山银山"的理念。

3.1 金属矿绿色开采模式概述

3.1.1 模式相关概念

"模式"一词最早是用来表示建筑的标准样式。《魏书·源子恭传》中有言，"故尚书令、任城王臣澄按故司空臣冲所造明堂样，并连表诏答、两京模式，奏求营起"，之后"模式"一词逐渐被用来表示能够作为标准的事物，比如北宋张邦基《墨庄漫录》卷八："闻先生之艺久矣，愿见笔法，以为模式。"在现代科学研究方法中，"模式"是用来说明事物结构主观理性形式的结构主义用语。法国哲学家莱维·施特劳斯提出：科学研究方法分为还原主义方法和结构主义方法，其中还原主义方法是把复杂的现象还原到以简单的现象来解释说明，如生命现象可以还原到以物理化学过程来解释，而复杂的现象只能用结构主义的模式来说明。

模式的形成过程包括对以前经验的总结和针对新现象的修正。模式是在实践中将现象与本质相结合，并通过在认识过程中不断进行检验和修改，最终得到的解决某一类问题的正确范式。模式具有一般性、简单性、重复性、结构性、稳定性、可操作性的特征，它反映了事物内部之间隐藏的规律关系，并能够以数字、图案、文字等多种形式呈现。

依据模式的概念，金属矿绿色开采模式是矿山企业在建设绿色矿山的实践中总结发展出的一套指导性理论，是一种可推广实施、可仿效的矿山绿色开采标准。矿山企业通过采用绿色开采的技术手段和生产组织管理，来保证矿山生产的"无废化、高利用、低排放和生态化"[63]，维持好"资源开采—环境保护—矿区可持续发展"的平衡关系，最终实现开采活动的环境影响最小化、资源利用最大化、矿区环境生态化、安全高效常态化的效果。

3.1.2 金属矿绿色开采模式研究的作用

研究金属矿绿色开采模式，不仅有助于提高矿山企业实行绿色开采的主动性，而且能帮助政府更好地制定监督和激励矿山企业的法律和法规。

有了绿色开采模式及其相关理论，就可以为矿山企业进行绿色开采提供模板与榜样，进而加快矿山企业的绿色矿山建设，指导矿山企业正确高效地施行绿色开采，确保矿山企业选择合理的绿色开采创新技术与实施路线，减少不必要的投资和节约时间，防止在人力物力及资金上的浪费，缩短矿山达到绿色开采指标的时间，少走弯路。

金属矿绿色开采模式如同标杆、明灯和指南针，能够针对不同规模、不同生产阶段的矿山企业提供具体且可操作的参考模板，始终指引矿山企业在发展绿色开采的路上保持正确的方向。一个完善的绿色开采模式具有良好的感召力，能够激励矿山企业管理者和员工在发展绿色矿山的道路上勇往直前；能够激发矿业人从事绿色开采的责任感和激情，极大地带动绝大多数矿山企业自觉地实行绿色开采。

模式为政府监督和激励辖区内矿山企业实行绿色开采提供指导性理论。根据绿色开采模式理论，政府可以针对不同矿种、不同规模、不同生产阶段矿山企业的特点制定出差异性的政策和考核目标。具体而言，模式即有针对性的政策，能够真正平衡生态环境保护和矿山企业发展的需求，为实现经济、社会和环境的协调发展提供重要的理论支持。

3.1.3 金属矿绿色开采模式研究的意义

绿色开采是当前矿山开采的发展方向，是矿业开发必须遵循的原则。研究金属矿绿色开采的内涵、核心目标与遵循原则,进而研究探讨金属矿绿色开采模式,对解决我国金属矿当前面临的资源与环境的矛盾、矿区与周边的矛盾,找到合适的绿色开采模式类型,促进我国金属矿从传统开采向绿色开采转型,为推动我国绿色矿山建设提供理论指导与方法支撑,具有重要的理论意义与极高的工程价值。

1)理论意义

(1)确立了绿色开采在矿山设计建设规划中的脉络与结构形式

凭借绿色开采模式的典型案例引领和工艺技术组织结构清晰的特点,在绿色矿山建设中发挥着极其重要的作用。依照绿色开采模式,能够迅速组织矿山相关机构部门,制定分工明确的实施方案,推动矿山绿色开采的高效实施。

绿色开采模式对矿山安全、生产、规划与发展都有不可替代的作用与价值。长期以来,矿山绿色开采技术的研究者比比皆是,但绿色开采模式研究者寥寥。绿色开采模式通过在矿山规划、设计、建设各环节中确立绿色开采的脉络与结构形式,为绿色开采技术大规模实施奠定基础。绿色开采模式源于绿色开采技术在各个地域、各个矿种以及各个规模矿山的实践成果,在调解绿色开采技术先进性与实际应用可行性之间冲突的过程中不断发展和完善,最终形成绿色开采模式理论体系。

(2)探索绿色开采模式发展规律以丰富绿色开采理论

绿色开采模式并不只是简单地总结矿山某一发展阶段的成果,它在总结绿色开采实践最新成果的同时也对整个绿色矿业的发展更替起着承上启下的重要作用。绿色开采模式在绿色技术革命等因素的影响下,在对现有绿色矿山建设经验的批判继承中,不断地完善和优化,为绿色矿山建设的可持续发展提供更加丰富多样的理论指导。

(3)填补绿色开采模式相关研究的理论空白

由于绿色矿山建设是一项新兴的事业,对绿色开采模式及其发展的探索和研究存在理论空白。而绿色开采模式作为绿色开采的最高理论,具有重要的研究意义和极高的科研价值。近年来,随着绿色开采模式的不断探索与发展,模式的作用与意义已经显示出对矿山绿色开采产生着不可替代的巨大影响。因此,要加强研究以推动绿色开采模式相关理论的发展,弥补理论空白,实现其相关理论的完整化、系统化和可预见性,为我国绿色矿山建设事业的发展提供理论借鉴。

2)工程价值

(1)明晰现阶段绿色开采模式多种细分类型之间的优劣

绿色开采模式的"时代"特点,一方面表现在以 5G 技术、大数据、云计算等为代表的新兴科学技术在我国矿山中逐渐得到全面的普及和运用,另一方面表现在绿色开采模式不断尝试突破自身并在整个绿色矿山建设领域实现进一步发展。

总的来说，绿色开采模式正处于亟需更新理论指导的历史阶段。

经过自身成长规律的作用和各方面因素数年以来的影响，我国绿色矿山建设事业得到迅猛发展，在现阶段形成了以末端治理型、源头防治型、全程管控型为代表的多种绿色开采模式并存的现状。

（2）优化现阶段绿色开采各环节之间的流程联系

绿色开采模式作为最新的绿色矿山建设指导理论，是帮助矿山企业实现长期可持续性发展、实现企业技术革新和绿色生产的一套指导性理论。完整的绿色开采模式理论由一系列绿色开采工艺技术和应用这些工艺技术的策略组成。作为绿色开采模式的组成部分，各项绿色开采工艺技术在整个矿山生产环节中都有其特定的位置和执行顺序。如果简单遵循现有的采矿工艺流程，采矿行业向更高水平和更深层次的绿色开采模式突破的趋势就会迟滞。因此，通过对绿色开采模式各个环节及各个环节之间联系的优化，可以促进绿色开采模式不断地更新迭代。

（3）发掘新技术下推动绿色开采发展的新动力

绿色开采模式以绿色矿业的发展方向和发展规模为依据，同时绿色开采模式也作为推动绿色开采实践发展的动力而存在，将绿色开采创新技术融入绿色开采模式可以为绿色开采的发展提供新的动力。

绿色开采模式对绿色开采实践的推动力体现在指引传统开采技术更新换代和发掘新型绿色开采技术两个方面。唯物辩证法告诉我们，任何事物发展所依赖的主要动力终会随着事物自身体量的变化和新矛盾的出现成为就新动力而言的传统动力。因此，一个矿山企业在新的政策和社会环境下要保持可持续性发展，进而达到行业内领先地位，就需要不断地迭代自己的工艺和技术以适应新环境的要求。就推动绿色开采实践而言，绿色开采模式兼顾发掘新的绿色开采技术和指导传统绿色开采技术更新换代，针对不同矿山的需求，匹配不同先进等级的绿色开采技术，帮助矿山企业实现技术更新效益的最大化。

绿色开采模式在脱贫攻坚战中发挥出了巨大作用。建设绿色矿山能够在不破坏生态环境的前提下为矿区创造新的就业机会，解决当地贫困群众的就业问题，企业的税收能够为当地的住房、教育、医疗等基础设施的建设和维护提供资金。同样，在未来乡村振兴战略和文化强国战略的实施阶段，绿色开采模式通过帮助矿山企业可持续发展，为矿区持续提供大量的就业机会，并带动相关产业的发展；而建成的绿色矿山能够为全世界提供具有中国特色的绿色生态样板，创造出具有中华民族特色的人地协调发展理论。

3.2　金属矿开采特点及绿色开采模式特征

3.2.1　金属矿类型与特点

金属矿的类型可以按照生产规模、露天或地下开采工艺、开采矿种类型等因素来划分。从绿色开采的工艺环节来看，由于不同规模的金属矿山，其生产装备和工艺技术水平会有很大差异，污染物排放率、固废利用率和能源利用率等指标也有明显不同，因此其绿色开采工艺基本框架的形态发生了变化。露天和地下开采工艺虽然在工艺形态上有很大区别，但是将其简化为工艺逻辑流程图后发现，绿色开采也具有相似性。不同金属矿种的开采工艺主要是选矿环节的不同，大部分金属矿种的开采、运输、加工等环节都具有相似性。因此，以金属矿的生产规模来确定绿色开采的具体形式最为合适。

依据原国土资源部规定的矿山矿产资源储量大小，可将矿山规模划分为小型矿山、中型矿山和大型矿山，且不同矿种的划分标准有所不同，其中，资源丰富、用途广泛的大宗类金属与非金属资源多为大型矿，数量稀少、用途受限的稀有金属或特种元素等多为中小型矿。铁、铜、铝、金等几种有代表性的金属矿种的矿山规模划分标准见表3-1[64]。

不同生产规模矿山的开采年限、技术水平、科技创新能力、抗风险能力和绿色发展指标等方面的情况存在差异，见表3-2。小型矿山的典型特点是开采年限短、矿山数量多、生产规模小、现有技术水平落后且不符合绿色开采的要求。小型矿山资金力量薄弱，革新绿色开采技术所带来的资金风险要远大于大中型矿山，导致小型矿山实行绿色开采的内动力不足。

表 3-1　典型金属矿的矿山规模划分标准

序号	矿种名称	单位	规模		
			大型	中型	小型
1	铁矿（贫矿）	矿石/亿 t	≥1	0.1~1	<0.1
	铁矿（富矿）	矿石/亿 t	≥0.5	0.05~0.5	<0.05
2	铜矿	金属/万 t	≥50	10~50	<10
3	铝土矿	矿石/万 t	≥2000	500~2000	<500
4	金矿（岩金）	金属/t	≥20	5~20	<5
	金矿（砂金）	金属/t	≥8	2~8	<2

表 3-2　不同规模矿山的情况对比

矿山种类	小型矿山	中型矿山	大型矿山
矿山规模	小	中	大
开采年限	一般≤10 a	10~20 a	≥20 a
经营企业	集体企业和地方中小企业	地方国企和有实力的私企	大型国有企业和跨国公司
技术水平	较落后	行业平均水平	行业领先水平
科技创新能力	应用成熟的技术	应用最新技术	可以自主研发
抗风险能力	较弱	一般	较强
对地方经济的重要性	一般	较重要	非常重要
绿色发展主要问题	规模小、生产年限短、技术落后，发展绿色技术动力不足	技术和管理水平不适应严格环保要求，影响企业发展	运营期保持行业领先的技术生态化水平，减少闭矿后的影响

　　中型矿山的资金实力和技术力量比小型矿山稍好，因此有能力引进一些行业先进的绿色开采技术。但是中型矿山的产量和资金相比于大型矿山还是有限，所以不可能全面地追求行业领先的绿色开采技术。为了获得较大的投资回报，中型矿山需要结合矿山的矿石品位、现有技术水平、固体废物成分等特点，选择几个效益最高的绿色技术作为重点发展对象。

　　大型矿山一般是采矿行业中规模最大和技术水平最高的企业，它们大多由大型国有企业和跨国公司经营，不论是技术现状还是资金规模都处于行业的前列。由于大型矿山的开采年限长达几十年，它们比中小型矿山更看重技术变革带来的长期利益，发展绿色开采技术内动力十足。

　　由于小型、中型和大型矿山各自不同的特点，中国政府制定的绿色矿山标准中对它们的要求也各不相同。2014 年 7 月，原国土资源部副部长汪民在贵阳举办的"发展绿色矿业，建设生态文明"论坛上提出，"到 2020 年实现大中型矿山基本达到绿色矿山标准，小型矿山企业按照绿色矿山条件达到规范管理的总体目标"。由此可见，政府对小型矿山的要求低于大中型矿山。但是较低的标准并不代表宽松的监管，相反，政府对于不能满足基本环保要求的小型矿山采取严格的关停和淘汰措施。图 3-1 是中国国土资源数据库对中国历年矿山企业数量的统计情况。由图可知，中国小型矿山企业的数量从 2005 年的 11.6 万家逐年下降到 2016 年的 6.7 万家，平均每年消失 4450 家左右的小型矿山企业，相当于中国大型矿山的总数。

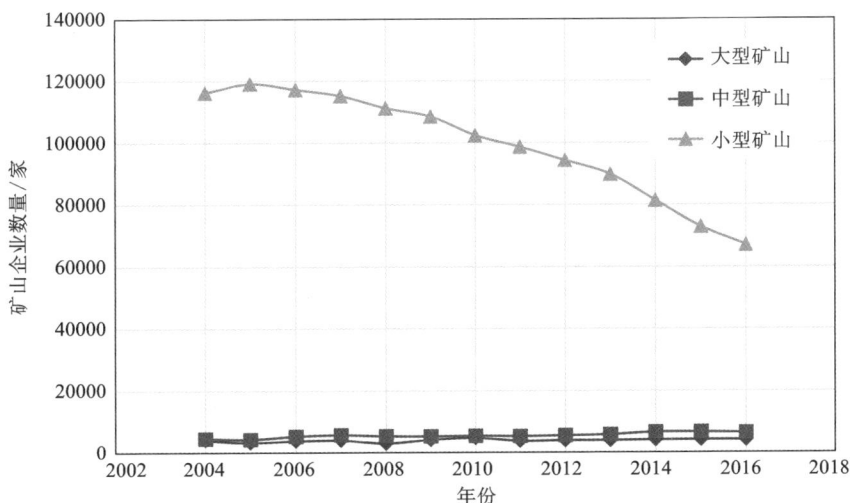

图 3-1　中国矿山企业数量变化趋势图（2004—2016 年）

3.2.2　金属矿资源开采特点

3.2.2.1　低品位、多伴生矿的资源特点

我国金属矿资源具有总体储量丰富、平均品位低、综合矿多的特点。以铁矿为例，我国铁矿基础储量位居世界第 4 位，占世界的 18.3%。2015 年底，全国铁矿区数量为 4669 处，查明资源储量 850.77 亿 t，但是多为品位在 30% 左右的贫铁矿石。相比之下，淡水河谷、力拓、必和必拓和 FMG 在 2016 年采出的铁矿石的品位分别为 53.60%、63.00%、54.66% 以及 59.67%。铜矿、铝土矿、锰矿、金矿等金属矿种也都面临同样的问题。

由于矿石品位低，我国金属矿选矿难度大、成本高，选矿后产生的尾废量大。但同时，尾废的利用技术水平不高，利用途径有限，导致综合利用率偏低。根据中国环境统计年鉴的数据，国内重点调查工业企业 2008 年之前的尾矿综合利用率不足 25%，2008 年到 2018 年的尾矿综合利用率仅为 25%~30%[65]，见图 3-2。图 3-2 中的重点调查工业企业是指主要污染物排放量占各地区（以地市级行政区域为基本单元）全年排放总量 85% 以上的工业企业。

较低的尾废综合利用水平导致大量留存的尾矿，《全国矿产资源节约与综合利用报告（2014）》显示，从 2009 年到 2013 年的 5 年时间里，我国尾矿年均排放量接近 15 亿 t[66]。截至 2013 年，我国尾矿和废石累计堆存量已接近 600 亿 t，其中废

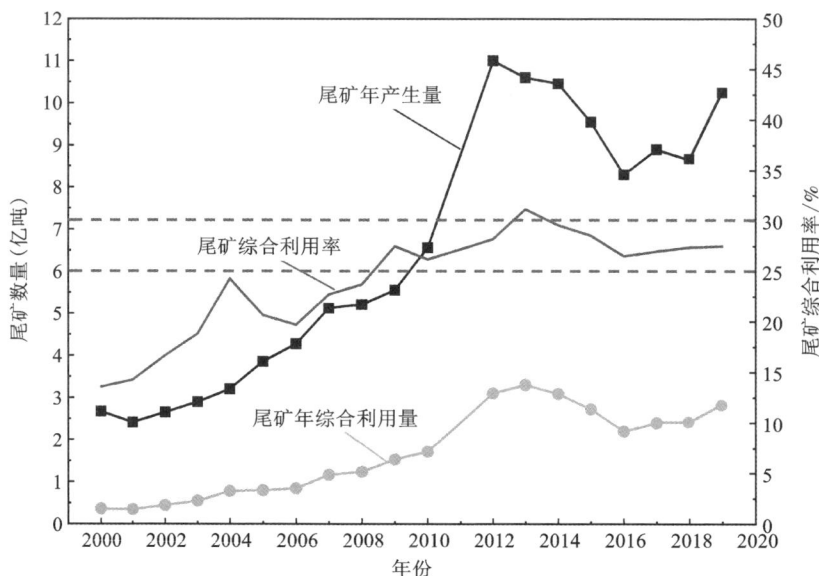

图 3-2　中国重点调查工业企业尾矿产生与利用情况（2000—2019 年）

石堆存 438 亿 t，75% 为铁铜矿开采产生的废石及煤矸石等；尾矿堆存 146 亿 t，83% 为铁矿、铜矿、金矿开采所产生的尾矿。《全国矿产资源节约与综合利用报告（2019）》表明，我国尾矿年产量在 2014 年达到高峰后逐年下降，2018 年我国尾矿年产量下降到约 12.11 亿 t，但综合利用率仅有 27.69%。到 2020 年我国尾矿和废石累计堆存量相比 2013 年进一步增加，已经接近 700 亿 t，其中尾矿约 180 亿 t，废石约 520 亿 t[67]。

低品位、多伴生矿的资源特点增加了解决采选尾废造成的环境问题的难度。因此，矿山企业实施绿色开采不但要处置好新产生的尾废，还要消除历史遗留的尾废。

3.2.2.2　高风险、高成本、低效率的深部开采

随着浅部金属矿资源逐渐开采殆尽，国内越来越多的金属矿山开始转向深部开采。据不完全统计，截至 2019 年我国开采深度超过 1000 m 的金属矿山已经有 16 座（见表 3-3）[68]。随着时间的推移，我国千米以上矿山的数量和开采深度也将继续增长。由于深井"三高一扰动"的复杂环境，深部开采相比于浅部开采更容易发生岩爆、突水、顶板大面积冒落和采空区失稳等一系列安全事故，矿山灾害风险更高。

表 3-3　国内超千米深部金属矿山统计（截至 2019 年）

序号	矿山名称	矿种	所在地区	采深/m
1	弓长岭铁矿	铁	辽宁省辽阳市	1000
2	金洲矿业集团	金	山东省威海市	1000
3	金川二矿区	镍	甘肃金昌市	1000
4	三山岛金矿	金	山东省莱州市	1050
5	阿舍勒铜矿	铜	新疆维吾尔自治区阿勒泰地区	1100
6	湘西金矿	金	湖南省怀化市	1100
7	冬瓜山铜矿	铜	安徽省铜陵市	1100
8	玲珑金矿	金	山东省招远市	1150
9	潼关中金	金	陕西省潼关县	1200
10	文峪金矿	金	河南省灵宝市	1300
11	红透山铜矿	铜	辽宁省抚顺市	1300
12	秦岭金矿	金	河南省灵宝市	1400
13	夹皮沟金矿	金	吉林省桦甸市	1500
14	六苴铜矿	铜	云南省大姚县	1500
15	会泽铅锌矿	铅、锌	云南省曲靖市	1500
16	崟鑫金矿	金	河南省灵宝市	1600

深部开采存在原岩应力高、矿废提升深度大、运距远、地温高、井下通风和排水难度大等问题，这些问题导致矿山深部开采及井巷支护成本、提升运输费、通风降温费、排水费等均有所上升，最终导致金属矿开采成本随深度的增加而大幅度提高。

同样，矿山工人的生产效率也随着开采深度的增加而降低。一方面，开采深度增加延长了工人井下通勤所用的时间，使有效工作时间减少；另一方面，深部开采工作面的高温环境会大幅度延长工人休息时间，导致劳动效率降低。

3.2.2.3　金属矿绿色开采特征

国内地下金属矿开采普遍存在"低品位、多伴生矿、高风险、高成本、低效率"等困难，金属矿绿色开采不仅能帮助企业解决矿山开采方式和采选废弃物造成的环境问题，而且能够实现矿山企业长期盈利和地矿和谐。因此，绿色开采应围绕企业所面临的困难进行设计与选择，金属矿绿色开采的特征见图 3-3。

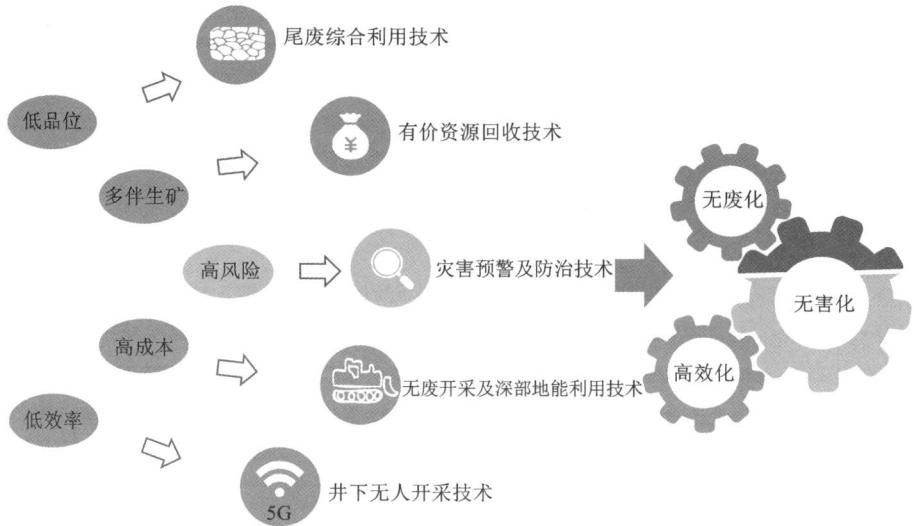

图 3-3　地下金属矿绿色开采特征

为了解决低品位和多伴生矿的问题，需要采用尾废综合利用技术和有价资源回收技术；为了防范较高的工程灾害风险，需要应用灾害预警及防治技术；为了降低深部开采的成本，需要采用无废开采方式，并利用深地环境的水势能、热能、地压能量等；为了提高深部开采的效率，需要发展基于 5G 通信的井下无人开采技术。最终，地下金属矿绿色开采模式会呈现出"无废化、无害化、高效化"的特征。

针对我国金属矿类型多样的特点，绿色开采模式也应该具有足够的兼容性和灵活性，因此需要建立起逻辑清晰并具有拓展性的绿色开采模式分类体系。矿山采选活动产生的废弃污染物是造成环境污染的源头，而绿色开采的核心就是解决矿山采选废弃污染物造成的环境问题。围绕废弃污染物的时间累积情况、处置利用途径、产生及消纳规模，可以分别从时间、处置、规模三个维度构建金属矿绿色开采模式的分类体系。

3.3　模式的分类与维度分析

3.3.1　基于时间维度——以矿山生命周期分类

按照矿山开采的生产时序和矿山生命周期，可以将绿色开采模式按时间维度划分为三种类型，分别为：关注开采后段工艺和矿山生命末期的末端治理型，关注开采前段工艺和矿山规划建设阶段的源头防治型,以及兼顾整个开采工艺和矿山全生命周期的全程管控型。

3.3.1.1　末端治理型

末端治理型是一种着眼于对矿山企业产生的环境污染物或造成的环境危害在闭坑后进行减量或治理的环境处置方式,它的核心思想是在生产的最后环节,对进入自然环境的污染物进行处理,使污染物符合能够向环境中排放的环保标准。因为考虑的是末端治理,所以忽视了生产过程中对环境的危害与影响。"生态复垦"就是一种典型的末端治理模式。在金属矿开采过程中,企业对采选产生的废水、废气经过集中净化处理后排放;对矿山尾废在开采期间按照环保要求进行集中堆存,闭坑时再按相关要求对堆存的尾废进行永久封闭和绿色治理。末端治理模式的优点是处置方法简单、前期投资少,仅需要在污染物进入自然环境前的最后环节采取治理措施。末端治理模式存在的缺点:首先,处置成本可能会较高,不仅需要购置较大的处置堆存场所,而且晚期处置费用较高,处置量较大,导致投资大、运行费用高,使企业生产成本上升;其次,末端治理是表示治理的时间与顺序,末端治理不考虑矿山闭坑前对环境与自然的影响,忽视了生产过程对环境的影响;再次,末端治理往往不是彻底治理,而是污染物的转移,如烟气脱硫、除尘形成大量废渣,废水集中处理产生大量污泥等,所以不能根除污染;最后,末端治理未涉及资源的有效利用,不能有效控制与减少自然资源的浪费。

3.3.1.2　源头防治型

源头防治型是一种对矿山企业产生的环境污染物或造成的环境危害在开始时就对其源头进行减量或治理的环境处置方式,其核心思想是对生产过程中产生污染物的源头即着手减量或治理。"无废开采"和"协同开采"就是遵循源头防治型模式的绿色开采方式。"无废开采"强调在金属矿采选过程中,企业对开采环节产生的废石和选矿产生的尾矿进行综合利用,对矿井水进行循环利用,减少最终要堆存和排放到环境中的污染物数量。"协同开采"要求企业的资源开采行为应当与灾害处理及污染物治理行为合作、协调与同步实施,从开采工艺上将矿石开采和废物利用环节相融合,实现从源头杜绝废弃物产生的负面影响。

3.3.1.3　全程管控型

全程管控型是一种对矿山生产过程中产生的环境污染物或造成的环境危害始终进行污染物减量或治理的矿山环境处置方式,既优化开采生产的中间过程,又兼顾最后的治理环节,包含了末端治理型和源头防治型的全部内容。全程管控是在金属矿开采生命周期的全过程,即从建矿开始至坑闭结束,依据污染物的来源和种类对污染物进行及时管理和控制。全程管控模式是目前绿色开采模式中对污染物管控最严格的绿色生产理念，它包括从建矿开始到中途和末端三个环节的措施。从产生污染物的源头开始，按照无废化和高效化的生产理念，降低矿石贫化率，实现废石不出井；在采选生产的中间环节，对矿井水和选矿废水进行循环利用，对尾砂和废石进行综合利用，减少最终要排放和堆存的数量；在末端环节，处理将要排放的废水、废气，采用更高的标准堆存尾砂和废石，对尾矿库进行分区分片治理。

3.3.2 基于处置维度——以尾废处置方式分类

3.3.2.1 充填主导型

充填主导型是一种将采选所产生的尾废回填到井下采空区的绿色开采模式，其核心思想是：一方面，通过矿山采掘计划的调整与优化配置，将采掘作业产生的废石回填到井下采空区中；另一方面，将选矿后产生的尾砂通过充填系统与管道输送到采空区进行回填，最终实现矿山地表无废化。

采矿过程中的废石通常来自井下开拓与采准切割，依照矿山开采顺序，采用下行式开采，其开拓在前，然后是采准，再然后就是切割。待开拓采准切割工作完成后，才开始采场的采矿，形成采空区，为井下排废提供空间与可能。由于开拓采准切割产生的废石存在时间先后关系，且产废地点处于零星分散状态，与采空区排废地点不在同一个位置，难以满足大规模采空区集中充填的要求，因此，井下废石充填要求有一个便于集中储存，且运输方便、加工处理容易的废石站，将其设置在主要生产中段的运输功最少的位置，大硐室或大型溜井底部装振动出矿机，各产废点的废石通过铲运机等集中于此，然后由矿车或坑内卡车运输至采空区进行充填，实现废石不出窿，既解决了废石地表堆存的问题，又大幅度降低了开采成本。

矿山充填历史悠久，从干式充填、水砂充填、分级尾砂充填、高浓度尾砂充填、高水充填到膏体充填，历经数百年。随着时代的进步与充填技术的发展，充填的观念与充填体的作用也发生了根本性变化，从最先充填的主要作用是控制地表下沉，到现代充填的主要作用是保护环境，充填的技术也发生了革命性变化，目前国内外最流行的充填技术为全尾砂膏体充填技术。其流程是：选厂排放的全尾砂通过旋流器、浓密机或压滤机进行浓缩脱水后，添加一定的胶凝材料和改性剂制备成高浓度（膏体）的充填料浆，实现粗颗粒和细颗粒尾砂的全部利用。这样的充填方式，尾砂的理论利用率可达100%，但由于井下可充填的采空区有限，甚至部分矿山要求添加废石等粗骨料来制备高强度的充填体，因此选矿充填用不完，只有矿石的品位足够高，有价矿物回收量足够多时，才能将尾砂充填消耗完。

从采充平衡角度进行分析，假设井下可以利用全粒径尾砂充填，在采充比为 1 且不考虑充填体沉缩比和流失系数的条件下，尾砂利用率的估算公式为：

$$U = \frac{f}{\rho\alpha} \tag{3-1}$$

式中：U 为尾砂充填利用率，%；f 为单位体积充填料浆尾砂消耗量，t/m^3；ρ 为矿石密度，t/m^3；α 为单位矿石尾砂产率，%。

例如一座矿山想要实现尾砂充填利用率达 100%，假设每立方米脱水后的胶结尾砂充填体中尾砂含量为 1.3 t，则 f 值为 1.3 t/m^3；矿石密度 ρ 为 2.5~2.8 t/m^3。由式(3-1)，可计算出单位矿石尾砂产率 α 应限制在 52% 以内，才有可能只通过充填途径消耗掉全部尾砂。

经过文献检索，获得了铁矿[67-73]、锰矿[74-76]、铜矿[77-80] 和金矿[81-85] 四种主要金属矿的选矿数据，见表 3-4。由表 3-4 可知，只有铁矿能够实现以充填方式利用全部尾砂。锰矿的尾矿产率比铁矿偏高了 20% 左右，如果能够资源化利用这一小部分的尾砂，也可以实现充填主导型的绿色开采模式。

表 3-4　四种主要金属矿种的选矿数据

矿种	名称	原矿品位	精矿产率/%	精矿品位	回收率/%	尾矿产率/%
铁矿	高岭石型硫铁矿	24.0%	36.0	59.3%	89.0	64.0
	生铁矿石	46.0%	63.7	52.7%	73.0	36.3
	高磷橄榄铁矿石	42.7%	50.0	67.5%	79.0	50.0
	赤铁矿	48.3%	71.3	64.2%	94.8	28.7
	平均值	41.7%	54.4	62.3%	81.7	45.6
锰矿	难分选锰矿石	28.2%	36.0	44.6%	56.8	64.0
	低品位锰矿	11.6%	29.0	30.9%	77.2	69.2
	含锰贫铁矿	20.7%	46.3	36.5%	81.7	63.5
	平均值	20.2%	37.1	37.3%	71.9	65.5
铜矿	氧化铜原矿	1.46%	4.28	29.4%	86.0	95.7
	某低氧化率铜矿	0.84%	3.34	21.6%	85.9	96.7
	某单一铜矿石	0.96%	4.53	18.9%	90.9	95.5
	某金银氧化铜矿	0.96%	3.80	19.1%	75.8	96.2
	平均值	1.05%	3.99	22.2%	84.7	96.0

续表3-4

矿种	名称	原矿品位	精矿产率/%	精矿品位	回收率/%	尾矿产率/%
金矿	多隆拉哇金矿	3.22 g/t	4.89	57.9 g/t	88.3	95.1
	某难选金矿	2.43 g/t	5.79	34.1 g/t	81.2	94.2
	金铜砷矿石	5.09 g/t	5.60	87.2 g/t	96.0	94.4
	某金矿石	2.67 g/t	9.20	27.5 g/t	94.9	90.8
	某低品位金矿石	1.79 g/t	7.20	21.3 g/t	85.5	92.8
	某金银氧化铜矿	1.53 g/t	3.80	36.0 g/t	89.3	96.2
	平均值	2.79 g/t	6.08	44.0 g/t	89.2	93.9

注：金矿品位单位为g/t。

相对于常规的采、选、冶开采方法，原地浸出开采是一种不产生尾砂和废石[86]的新型开采工艺。溶浸采矿是用钻孔将溶浸液注入已经压裂或者破碎的矿层中，溶浸液与矿石中的有益成分充分反应后生成矿物富集液，再用钻孔抽送至地表进行有用金属回收[87]。由于原地浸出存在开采技术条件严格，资源回收率及开采效率受众多因素影响的原因，因此，大多数矿山难以采用原地浸出方法开采，且该法资源开采效率与回收率普遍较低，目前多应用于低品位砂岩型铀矿、铜矿和金矿、稀土等矿山开采，绝大多数地下矿山仍采用常规的采、选、冶方法开采。

3.3.2.2 增值利用主导型

增值利用主导型绿色开采模式主要是对尾废进行资源化、综合化利用，以获得远超其自身工业价值的绿色开采模式。在这种模式主导下，大部分尾砂被深加工与综合利用了，仅存少量难以利用甚至无法再利用的尾废。

对于增值利用主导型的矿山，需要根据尾废成分和粒径特性，选择合适的增值利用方式。对于伴生多金属矿，有价成分再选是优先考虑的资源化利用方式。例如某大型金矿的尾矿中含有 0.6 g/t 的金和 0.089% 的钨，经过重选脱泥、磁选除铁、浮选回收金硫、分级磁选等联合再选工艺回收品位 56.22% 的钨精矿和 24.25 g/t 的金精矿[88]。钨和金的回收率分别为 74.09% 和 48.00%。

对于有价成分含量不高难以提取出来的尾矿，在不含有害成分的前提下可以用作建筑材料，至于采用哪种具体的利用方式，则和尾砂粒径有关。

图 3-4 为尾砂作建材利用时对粒径的要求。从图中可知，粒径大于 250 μm 的尾砂可用作砂子替代品；粒径为 100~250 μm 时，尾砂可加工成轻质免烧砖[89]；粒径为 10~150 μm 且含有长石时，在降低铁和硫含量后，可以生产用作

建筑陶瓷原料的长石粉[90]；在生产超高性能混凝土时，粒径 12~100 μm 的尾砂可以替代 12% 的水泥，粒径 12 μm 的尾砂可以替代 40% 的粉煤灰[91]；粒径小于 75 μm 的尾砂可以经过热处理工艺生产烧结砖和微晶玻璃[92-93]。以上利用方式经试验均取得了不错的效果。

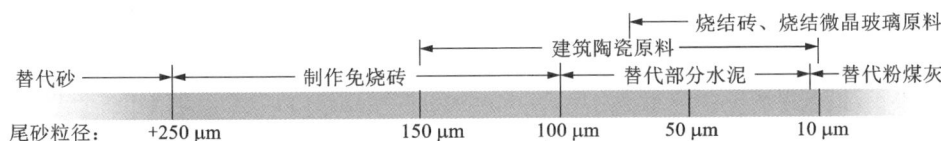

图 3-4　尾砂作建材利用时对粒径的要求

由图 3-4 可知，粒径大于 100 μm 的尾砂主要用来替代砂和制作免烧砖，这两个途径均有加工简单、用量大的优点。目前，为了提高选矿回收率并回收多种金属，需要将矿石磨得更细，所以尾矿粒度也越来越小[94]。由于细粒级尾砂用于加工陶瓷原料或者制备超高性能混凝土时用量有限，且制作烧结砖和烧结微晶玻璃时需要建设额外的生产线，因此，增值利用主导型模式仍有部分尾砂需要临时性的堆存。

3.3.2.3　堆存主导型

部分矿山虽然尾矿具有有价成分再选的潜力，但因成本过高不适合即刻再选，或是资源加工生产线没有建成到位，或是采用了充填法但仍不能消耗掉所有尾砂，则矿山必须将多余尾砂堆存地表。显然，这类矿山就是采用以无害化、生态化的堆存为主导的绿色开采模式。尾砂堆存主导型模式的核心思想是封闭与堆存，对役龄期的排土场和尾矿库进行无害化封闭，对超龄期的尾矿库进行永久性堆存与绿化，一劳永逸地解决尾废对人类和环境的危害。

无害化、生态化堆存一般是将尾矿经浓密处理后，进行干式堆存、膏体堆存或者固结堆存。我国矿山以前多采用湿式堆存，一般难以将尾矿完全封闭，尾矿坝设施也存在安全风险，不适合无害化堆存。

干式堆存将尾矿料浆压滤成滤饼后进行堆存，滤饼质量浓度在 80% 以上，具有大幅提升有效库容量、延长尾矿库服务年限、大幅降低建库成本和管理成本、经济效益显著等优点。

膏体堆存是 20 世纪 90 年代后期，综合尾砂湿排和干堆的优点，提出的一种尾砂半干排的方法[95]。膏体堆存具有尾砂不离析、黏度高、渗透率低等特点，既能够管道输送，又能减轻环境污染和降低溃坝、渗水风险，有利于尾矿堆体的稳定性。

固结堆存是一种平地堆存方式。通过选择性地向堆场四周的尾砂中添加适当胶凝材料，将尾砂堆场四周固结，形成表层为硬壳的尾砂堆场。固结堆存形成的尾砂堆体具有自稳性高、防渗能力强、成本低、安全性好等特点。

对长期甚至永久性堆存的尾矿库，在无害化封闭的基础上还要进行生态修复。由于重金属污染物难降解、易聚集、污染时间长的特点，潜在污染风险较严重[96]，因此需要采用改良剂修复、植物修复、微生物修复三类技术手段来降低长期堆存的风险[97]。最后，对修复后的尾矿库表面进行绿化，使尾矿库与环境融为一体。

3.3.2.4 多向复合型

复合型绿色开采模式是同时采用资源化利用、全尾砂充填、生态处置无害堆存中2种或2种以上方式来主导矿山尾废处置，百分百消纳废石和尾矿，打造真正的"无废、无尾"矿山。复合型模式的核心在于对尾矿和废石进行精细化的管理，为每种尾废寻找合适的利用途径，山东平度金矿就是如此。在该矿的细粒级充填、粗粒级资源化实践中，考虑粗粒级尾砂力学性能较好，将其用于制作加气混凝土砌块、瓷砖胶、干混砂浆等建筑材料；对于细粒级尾砂则利用全尾砂充填技术，经浓密并添加胶凝材料后全部充填到井下。

3.3.3 基于规模维度——以生产规模分类

3.3.3.1 小规模常规型

小规模常规型模式就是结合矿山小规模资源条件、开发能力、技术水平、开采特点与管理特色实施的一种绿色开采模式。

与大中型矿山相比，小型矿山的特点是矿山建设规模不大，所开采的矿床一般埋藏较浅，出露于地表或近地表，分选工艺不复杂。开发小型矿山具有建设投资少、见效快、设备材料简单、技术易于掌握等特点[98]。但我国金属矿小型矿山也存在着无序开采、生产工艺落后、开采年限短等缺点。

一般来说，小型矿山基本上是在矿业市场前景较好的时期，由乡镇集体企业或者中小型私企开发，受自身储量或市场前景的影响，小型矿山在开采数年后便自动关闭。据相关资料统计，我国约80%以上的小型矿山服务年限在5年以内，其中50%的小型矿山属于浅部易采资源[99]。小型矿山虽然生产规模较小，但是由于数量众多且生产工艺粗放，对环境造成的污染不容小觑。由于小型矿山多为中小企业开发，开采前缺少详细的勘查和规划，闭坑后也没有足够的资金进行灾害与尾废治理和土地修复，特别是许多小型矿山完全无监管运营，无任何环保措施。这些无监管的小型矿山所造成的环境污染往往在矿山闭坑或者破产之后才被关注，此时已经难以追责，当地政府没有专门的企业保证金用于环境治理。

对于小型矿山，中国政府一向是从严监管，并在淘汰落后产能的背景下，逐步关闭不符合环保标准的小型矿山。主要采取的措施如下：①通过借鉴美国和澳大利亚在批准开矿前先进行环境影响研究 EIS 的方法，提高开矿的准入门槛，使企业不得不进行详细的勘查和规划，并在规划中明确开采活动对环境的影响以及处置措施。②设立矿山地质环境治理恢复基金，开矿前向矿山企业征缴一定环境治理抵押金，开矿时按照开采量收缴环境恢复保证金，等企业按标准完成矿山环境恢复工作后再返还全部上缴资金和利息，以降低企业未能完成矿山闭坑后的尾砂处置和土地修复工作的风险。③在小型金属矿山资源开发过程中，还采取了 ISO14000 环境管理体系认证[100]，加强了对环境影响的管控。

因此，小型金属矿山宜采用小规模常规型的绿色开采模式。由于小型矿山自身资金有限，产生的尾废数量相对较少，对环境的影响与破坏相对较小，因此要求绿色开采指标水平以满足政府和行业的最低标准为主。小型矿山通过采用较成熟的绿色开采技术以降低采选生产中的尾废产率和污染物排放率，并对尾废进行低水平的利用，按照行业绿色生产规范的基本要求进行尾废堆存。这一系列的措施，旨在使小型矿山企业资源开发过程中对环境造成的影响满足政府标准，保证企业的继续生存和发展。

3.3.3.2　中等规模发展型

中等规模发展型模式是结合矿山中等规模资源条件、开发能力、技术水平、开采特点与管理能力等实施的一种绿色开采模式。

中型矿山，其开采服务年限一般为 10~20 年，通常由地方性国有企业或有经济实力的私营企业开发，相对于小型矿山有较长的开采年限和较大的生产规模。中型矿山除了要满足最基本的开采准入要求、缴纳环境抵押金，在资源开发过程中还需要提高其污染物管控、尾废综合利用、土地修复和复垦等方面的技术水平。因此，中型矿山结合自身资源特点，采用中等规模发展型绿色开采模式，有重点地选择尾废产率低、综合利用率高或污染物排放率低的先进绿色开采技术。

中型矿山通常不具备自主科学研发的条件与能力，但是矿山服务年限较长，所以在开采年限内可能赶上绿色开采技术的升级换代，外加生产规模较大，企业有足够资金引入绿色开采技术和进行技术改造，企业通过选择性的技术改造，在满足绿色生产要求的同时提高企业的生产利润，增加资源可采储量，延长矿山服务年限。中型矿山绿色开采技术发展的侧重方向主要是尾矿资源的综合利用和降低生产能耗两方面。

在尾矿综合利用方面，中型矿山通过回收伴生矿物和对尾矿进行增值加工，可以减少尾矿存量，并获得较高的经济效益。澳大利亚的《矿业可持续发展领导实践指南》就建议优先采用这两种高值利用方式处理尾矿。对于我国金属矿，尾矿增值加工技术不够成熟，而采用全尾砂充填回采保安矿柱是一种理想的方案，既可以消耗尾砂量，又可以提高资源回收率，并获得较高的经济效益。此外，尾矿的综合利用方式还会受到市场价格、环保税政策等因素的影响，矿山需要根据自身的优势选择最佳的综合利用方式。

3.3.3.3 大规模创新型

大规模创新型模式是结合矿山大规模资源条件好、开发能力强、技术水平高、生产组织与管理能力突出等特点实施的一种绿色开采模式。

大型矿山一般由跨国公司或者大型国有企业开发，服务年限长达几十年，与中小型矿山相比，具有更大的生产规模、更高的技术水平与更强的创新能力，对当地经济、社会和环境有较大影响。在经济方面，大型矿山是当地产业结构的重要组成部分，是利税大户；在社会影响方面，矿山提供较多的就业岗位，同时也带动了当地工商业的繁荣；在环境方面，矿山产生巨量的固废，如不及时妥善处理，就会形成累积效应，对区域空气、水体乃至整个地区生态环境造成重大影响与危害。正因为大型矿山与地方的紧密依存关系，不仅矿山绿色开采水平直接影响当地人民幸福指数，而且矿山闭坑后如不能及时提供新的工作岗位，会造成地方经济断崖式的下降和社会的不稳定，所以大型金属矿最佳的开采模式就是大规模创新型的绿色开采模式。

大型矿山具有较强的科技实力，具备科学研发创新的能力，能够引领金属矿开采行业的技术进步，为矿山实现低废无害绿色开采目标提供技术保障。对于金属矿山固废产量大的问题，大型矿山除了技术升级改造，还可以自主创新，针对矿山自身的特点，研发诸多环境影响小、安全风险低的绿色创新技术，如尾砂充填、固废增值加工、土地修复及复垦等关键技术，提升矿山运营期内的竞争力。

3.3.4 金属矿绿色开采复合型模式

复合型模式是基于矿山规模、尾废处置时间与处置方式的一种绿色开采模式，它从规模、时间与方式三个维度进行复合，具有全面、综合、完整的特点。

在实际应用中，一个矿山企业适用的绿色开采模式要综合其所处地区的环保政策、开采矿种以及生产规模等条件来确定，因此具体矿山企业的绿色开采模式往往需要用多个维度组合在一起的复合类型来描述。在我国生态文明建设和绿色矿山建设的大背景下，国家全面收紧了尾矿库的审批和监管政策，因而末端治理型绿色开采模式已经不适应国内环保政策的要求；同样，源头防治型绿色开采模式也不适应我国金属矿矿床规模小、平均品位低、综合矿多、单一矿少、历史留存固废量大的现状。因此，结合国内金属矿山的生命周期、尾废处置方式以及矿种规模，可形成多种绿色开采模式，比较典型的金属矿绿色开采模式有三种，分别为：常规末端堆存型、源头充填发展型和全程多向创新型。

3.3.4.1　常规末端堆存型

常规末端堆存型主要适用于矿石品位较高的小型金属矿山。目前在国内淘汰落后产能的大背景下，保留的一些小型金属矿山，其矿床一般拥有较高品位，但储量小，生产规模小，因而服务年限短。小型金属矿山采出的矿石经选矿后，产生的尾砂也较少，可选择合适的场地对尾废进行直接堆存，或将矿石销售给大型矿山，同时，采出的废石也可以经过简单加工后作为建材出售。按照这一生产流程框架，小型金属矿山的主要固体废弃物较少。另外，小型金属矿山由于资金相对不足，不宜开展创新性的技术研发，因而小型金属矿山更适合采用相对成熟的常规绿色开采技术处理生产过程中的尾废。综合以上特点，小型金属矿山就形成了常规末端堆存型绿色开采模式。

3.3.4.2　源头充填发展型

源头充填发展型主要适用于能够实现采充平衡或者尾砂有价成分较高的中型金属矿山。中型金属矿山由于生产规模和开采生命周期的限制而不具备自主科学研发的条件与能力，所需要的绿色开采技术主要采用引进型。另外，中型金属矿山的生命周期只有 10~20 年，因此需要尽可能缩短引进创新技术投资的回收期，在引进创新技术时应该有所侧重，发挥自身在尾废特性与综合利用方面的优势。对于生产过程中产生的尾废，主要是通过减少产量或从尾砂中提取有价物消除污染源，即从源头上达到直接消除的目标；或者采用充填技术，将尾废作为充填料（资源）充填至井下，控制地压，提高资源回收率等，获得尾废充填利用带来的回报。按照上述策略就形成了源头充填发展型绿色开采模式。

3.3.4.3　全程多向创新型

全程多向创新型主要适用于服务年限长达几十年，且具备科学研发创新能力的大型金属矿山。大型矿山开采年限长，巨大的矿石储量与年产量能够为矿山企业创造丰厚的利润，但同时也伴随着巨大的固废产量。大型金属矿山开采时，巨量的固废难以从资源化利用的角度一次性处理与消化，获得源头治理的处理方法，而是需要在整个开采过程中，对固废采用边生产边治理的措施，如果不能妥善处理固废，就会形成累积效应，对矿区空气、水体乃至生态环境造成严重影响与危害，不利于企业的长期生存与发展，因此，要求矿山在服务年限内采用全程处理的方法。另外，由于尾废数量巨大，采用一种处理方式很难彻底解决开采过程中的尾废危害，而是要从多个方面、多个渠道对尾废进行处理，消除对生态安全环保的影响，从长期可持续发展的角度，进行绿色开采方面的科学研发，结合矿山特点，研发诸多环境影响小、利润大、安全风险低的绿色创新技术，如尾砂充填、固废增值加工、土地修复及复垦等关键技术，形成多方向多手段的全程复合型绿色开采模式，提升矿山运营期内的竞争力。同时，研发的先进技术也可以出售给中、小型矿山企业，为企业带来除资源开采外的技术收益。依照以上策略就形成了全程多向创新型绿色开采模式。

3.4 金属矿绿色开采模式优选方法

3.4.1 时间维度下污染物的量化分析法

3.4.1.1 基本模式框架

虽然全程多向创新型模式的环境保护效果明显优于常规末端堆存型模式和源头充填发展型模式，但是受经济成本的限制，金属矿山企业不可能在所有的采选环节都采用高水平的绿色技术，因此在具体实施全程多向创新型模式时要采用优化分析方法，为金属矿山企业制定具体的模式框架，使矿山企业在采选环节选择合适的绿色开采模式，以达到经济上和环保上的整体最优。

为了实现对金属矿绿色开采模式的量化分析，首先建立金属矿绿色开采基本模式框架，框架由采矿和选矿两部分构成，见图3-5。该基本模式框架是按照金属矿的生产流程将各项技术元素组织起来的逻辑框图，能够反映各采选环节的技术水平、生产能力、污染物排放情况。虽然金属矿的种类多样，采用的开采和选矿工艺各有不同，也存在露天开采和地下开采的区别，但是大体上采选生产流程都是按照开采、破碎、废石矿石分选、运输、选矿、固体废物利用及处置等六个步骤依次展开。

框架图中淡蓝色的方框代表采选生产的工艺环节，黄色的方框表示采选生产过程中的中间产物和最终产品，红色方框表示一些特殊地点，黑色的箭头表示物料流动。对于不同的矿山，淡蓝色方框的工艺环节和黑色箭头代表的物料流动方式会有所不同。

当进行金属矿绿色开采模式量化分析时，要先确定基本框架图中淡蓝色方框里的工艺环节要达到的具体技术水平，随后就能确定该工艺环节的前期投入和生产能力。技术水平越高，前期投入越大，生产能力越强。如果金属矿山采用末端治理型绿色开采模式，那么流入综合利用工艺环节的尾砂和废石比例就会降低至零，废石大部分被内排或充填，尾砂大部分进入尾矿库；如果采用全程管控型绿色开采模式，则大比例的废石和尾砂会进入综合利用的环节，对再加工设备的生

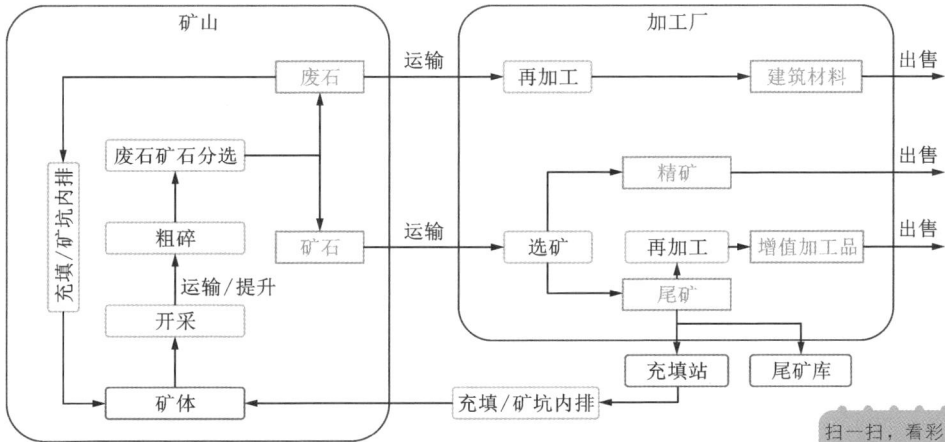

图 3-5　金属矿绿色开采基本框架

产能力要求会提高，对尾矿库容量的要求则会降低。具体选择什么样的模式能在满足环保和无害化要求的前提下使企业的收益最大，需要通过具体的量化计算确定。

3.4.1.2　基于时间维度的类型对比

虽然末端治理型、源头防治型和全程管控型三种绿色开采模式向环境中排放污染物时都符合政府制定的相应规定与标准，但是对环境造成的累积影响各不相同。本研究通过模拟案例量化分析基于时间维度的绿色开采模式对环境造成的累积影响，并具体说明末端治理、源头防治与全程管控的污染差别。

假设一个开采年限为 10 年的金属矿山企业，它在不同绿色开采模式下的相关参数见表 3-5。在末端治理型模式下，企业按照政府规定的标准每年排放 1 个单位的污染物，并将这些污染物堆存在尾矿库，在规定的环保标准下每单位污染物每年也会对环境造成 1 个单位的污染，企业在开采结束后的第 1 年对尾矿库进行封闭治理，但是最终还是有 10% 的污染物会继续对环境造成污染。在源头防治型模式下，由于采用了污染物的源头控制技术，每年污染物的增量降低到 0.3 个单位，污染物每年的环境影响系数降低到 0.6；尾矿库依然采用开采结束后封闭治理的方式，封闭后依然有 10% 的污染物会继续污染环境。在全程管控型模式下，由于实施了全过程的管控，每年污染物的增量下降到 0.8 个单位，污染物对环境的影响系数也下降到 0.8；与末端治理型和源头防治型模式不同的是，全程管控型模式每 2 年会对尾矿库进行一次治理。

表 3-5　不同绿色开采模式下的模拟参数

绿色开采模式	末端治理型	源头防治型	全程管控型
年污染物增量	1	0.3	0.8
环境影响系数	1	0.6	0.8
未能治理的污染物	10%	10%	10%
尾矿库治理频率	闭矿	闭矿	每 2 年

采用表 3-5 的参数计算模拟案例中金属矿开采年限内（10 年）和闭矿之后 10 年的污染物留存量和累计污染量，计算结果见图 3-6。

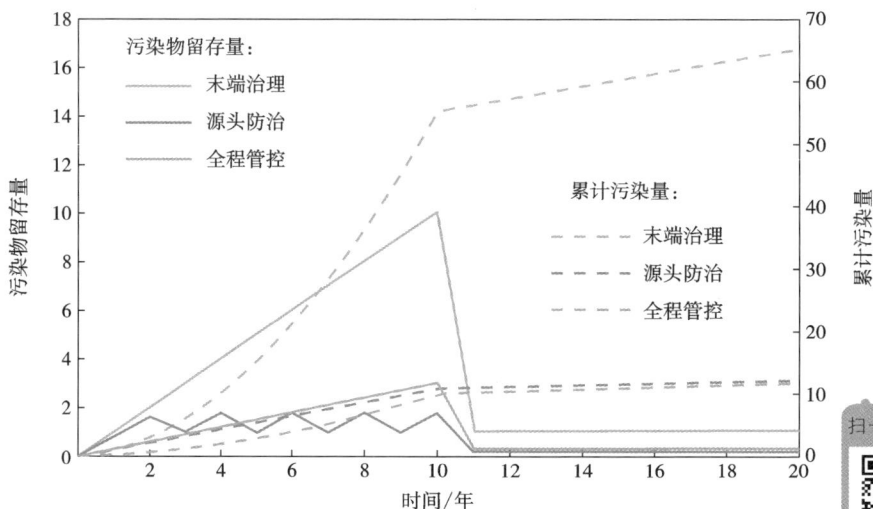

图 3-6　不同治理时间污染物留存量和累计污染量

图 3-6 中实线为矿山污染物留存量，虚线为矿山累计污染量。虽然治理时间不同，其污染物都按照政府规定的标准排放和堆存，但是由于源头防治型和全程管控型控制了单位时间内污染物的排放量以及污染物对环境的影响系数，所以矿山最大堆存尾矿量和对环境的累计污染量均远低于末端治理型。虽然全程管控型在开始几年的污染物留存量高于源头防治型，但是由于它采取了分期治理尾矿库的策略，因此长期的污染物留存量仍低于源头防治型，随着时间的推移，源头防治型对环境的累计污染量反而会超过全程管控型。

从经济角度讲，全程管控型是三种模式中最为经济的一种。末端治理型模式下，矿山的环境治理支出主要用于尾矿库的建设、维护和最终封闭。一般来说，尾矿库的建设、维护和封闭费用会随着尾矿留存量呈指数增长，堆存的尾矿非但不能产生经济效益，反而会带来长期的安全风险。源头防治型模式下，为了从源头控制矿山的污染物排放，矿山投产初期就要为建设尾废处理设施支付大量的费用，这将对矿山企业的运营资金造成压力。全程管控型模式下，虽然矿山每年的污染物排放量高于源头防治型模式，但是由于治理尾矿库及时，矿山的污染物留存量始终维持在较低的水平，相当于将源头防治型模式下矿山生命初期大量尾废处理设施投资中的一部分均摊到整个矿山生命周期，减轻了矿山资金压力，因此是一种兼顾了环境保护和矿山经济效益的最佳模式。

3.4.2 处置维度下的污染博弈分析

3.4.2.1 博弈模型

据对我国金属矿生产情况和政府监管案例的调查分析，做出以下假设：

①精矿是矿山最终产品，矿山主要生产某一精矿，附产计入尾矿综合利用。

②矿山年产量由矿体赋存条件、机械化程度、开采工艺等决定。低废开采技术只降低单位矿石产废量，不影响年产量。年产量的变化不影响精矿市场价格。

③矿山监管任务由矿山当地政府执行，当地政府监管积极性受监管收益的影响。当矿山未按要求进行环境治理时，当地政府会责令矿山治理环境或支付治理环境费用，并进行额外的经济处罚；如果当地政府没有监管，矿山就逃脱了处罚，环境治理费用由当地政府承担。不考虑当地政府监管失败和矿山寻租的情况。

④矿石年产量即为销售量，不考虑产品积压情况。矿山的销售量为公开信息，不存在逃避资源税情况。但是矿山真实的尾废综合利用率和污染量为不公开信息，在当地政府不监管的情况下，矿山可以提供虚假的数据来逃避缴纳环保税。

绿色开采模式下，当地政府与矿山博弈模型的参数可分为四类，分别是矿山生产参数（表3-6）、尾废处置参数（表3-7）、环境治理参数（表3-8）以及政府监管参数（表3-9）。

表 3-6 矿山生产参数表

参数	符号释义
Q_R	矿山矿石年产量，矿山每年采出矿量，万 t/a
γ	精矿产率，指精矿产量与入选矿石量的质量百分比，%
β	精矿品位，矿山选出精矿中有用元素的含量，%
P	矿山产品价格，精矿售价，元/t
c	单位精矿生产成本，包括采矿成本和选矿成本，元/t

表 3-7 尾废处置参数表

参数	符号释义
Q_w	矿山废石年产量，$Q_w = \omega_{(0,\,g)} Q_R$，万 t/a
ω_0	常规开采时单位矿石产废量，t/t
ω_g	低废开采时单位矿石产废量，$\omega_0 > \omega_g$，与矿山技术水平相关，t/t
Q_t	矿山尾矿年产量，$Q_t = (1-\gamma) Q_R$，万 t/a
R	矿山尾废综合利用率，%
$\bar{R}$	当前绿色开采技术水平所能达到的平均综合利用率
r	尾废综合利用利润，万元/a
Q_{tp}	矿山留存尾废量，$Q_{tp} = (1-R)(Q_w + Q_t)$，万 t
F_0	单位留存尾废常规处置的基本费用，元/t
F_g	单位留存尾废环境友好型处置的额外费用，元/t

表 3-8 环境治理参数表

参数	符号释义
G	环境修复、治理费，$G = Q_{tp} \cdot F_t p_{(0,\,g)}$，万元
F_t	单位面积污染治理费，包括污水、土壤治理、矿区绿化和复垦费等，元/m^2
p_0	常规堆存处置时单位留存尾废污染土地范围，m^2/t
p_g	环境友好型堆存处置时单位留存尾废污染土地范围，$p_0 > p_g$，m^2/t

表 3-9 政府监管参数表

参数	符号释义
C	当地政府监管成本，包括人员工资、监测设备费用、举报人奖励等，万元
T_t	销售单位矿石征收资源税，实行从价计征，元/t
T_p	排放单位污染物征收的环保税，实行从量计征，元/t
S	矿山未按要求治理污染时政府额外收取的罚款，万元

在博弈中，当地政府的行动是选择是否对矿山进行监管；矿山的行动分为两步，第一步选择绿色或者非绿色开采模式，第二步选择是否治理污染。博弈的规范式见图 3-7。

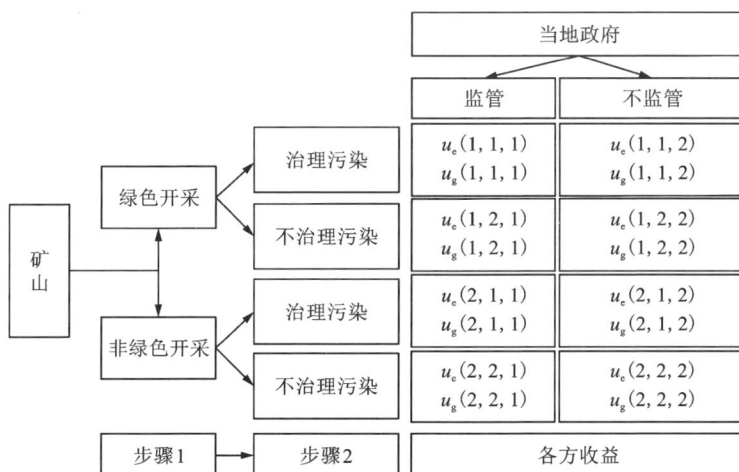

图 3-7　矿山与当地政府博弈的规范式

（1）矿山收益

矿山的收益为矿山收入减去支出。矿山的收入包括矿产品销售收益、尾废综合利用收益，矿山的支出包括矿产品生产成本、资源税、留存尾废处置成本、环境治理费用和环保税。

矿山采用绿色开采技术并且选择治理污染时，能够获得尾废综合利用收益，但是要支付尾废生态化处置的额外费用和环境治理费用，此时无论政府是否监管，矿山收益相同，见式（3-2）。

$$u_e(1, 1, 1) = u_e(1, 1, 2)$$
$$= \gamma Q_R(P - PT_t - c) + (Q_w + Q_t)Rr - Q_{tp}(F_0 + F_g) - G - T_p Q_{tp}$$
$$= Q_R[\gamma(P - PT_t - c) + (1 - \gamma + \omega_g)Rr - (1 - \gamma + \omega_g)(1 - R)$$
$$(F_0 + F_g + F_t p_g + T_p)] \tag{3-2}$$

当矿山采用绿色开采技术但是不治理污染时，如果当地政府监管，矿山不但要支出环境治理费用，还要额外支出罚金，此时矿山收益见式（3-3）；如果当地政府不监管，矿山就不用支出环境治理费用，此时矿山收益见式（3-4）。

$$u_e(1, 2, 1) = \gamma Q_R(P - PT_t - c) + (Q_w + Q_t)Rr - Q_{tp}(F_0 + F_g) - G - T_p Q_{tp} - S$$
$$= Q_R[\gamma(P - PT_t - c) + (1 - \gamma + \omega_g)Rr - (1 - \gamma + \omega_g)(1 - R)$$
$$(F_0 + F_g + F_t p_g + T_p)] - S \tag{3-3}$$
$$u_e(1, 2, 2) = \gamma Q_R(P - PT_t - c) + (Q_w + Q_t)Rr - Q_{tp}(F_0 + F_g) - T_p Q_{tp}$$
$$= Q_R[\gamma(P - PT_t - c) + (1 - \gamma + \omega_g)Rr - (1 - \gamma + \omega_g)(1 - R)(F_0 + F_g + T_p)] \tag{3-4}$$

矿山未采用绿色开采时，无法获得尾废综合利用收益，不需要支付尾废的生态化处治的额外费用。当地政府监管时，矿山治理污染时的收益见式（3-5），不治理污染的收益见式（3-6）。当政府不监管时，矿山会谎称自己的尾废综合利用率 R 达到当前的平均水平 $\overline{R}$，以此来减少环保税的缴纳，此时矿山治理污染和不治理污染的收益分别见式（3-7）和式（3-8）。

$$u_e(2,1,1)=\gamma Q_R(P-PT_t-c)-(Q_t+Q_w)F_0-G-T_pQ_{tp}$$
$$=Q_R[\gamma(P-PT_t-c)-(1-\gamma+\omega_0)(F_0+F_tp_0+T_p)] \quad (3-5)$$

$$u_e(2,2,1)=\gamma Q_R(P-PT_t-c)-(Q_t+Q_w)F_0-G-T_pQ_{tp}-S$$
$$=Q_R[\gamma(P-PT_t-c)-(1-\gamma+\omega_0)(F_0+F_tp_0+T_p)]-S \quad (3-6)$$

$$u_e(2,1,2)=\gamma Q_R(P-PT_t-c)-(Q_t+Q_w)F_0-G-T_pQ_{tp}$$
$$=Q_R\{\gamma(P-PT_t-c)-(1-\gamma+\omega_0)[F_0+F_tp_0+T_p(1-\overline{R})]\} \quad (3-7)$$

$$u_e(2,2,2)=\gamma Q_R(P-PT_t-c)-(Q_t+Q_w)F_0-T_pQ_{tp}$$
$$=Q_R\{\gamma(P-PT_t-c)-(1-\gamma+\omega_0)[F_0+T_p(1-\overline{R})]\} \quad (3-8)$$

（2）政府收益

博弈中政府的收入来自矿山上缴的资源税和环保税，以及当矿山没有治理污染时收缴的罚金。政府的支出为进行监管时花费的监管成本。当矿山进行绿色开采时，如果治理污染，政府监管和不监管的收益分别见式（3-9）和式（3-10）。如果矿山不治理污染，若政府选择监管，可以额外获得罚金，见式（3-11）；若政府选择不监管，虽然不用支出监管成本，但是要承担环境治理费用，见式（3-12）。

$$u_g(1,1,1)=\gamma Q_RPT_t+T_pQ_{tp}-C$$
$$=Q_R[\gamma PT_t+T_p(1-\gamma+\omega_g)(1-R)]-C \quad (3-9)$$

$$u_g(1,1,2)=\gamma Q_RPT_t+T_pQ_{tp}$$
$$=Q_R[\gamma PT_t+T_p(1-\gamma+\omega_g)(1-R)] \quad (3-10)$$

$$u_g(1,2,1)=\gamma Q_RPT_t+T_pQ_{tp}+S-C$$
$$=Q_R[\gamma PT_t+T_p(1-\gamma+\omega_g)(1-R)]+S-C \quad (3-11)$$

$$u_g(1,2,2)=\gamma Q_RPT_t+T_pQ_{tp}-G$$
$$=Q_R[\gamma PT_t+(T_p-F_tp_g)(1-\gamma+\omega_g)(1-R)] \quad (3-12)$$

当矿山未进行绿色开采时，如果治理污染，政府监管和不监管的收益分别见式（3-13）和式（3-14）；如果不治理污染，政府监管和不监管的收益分别见式（3-15）和式（3-16）。式（3-14）和式（3-16）中，由于矿山提供了虚假的综合利用率，政府的环保税收入降低。

$$u_g(2,1,1)=\gamma Q_RPT_t+T_pQ_{tp}-C$$
$$=Q_R[\gamma PT_t+T_p(1-\gamma+\omega_0)]-C \quad (3-13)$$

$$u_g(2,1,2)=\gamma Q_RPT_t+T_pQ_{tp}$$
$$=Q_R[\gamma PT_t+T_p(1-\gamma+\omega_0)(1-\overline{R})] \quad (3-14)$$

$$u_g(2, 2, 1) = \gamma Q_R PT_t + T_p Q_{tp} + S - C$$
$$= Q_R [\gamma PT_t + T_p(1 - \gamma + \omega_0)] + S - C \qquad (3-15)$$

$$u_g(2, 2, 2) = \gamma Q_R PT_t + T_p Q_{tp} - G$$
$$= Q_R \{\gamma PT_t + (1 - \gamma + \omega_0)[T_p(1 - \overline{R}) - F_t p_0]\} \qquad (3-16)$$

3.4.2.2　政府与矿山的行为分析

当矿山选定自己的行为时，政府是否监管会导致不同的博弈结局。下面分别讨论政府监管和不监管时矿山的占优策略。

（1）政府监管

当政府监管时，矿山不治理污染会被政府要求缴纳环境治理费用和额外罚款，因此矿山治理污染的收益更大，即 $u_e(1, 1, 1) > u_e(1, 2, 1)$，$u_e(2, 1, 1) > u_e(2, 2, 1)$。所以在政府监管时不治理污染属于劣策略（dominated strategy），矿山一定会选择治理污染。比较此时矿山采用绿色开采相对于非绿色开采增加的收益 ΔU_e：

$$\Delta U_e = u_e(1, 1, 1) - u_e(2, 1, 1)$$
$$= Q_R\{(F_0 + T_p)[R(1 - \gamma + \omega_g) + \omega_0 - \omega_g] - F_g(1 - \gamma + \omega_g)(1 - R)$$
$$+ F_t[p_0(1 - \gamma + \omega_0) - p_g(1 - \gamma + \omega_g)(1 - R)] + (1 - \gamma + \omega_g)Rr\} \qquad (3-17)$$

令 τ_0 和 τ_g 分别为非绿色开采和绿色开采时的尾废产率，$\tau_0 = 1 - \gamma + \omega_0$，$\tau_g = 1 - \gamma + \omega_g$，且 $\tau_0 > \tau_g$。则式（3-17）可以写成：

$$\Delta U_e = u_e(1, 1, 1) - u_e(2, 1, 1)$$
$$= Q_R \tau_g\left\{(F_0 + T_p)\left[\frac{\tau_0}{\tau_g} - (1 - R)\right] - F_g(1 - R) + F_t p_g\left[\frac{p_0 \tau_0}{p_g \tau_g} - (1 - R)\right] + Rr\right\}$$
$$(3-18)$$

（2）政府不监管

当政府不监管时，矿山可以逃避治理污染责任，此时 $u_e(1, 2, 2) > u_e(1, 1, 2)$，$u_e(2, 2, 2) > u_e(2, 1, 2)$。治理污染属于劣策略，所以矿山一定不会治理污染。比较此时矿山选择绿色开采和非绿色开采的收益 ΔU_e：

$$\Delta U_e = u_e(1, 2, 2) - u_e(2, 2, 2)$$
$$= Q_R \tau_g\left\{F_0\left[\frac{\tau_0}{\tau_g} - (1 - R)\right] + T_p\left[\frac{\tau_0}{\tau_g}(1 - \overline{R}) - (1 - R)\right] - F_g(1 - R) + Rr\right\} \qquad (3-19)$$

式（3-18）、式（3-19）中，当 $\Delta U_e > 0$ 时，绿色开采为占优策略（dominant strategy）；当 $\Delta U_e < 0$ 时，非绿色开采为占优策略。对某个矿山而言，F_0、τ_0、T_p、F_t、p_0 为常数，要提高绿色开采收益，让绿色开采成为占优策略，矿山可以采取的措施有：提高尾废综合利用率 R 和综合利用利润 r；降低单位尾废生态化处置

附加费 F_g 和生态化处置后的污染土地范围 p_g。

从式(3-18)和式(3-19)可知,矿山规模即年产量 Q_R 并不是决定绿色开采是占优策略还是劣策略的决定因素,但是 Q_R 可以成倍地放大 ΔU_e 的值。假设在某一绿色开采技术水平下,$\Delta U_e > 0$,那么对于技术水平相同的小型矿山和大型矿山,大型矿山将比小型矿山得到的绿色开采收益更大。所以当从非绿色开采转向绿色开采需要投入技术升级成本时,大型矿山比小型矿山更有发展绿色开采技术的积极性。

政府有监管和不监管两种选择,对矿山行为的分析表明,当政府监管时,矿山会选择治理污染,而当政府不监管时,矿山一定会选择不治理污染。但是不论政府是否监管,矿山都有选择绿色开采或者非绿色开采的可能。

(3)矿山选择绿色开采

当矿山进行绿色开采时,政府选择监管的收益为 $u_g(1,1,1)$ 和不监管的收益为 $u_g(1,2,2)$,比较两种情况下的收益:

$$\Delta U_g = u_g(1,1,1) - u_g(1,2,2) = Q_R F_t p_g \tau_g (1-R) - C \tag{3-20}$$

(4)矿山选择非绿色开采

当矿山进行非绿色开采时,政府选择监管的收益为 $u_g(2,1,1)$ 和不监管的收益为 $u_g(2,2,2)$,比较两种情况下的收益:

$$\Delta U_g = u_g(2,1,1) - u_g(2,2,2) = Q_R(T_p \overline{R} \tau_0 + F_t p_0 \tau_0) - C \tag{3-21}$$

由式(3-20)和式(3-21)可以看出,不论矿山是否进行绿色开采,政府监管的积极性都与矿山年产量 Q_R 和单位面积污染治理费 F_t 正相关,与监管成本 C 负相关。如果能使得监管成本 C 足够低,或者提高对环境治理效果的要求,增加单位面积污染治理费 F_t,政府就会倾向于对矿山进行监管。

由于 Q_R 的影响,从收益出发,政府必然优先监管大型矿山。如果政府过多监管会给矿山带来声誉和接待费用的损失,那么大型矿山会希望降低政府对自己的监管兴趣。根据式(3-20)和式(3-21),大型矿山只有选择绿色开采,通过提高绿色开采技术水平、提高尾废综合利用率 R、缩小尾废污染土地范围 p_g 和单位矿石产废量 ω_g 等,才能实现目的。

3.4.2.3 影响矿山开采模式选择的因素

由于目前中国政府提出了严格的环保政策标准,环境状况已经成为地方政府政绩的重要考核指标。随着环境治理标准的提高,单位面积污染处理费 F_t 也大大增加,卫星和航拍技术的应用又极大降低了政府监管成本 C,使式(3-20)、式(3-21)中的 ΔU_g 大于0。此时,监管将成为地方政府的严格占优策略,因此地方政府必然会选择监管矿山。

在政府必然监管的情况下,矿山也必然会治理污染,但是却不一定会选择绿色开采模式。为此,具体研究式(3-18)中各项参数对矿山决策的影响。

（1）博弈参数的选取

式（3-18）中除矿山年产量 Q_R 之外，其他参数可分为两类。第一类参数为常数，包括非绿色开采时尾砂堆存处置费 F_0、尾废产率 τ_0 和污染土地范围 p_0、环保税率 T_p 以及单位面积污染治理费 F_t。第二类参数是与矿山绿色开采技术水平相关的变量，包括绿色开采时单位矿石尾废产率 τ_g、尾废综合利用率 R、综合利用利润 r、单位尾废生态化处置附加费 F_g 和生态化处置后的污染土地范围 p_g。

分析我国目前的政府文件和相关资料，根据金矿数据，确定式（3-18）中除 Q_R 的计算参数值，见表 3-10。具体的参数确定过程如下。

表 3-10　计算参数值（金矿）

参数	符号释义	单位	取值
F_0	单位留存尾废常规处置的基本费用	元/t	20~40
τ_0	常规开采时的尾废产率	—	≈ 2.2
p_0	常规堆存处置时单位尾废污染土地范围	m²/t	≈ 0.13
T_p	排放单位污染物征收的环保税	元/t	15
F_t	单位面积污染治理费	元/m²	25~100
τ_g	绿色开采时尾废产率	—	$\tau_0 > \tau > 0.97$
R	矿山尾废综合利用率	%	10~35
r	尾废综合利用利润	万元/a	20~100
F_g	单位留存尾废环境友好型处置的额外费用	元/t	10~20
p_g	环境友好型堆存处置时单位尾废污染土地范围	m²/t	$p_0 > p_g > 0.03$

目前我国尾矿常规堆存处置方法以尾矿库堆存为主，处置成本包括堆存成本和排放成本。单位尾矿堆存成本根据新建尾矿库的投资除以尾矿库设计容量计算，为 15~25 元/t。尾砂排放有湿排和干排两种，湿排成本约 5 元/t，干排成本为 15 元/t。因此，尾矿常规堆存处置费 F_0 为 20~40 元/t。无害化尾矿堆存技术是在常规干排堆存基础上，增加对尾矿库阻隔防渗和固化工艺。根据投资测算，尾矿无害化堆存相比常规堆存方案，每吨尾矿处置的额外费用 F_g 为 10~20 元/t。

尾废产率 τ 等于尾矿产率加上废石产率，根据金矿废石排放强度和尾矿排放强度估算，开采每吨金矿石产生废石 $\omega \approx 1.2$ t，每吨金矿石的精矿产率 $\gamma \approx 3\%$，由此估算金矿常规开采的尾废产率 $\tau_0 \approx 2.2$。根据报告，目前用绿色开采工艺时，可实现废石零排放，即 $\omega = 0$。精矿产率短期不易改变，因此最低尾废产率 $\tau_{0min} = 1 - \gamma = 0.97$。

单位尾废污染土地范围 p 根据尾矿堆存占地估算。按照我国尾矿库数据，占地 10 hm² 的尾矿库可堆存尾矿约 300 万 t，由此计算每平方米可堆存尾矿 30 t。按照污染影响半径为尾矿库等效半径的两倍估算，单位质量尾矿的污染范围 $p_0 = 0.13$ m²/t。当采用无害化处置技术时，最小污染影响面积应等于尾矿的堆存占地面积，此时 $p_g = 0.03$ m²/t。

中国政府于 2018 年起开始征收环保税，对每吨尾矿征收 15 元的环保税 T_p，对综合利用的尾矿免征环保税[101]。

根据《中国资源综合利用年度报告》和《中国环境统计年鉴》数据，我国尾废综合利用率 R 为 10%～35%。尾矿综合利用的收益因利用方式不同有所差异。据统计，我国尾矿综合利用主要为充填采空区、生产建材和资源再选三种方式，其分别占利用量的 53%、43% 和 4%[102]。尾砂用于采空区充填时，如果不回采矿柱，则充填费用约为 20 元/t，与地面常规干排堆存的 40 元/t 相比要节约 20 元/t。尾砂若用于砌块、免烧砖、水泥、人造石材等建筑材料时，尾废综合利用利润 r 为 40～100 元/t。尾矿再选回收的收益与尾矿的含金品位有关。我国金矿尾矿 20 世纪前品位多在 1 g/t 左右，因此回收再选老尾矿的尾废综合利用利润 r 在 200 元/t 以上[103]。但是新尾矿含金品位仅有 0.25 g/t，在选矿技术没有较大提升的情况下，再选新尾矿的收益不到 10 元/t[104]。考虑到新尾矿再选回收利用的收益较低，按照采空区充填和生产建材估算尾废综合利用利润 r 为 20～100 元/t。

单位面积污染治理费 F_t 主要通过 2018 年以来中国废弃矿山环境治理恢复项目的总投资和治理面积估算。治理项目的任务要求和土地污染程度不同，治理费从 25 元/m² 到 100 元/m² 不等。如果环境治理时还需要新建尾废填埋场和废水处理设施，投资将增加到 200 元/m² 甚至 300 元/m²。由于在常规处置费 F_0 中已经考虑了尾砂处置建设成本，因此单位面积污染治理费 F_t 取 25～100 元。

(2)绿色开采技术水平的影响

为了分析政府监管下绿色开采技术水平对企业决策的影响，假设 A_e 为实行绿色开采后开采每吨矿石增加的收益：

$$A_e = \tau_g \left\{ (F_0 + T_p) \left[\frac{\tau_0}{\tau_g} - (1-R) \right] - F_g(1-R) + F_t p_g \left[\frac{p_0 \tau_0}{p_g \tau_g} - (1-R) \right] + Rr \right\} \quad (3-22)$$

则式(3-18)可表示为：

$$\Delta U_e = Q_R A_e \quad (3-23)$$

式(3-23)中矿山年产量 Q_R 为正，因此通过 A_e 的正负来判断绿色开采是否为企业的占优策略。

博弈模型中，绿色开采单位矿石的尾废产率 τ_g、尾废综合利用率 R、综合利用利润 r、单位尾废生态化处置附加费 F_g、单位尾废生态化处置后的污染土地范围 p_g，这五个参数反映了矿山绿色开采技术水平。由表 3-10 和式(3-22)可知，

当 F_0、R、r、F_t 取最小值，F_g 取最大值，$\tau_g = \tau_0$ 且 $p_g = p_0$ 的情况下，A_e 的值最小，最小值 $A_{emin} = -26.78$ 元/t<0。此时矿山选择绿色开采是劣策略。当绿色开采技术提高，各指标参数改善时，A_e 的值会变大，向着有利于绿色开采的方向发展。

图 3-8 为各绿色开采技术水平参数变化对 A_e 的影响，τ_g、R、F_g、r 和 p_g 五个参数在表 3-10 所示的取值范围内变化，以研究发展相应的绿色开采技术能够增

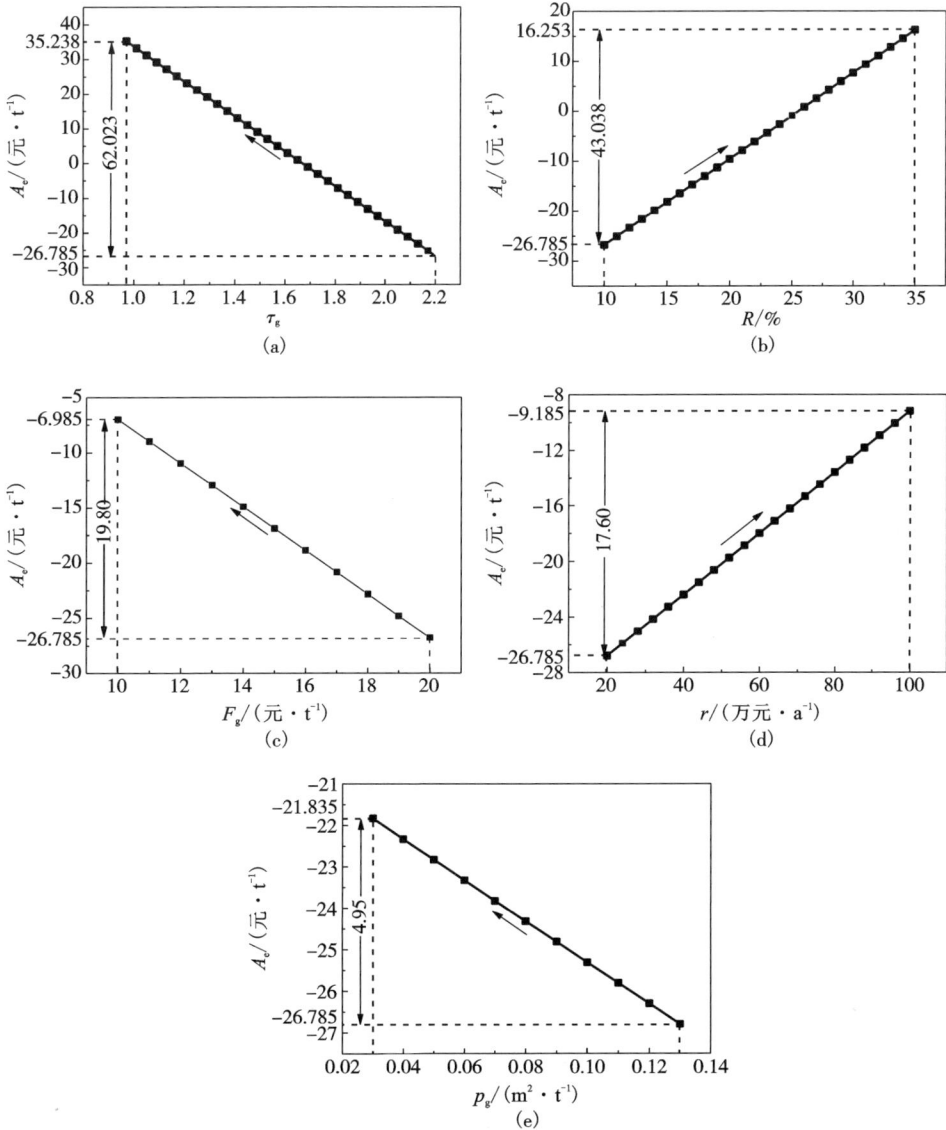

图 3-8　绿色开采技术水平参数对 A_e 的影响图

加多少收益。对比图 3-8(a)~图 3-8(e)可知,各参数对绿色开采收益影响程度排序为尾废产率 τ_g>尾废综合利用率 R>单位尾废生态化处置附加费 F_g>尾废综合利用利润 r>单位尾废生态处置后的污染土地范围 p_g。降低尾废产率或者提高尾废综合利用率可以使 A_e 由负转正,让绿色开采从劣策略转变为占优策略。降低单位尾废生态化处置附加费、提高尾废综合利用利润、缩小单位尾废生态处置后的污染土地范围这三项措施在单独使用情况下虽然都能够缩小绿色开采和非绿色开采收益的差距,但是均无法改变绿色开采收益低于非绿色开采收益的不利局面。

降低尾废产率 T_g 和提高尾废综合利用率 R 之所以能够迅速提高绿色开采相对于非绿色开采收益优势,主要是因为它们都能够直接减少需要堆存尾废的数量,从而降低矿山缴纳环保税、堆存尾矿和治理污染的费用。

单独降低单位尾废生态化处置附加费 F_g 无法使绿色开采收益大于非绿色开采收益的主要原因是成本的下降空间有限,且只影响尾矿堆存的费用。目前所提出的尾废无害化处置措施比如在尾矿库底部增加阻隔防渗层、向酸性尾矿中添加碱性材料中和,或者向尾矿中添加固化剂等措施,已经尽可能地降低需要的费用,因此处置单位尾矿增加的额外费用并不多。

单独提高尾废综合利用利润 r 增加绿色开采收益效果有限的主要原因是尾废综合利用水平偏低。按照我国目前的技术水平,综合利用单位尾废最大的收益约为 100 元/t。根据式(3-22), r 对 A_e 的影响取决于系数 R,在尾废综合利用率 R 偏低的情况下,单独提高 r 不能有效地提高 A_e。因此消耗尾废量大的综合利用技术比利用收益高但尾废消耗量少的技术更能够促进矿山实施绿色开采。

缩小单位尾废生态处置后的污染土地范围 p_g 能够减少需要治理的土地面积,从而减少土地复垦所需费用。根据式(3-22),缩小污染范围对企业收益的影响与单位面积污染治理费 F_t 相关, F_t 越高,缩小污染范围带来的收益越大。 F_t 的大小主要受政府制定的土地复垦标准和企业的尾废存储方式影响。按照《土地复垦质量控制标准》(TD/T 1036—2013)对污染土地的复垦措施,以隔离有害尾矿及废石为主,在不需要新修建尾矿存储设施和污水处理设施的情况下,单位面积废弃土地复垦费只需 25 元。而且 p_g 的最小值为堆存单位尾废的占地面积,能够缩小的幅度有限,所以缩小 p_g 为企业带来的收益有限。

3.4.2.4 矿山生产规模的影响

对矿山的行为分析已经表明,矿山生产规模会影响矿山技术升级的积极性。

以金矿为例,矿山生产规模的划分见表 3-11。矿山最小年产量 Q_R 大于 1.5 万 t,15 万 t 以上黄金矿山属于大型矿山。目前我国地下黄金矿山最大生产规模达到 300 万 t/a。

表 3-11　中国金矿生产规模划分表

类型	小型	中型	大型	超大规模
矿山年产量/（万 t·a⁻¹）	1.5~6	6~15	≥15	360

为了量化矿山绿色开采技术水平，将绿色开采技术水平按照百分比分成 5 个等级，并按比例计算出等级数。表 3-12 给出了 5 个绿色开采技术水平分级取值。

表 3-12　绿色开采技术水平分级表

参数	单位	绿色开采技术水平				
		0	25%	50%	75%	100%
τ_g	—	2.2	1.89	1.59	1.28	0.97
R	%	10	16	23	29	35
r	万元/a	20	40	60	80	100
F_g	元/t	20	17.5	15	12.5	10
p_g	m²/t	0.13	0.11	0.08	0.06	0.03

将表 3-11 和表 3-12 的数据代入式（3-23），分析不同水平的绿色开采技术能够给不同规模矿山增加的收益 ΔU_e。以绿色开采技术水平为 x 轴，矿山年产量为 y 轴，矿山收益增长量 ΔU_e 为 z 轴，绘制三维曲面图，见图 3-9。

由图 3-9 可知，虽然矿山年产量 Q_R 不能改变 ΔU_e 的正负，但是采用同样水平的绿色开采技术，生产规模大的矿山能够增加更多的收益。比较不同规模矿山的增加收益 ΔU_e 随技术水平的变化情况可以发现，小规模矿山收益随技术水平的变化量远低于大规模的矿山，因此大型矿山相对于小型矿山提升绿色开采技术水平的积极性更高。小型矿山与大中型矿山相比，研发或引进绿色开采技术的投资相近，但受规模限制，技术升级后增加的收益较少，投资回收期长，导致小型矿山发展绿色技术的动力不足。

根据我国国土资源的数据，2016 年中小型矿山占中国矿山企业总数的 85% 以上[105]。要实现所有矿山的绿色化，那就必须在小型矿山实行绿色开采。为了解决小型矿山技术革新动力不足的问题，可以由政府、矿业协会或者研究机构出面组织技术人员向小型矿山推广已经成熟且适用性强的绿色开采技术，并收取技术服务费用。由于技术服务费用由众多小型矿山一起分担，所以会明显低于自主研发技术的费用。部分大型矿山可以选择将自己研发的绿色开采技术出售给小型矿山，并提供整体解决方案，从单纯的矿石生产加工企业变成科技型企业。

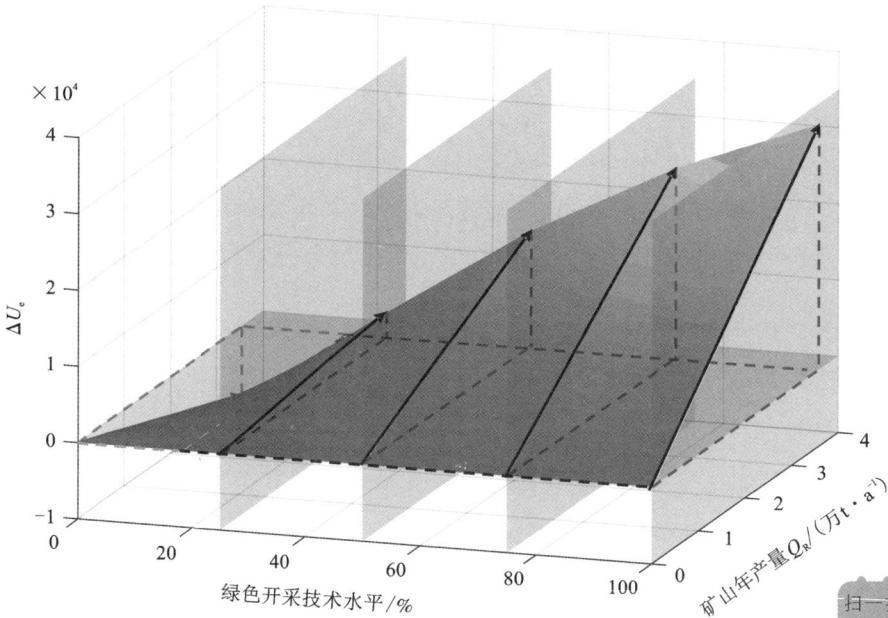

图 3-9 矿山规模和绿色开采技术水平对矿山增加收益 ΔU_e 的影响

扫一扫，看彩图

以上分析表明，金属矿山规模越大，发展绿色技术的意愿越强，技术升级后增加的收益也越多。大型矿山投资进行绿色技术的研发和创新，不但能增加自己的收益，也能够提高整个行业的技术水平。相反，小型矿山在技术研发上投入过多的资金，可能会因为投资回收期较长而带来风险。因此在推广绿色开采模式的过程中，对小型矿山、中型矿山和大型矿山的绿色技术水平的要求应该从低到高，三类矿山分别适合淡绿开采模式、中绿开采模式和深绿开采模式。

3.4.3　规模维度下的技术灰色聚类分析

在实行绿色开采时，不同开采规模的金属矿山企业为了平衡自身收益和环境影响，会采取不同的绿色开采模式。具体来说，企业要评估自己在安全生产、低废高效生产、低耗节能生产、资源综合利用、生态环保水平、机械智能化等六个考察维度上达到何种等级。结合不同开采规模金属矿的特点，采用专家打分法可以简单准确地分析出小型、中型和大型矿山分别适用的具体策略。

3.4.3.1　技术适用等级评分

邀请 10 位绿色开采领域专家和科研人员，分别从六个维度评价三类不同规模矿山适用的技术等级。分数越高说明矿山适用的绿色开采技术水平越先进。小型矿山、中型矿山和大型矿山的评价分别见表 3-13～表 3-15。

表 3-13　小型矿山绿色开采技术适用等级评价结果

技术等级指标	专家 1	专家 2	专家 3	专家 4	专家 5	专家 6	专家 7	专家 8	专家 9	专家 10
安全生产	5	2	3	5	3	3	3	4	2	3
低废高效生产	3	2	4	4	2	5	1	5	3	2
低耗节能生产	3	1	4	3	5	3	3	5	3	4
资源综合利用	3	4	5	4	5	4	3	5	1	1
生态环保水平	1	3	2	5	5	5	2	2	3	2
机械智能化	2	5	2	3	4	4	3	4	3	3

表 3-14　中型矿山绿色开采技术适用等级评价结果

技术等级指标	专家 1	专家 2	专家 3	专家 4	专家 5	专家 6	专家 7	专家 8	专家 9	专家 10
安全生产	5	2	3	5	3	3	3	4	2	3
低废高效生产	3	2	4	4	2	5	1	5	3	2
低耗节能生产	3	1	4	3	5	3	3	5	3	4
资源综合利用	3	4	5	4	5	4	3	5	1	1
生态环保水平	1	3	2	5	5	5	2	2	3	2
机械智能化	2	5	2	3	4	4	3	4	3	3

表 3-15　大型矿山绿色开采技术适用等级评价结果

技术等级指标	专家 1	专家 2	专家 3	专家 4	专家 5	专家 6	专家 7	专家 8	专家 9	专家 10
安全生产	5	2	3	5	3	3	3	4	2	3
低废高效生产	3	2	4	4	2	5	1	5	3	2
低耗节能生产	3	1	4	3	5	3	3	5	3	4
资源综合利用	3	4	5	4	5	4	3	5	1	1
生态环保水平	1	3	2	5	5	5	2	2	3	2
机械智能化	2	5	2	3	4	4	3	4	3	3

3.4.3.2 灰色统计评估法

根据评分的高低可以将矿山适用绿色开采技术分为常规、发展和创新三个等级。由于专家打分法具有主观性，为了减小主观性的影响，采用灰色统计评估法对评价结果进行处理，选用的白化权函数见图 3-10。

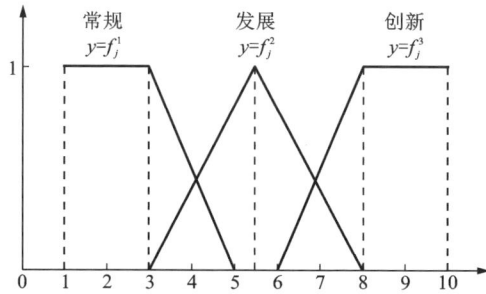

图 3-10　矿山绿色开采技术适用等级评价的白化权函数

函数式如下：

$$f_j^1(x)=\begin{cases}1, & 1\leqslant x<3\\ \dfrac{5-x}{2}, & 3\leqslant x<5\\ 0, & 5\leqslant x\end{cases} \qquad f_j^2(x)=\begin{cases}0, & x<3\\ \dfrac{x-3}{2}, & 3\leqslant x<5\\ \dfrac{8-x}{2}, & 5\leqslant x<8\\ 0, & 8\leqslant x\end{cases} \qquad f_j^3(x)=\begin{cases}0, & x<6\\ \dfrac{x-6}{2}, & 6\leqslant x<8\\ 1, & 8\leqslant x<10\end{cases}$$

各等级的临界值为 $\lambda_j^1=3$，$\lambda_j^2=5.5$，$\lambda_j^3=8$，每个专家评分的权重相等。灰色统计评估法的聚类系数结果见表 3-16。

表 3-16　不同规模矿山绿色开采技术适用等级聚类系数

技术等级指标	小型矿山			中型矿山			大型矿山		
	常规	发展	创新	常规	发展	创新	常规	发展	创新
安全生产	0.75	0.25	0.00	0.15	0.55	0.30	0.00	0.40	0.60
低废高效生产	0.70	0.30	0.00	0.10	0.60	0.30	0.00	0.30	0.70
低耗节能生产	0.70	0.30	0.00	0.05	0.60	0.35	0.00	0.35	0.65
资源综合利用	0.55	0.45	0.00	0.10	0.35	0.55	0.00	0.20	0.80
生态环保水平	0.70	0.30	0.00	0.05	0.60	0.35	0.00	0.40	0.60
机械智能化	0.75	0.25	0.00	0.10	0.50	0.40	0.00	0.25	0.75

3.4.3.3　矿山规模对技术适用等级的影响

将表 3-16 中的聚类系数结果按照矿山规模分别绘制折线图。图 3-11 是小型矿山绿色开采技术适用等级聚类结果。从中可以看出，对于小型矿山，在所有评价维度下常规型绿色开采技术的适用度均最高，发展型绿色开采技术的适用度次之，而创新型绿色开采技术不适用于小型矿山。

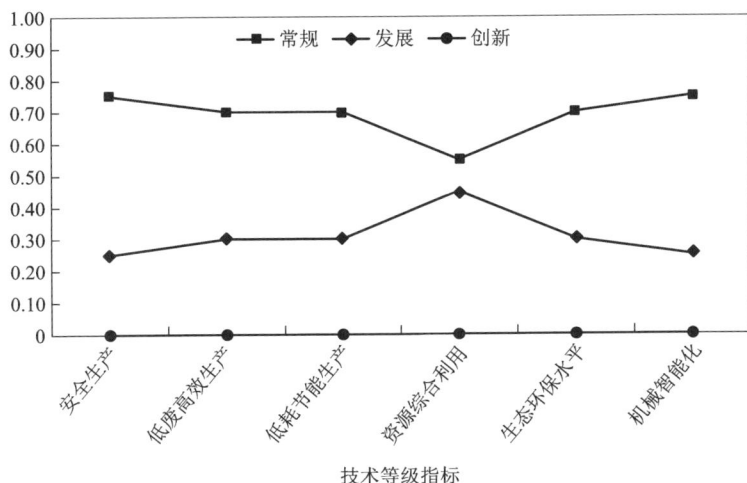

图 3-11　小型矿山绿色开采技术适用等级聚类结果

小型矿山中大多数现有的技术条件都不能严格满足环保要求，对于它们来说，首要任务是使自己的"三率"指标和污染物排放指标满足政府的基本要求，避免被关停。由于小型矿山生命周期短，资金有限，所以其最佳对策是采用"小规模常规型"的绿色开采模式。

图 3-12 是中型矿山绿色开采技术适用等级聚类结果。从图中可以看出，在中型矿山，绿色开采技术均具有一定的适用度。发展型绿色开采技术虽然整体适用度最高，但是聚类系数不高于 0.6，并没有明显优于创新型绿色开采技术。在资源综合利用方面，创新型绿色开采技术比发展型绿色开采技术更受推荐。

中型矿山的生产规模、拥有资金和技术水平使其更容易达到政府的环保要求，为满足基本环保要求而进行技术革新也不会造成难以承受的资金压力。为了自身长期的运营收益，并适应未来环保要求日益严格的趋势，中型矿山的工艺技术需要在政府规定的最基本标准上更进一步。但是受规模和开采年限的影响，全面追求行业先进的技术依然会对中型矿山造成资金压力。因此中型矿山的最优对策是采用"中等规模发展型"的绿色开采模式。

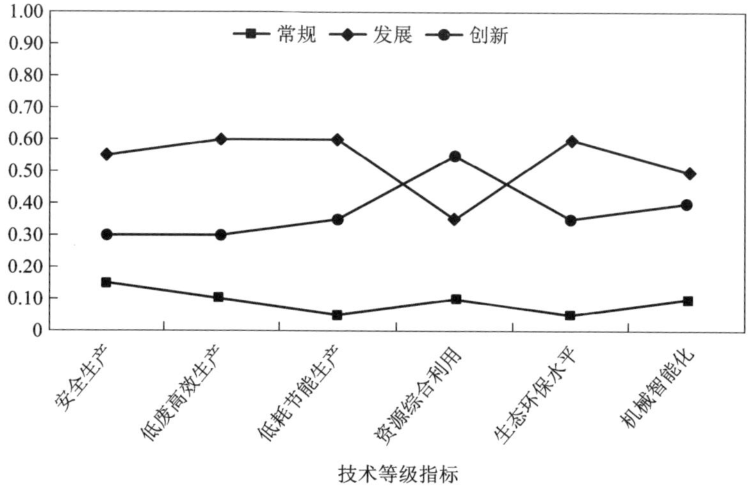

图 3-12　中型矿山绿色技术适用等级聚类结果

大型矿山绿色开采技术适用等级聚类结果见图 3-13。对于大型矿山，创新型绿色开采技术具高的适用度，发展型的绿色开采技术在大型矿山也有一定的适用性，而常规型绿色开采技术不适用于大型矿山。

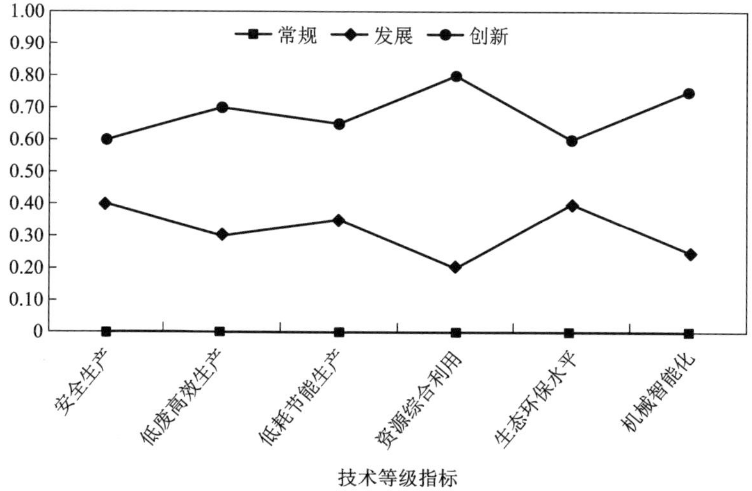

图 3-13　大型矿山绿色开采技术适用等级聚类结果

　　大型矿山比中、小型矿山易于达到政府规定的基本环保标准，但是政府通常会要求大型矿山发挥与其行业地位相符的示范作用，承担更多的社会责任，因此，对大型矿山的环保标准会有所提高，这就是目前大型矿山绿色开采技术平均水平优于中、小型矿山的原因。同时，大型矿山开采周期长达几十年甚至上百年，其技术革新及工艺更看重长期收益，追求低废无害的标准可以使矿山的开采技术满足未来长期的环保要求，减少技术革新的频率。因此大型矿山宜采用"大规模创新型"的绿色开采模式。

　　综上所述，对于生产规模分别为小型、中型、大型的金属矿山，其绿色开采模式分别为"小规模常规型""中规模发展型""大规模创新型"。

第4章
金属矿绿色开采技术架构理论

　　金属矿绿色开采技术是缓解金属矿山资源与环境矛盾的最直接手段，然而，现阶段国内外对金属矿绿色开采技术缺乏系统的研究，直接影响金属矿绿色开采技术的推广应用，严重阻碍了绿色矿山的建设与发展。因此，通过构建金属矿绿色开采技术库、确立绿色开采技术架构原则、形成技术架构方法，开展金属矿绿色开采技术架构研究，对于科学合理地处理好资源开发、环境保护及经济发展三者之间的关系，推动矿山技术绿色转型，发展绿色矿业，建设绿色矿山，实现绿色矿业经济，具有十分重要的理论和现实意义。

4.1　金属矿绿色开采技术架构概述

4.1.1　技术架构相关概念

　　技术架构与技术体系密切相关，要了解技术架构，就必须了解技术体系，弄清其基本概念与基本内涵。所谓体系，是若干有关事物或思想意识互相联系构成的一个整体，抽象地说，体系可以是一个系统，也可以是多个系统的组合，它有一定的独立性和完整性[106-107]。

　　技术体系是指从工程学或工艺学的角度出发，各种技术之间相互作用、相互联系，按一定目的、一定结构方式组成的技术整体，它是科技生产力的一种具体形式。技术体系是指各种技术在自然规律和社会因素共同制约下形成的具有特定结构和功能的技术系统。技术体系由各种技术要素组成，不同的技术要素和技术要素的不同组合可以形成不同的技术体系[108-109]。

　　对于架构，顾名思义就是框架与结构的组合，框架是规范，结构是关系。架构是对系统中的实体以及实体之间的关系在一定规范下进行的抽象描述，它是经过系统的思考，权衡利弊之后，在现有环境约束下的最合理决策。因此，针对具体对象，没有最优的架构，只有最合适的架构，一切系统的架构搭建原则都要以解决问题为最终目标。技术架构是指将技术体系中的各种技术重新分解打乱，根据具体对象的环境条件约束，对技术进行重新组合与集成，形成新的功能技术框架的过程。

体系和架构都包含系统学中的部分与整体的思想，都需要各部分之间既相互独立又互有关联。但架构与体系又有区别，架构是把一个整体切分成不同的部分，每个不同部分均有不同分工，通过建立不同部分相互沟通的机制使得这些部分能够有机地结合为一个整体，并实现这个整体针对具体对象的某种特定功能。这意味着架构的搭建必须有人的介入。而体系则不同，体系可以是一个系统或多个系统的有机组合，体系可以不需人的介入而自成体系，譬如自然界系统等。架构搭建是一个先分后合的过程，而体系是对某一个系统或整体的细化总结和提炼。因此体系与架构既有相同点，又有本质的不同。

绿色开采技术架构在矿业领域是一个新的概念，相关研究较少，多以绿色开采技术体系代之。绿色开采技术体系是指以实现开采扰动最小化、资源利用最大化、矿区环境生态化、安全高效常态化，保持"资源开采—环境保护—矿区可持续发展"的平衡关系，以取得资源、环境、经济和社会效益的和谐统一为目标，以安全、高效、无废、无害和生态为指导方向，根据技术功能属性的不同，从指标分类的角度出发，由互相关联的绿色开采技术有机组合形成的技术系统整体。

根据上述关于体系、架构以及绿色开采技术体系概念，可总结得到绿色开采技术架构的定义：绿色开采技术架构是指以具体矿山对象为基础，以绿色开采目标为导向，以主导技术和辅助技术为要素，在现有环境约束下，针对具体矿山对象进行多目标决策与优化，从而形成的一种集功能性和目的性于一体的技术应用框架。

4.1.2 金属矿绿色开采技术架构研究的作用

金属矿绿色开采技术架构是一个系统工程，在绿色开采技术选择中起到重要作用。金属矿山确定绿色开采模式之后，只是确定了矿山的发展方向，提出了绿色开采的技术定位，而要实现矿山具体的模式要求，必须采用成套的绿色开采技术，这套技术就是绿色开采技术体系，是由金属矿绿色开采技术架构来决定的。

如果把单个绿色开采技术比作一块积木，把金属矿绿色开采模式比作预期想要搭建的框架，那么绿色开采技术架构的过程就是有目的地选择某些积木，来组建一个达到预期要求的积木框架。技术架构优选就是不断地优化组合方案，找到最适合的积木组合，以使最终的框架结构接近预期要求。

金属矿绿色开采技术架构研究对于金属矿山企业具有指引作用，确定了矿山技术发展的脉络，明确了需要使用的绿色开采技术类型。技术架构为金属矿山实施绿色开采指明了技术升级改造方向，为矿山提出了各阶段技术组合方案。

4.1.3 金属矿绿色开采技术架构研究的意义

金属矿绿色开采技术架构研究是金属矿绿色开采理论中的重要组成部分，模式是从全局角度确定发展方向的理论,而技术架构是确定发展路线的理论。假设金属矿山确定无废开采的发展模式,那么就需要确定与之配套的尾矿、废石处置技术,具体技术构架就需要结合矿山实际情况来确定并优化。

如黄金尾矿难以实现采充平衡,氰化尾矿毒性高、污染大,那就需要研发无害化处置技术,变废为宝、化害为利,加强综合回收,提高废弃物的整体利用水平;又比如铁矿品位高,尾矿产率低,基本能够实现采充平衡,加上采用磁选法,铁尾矿综合利用性能好,被广泛用作铺路材料、黄沙替代品、水泥骨料、水泥原料、建筑材料、土壤改良剂及充填材料、微量元素肥料原料等。由此可见,金属矿绿色开采技术架构是为实现绿色开采模式搭建的技术框架,它需要结合矿山实际,因地因时制宜,对于引领金属矿山技术发展具有重要的工程实践意义。

凭借金属矿绿色开采技术架构,金属矿山能快速确定采矿工艺各个环节的技术类别,能够保障从各个类别中优选出的技术是与矿山实际匹配的,最终的技术组合也不是简单的叠加,而是能够相辅相成、相得益彰,从而实现技术集成,达到总体效率最高的目的。

金属矿绿色开采技术架构是从全局角度指导矿山进行绿色开采的理论,国内外缺乏相关研究。本节结合金属矿绿色开采的模式与特点,研究了金属矿绿色开采技术库的搭建,提出了金属矿绿色开采技术架构搭建方法和搭建过程,实现了金属矿绿色开采技术的集成。该研究填补了金属矿绿色开采技术架构的研究空白,是对金属矿绿色开采理论的补充和完善,具有重要的科学研究意义。同时,该理论对于推动矿山技术系统化、集成化、促进矿山企业高质量绿色发展具有重要理论意义,可为我国矿山绿色开采之路提供理论借鉴。

4.2　金属矿绿色开采技术库

近年来,自然资源部陆续发布《矿产资源节约和综合利用先进适用技术目录》和《中国矿产资源报告》等系列文件,明确要求矿山企业构建动态更新机制,建立绿色矿山技术工艺和技术设备体系,引导矿山企业积极采用资源利用效率高、环境扰动小的先进适用技术、工艺和设备。在此背景下,针对矿山技术数量众多、种类繁杂、分类不清晰等问题,建立并形成科学合理、系统完善的绿色开采技术库,为绿色开采技术架构的构建提供技术选择对象。

4.2.1　金属矿绿色开采技术范畴

绿色开采技术的概念源于绿色技术,绿色技术是一种与生态环境相协调的新型现代技术,又称环境友好型技术或生态技术。绿色技术起源于西方工业化国家的社会生态运动,是遵循生态原理和生态经济规律,节约资源和能源,避免、消除或减轻生态环境污染和破坏,使生态负效应最小的"无公害化"或"少公害化"

技术、工艺和产品的总称[110]。其内容主要包括污染控制和预防技术、源头削减技术、废物减量化技术、循环再生技术、生态工艺、绿色产品、净化技术等。

绿色开采技术是绿色技术在矿业领域的概念延伸，它是对传统矿山粗放式开采只注重经济效益，破坏矿区生态环境、浪费矿山资源、威胁人民生命财产安全的反思，是生态文明的一种体现。狭义的绿色开采技术是体现环境价值、可应用于矿山的低污染、无污染以及污染遏制、污染治理的具有环保潜在特征的现代科学开采技术。而广义的绿色开采技术包括更广泛的技术内容，既包括绿色环保、低污染、无污染技术，又包括矿山生产过程中安全、高效、经济，既能提高矿山生产能力，又能增加矿山企业效益以及其他可以同时实现矿山安全、经济和环境收益的一系列先进技术和创新工艺。绿色开采技术，从概念上讲，是指如何合理对待金属矿产资源、尾废、水、土地等一切可以利用的资源，其基本出发点是从开采的角度防止或尽可能减轻矿山开采活动对生态环境和其他资源的一切不利影响[111, 112]。

4.2.2　金属矿绿色开采技术要求

绿色开采以维持生态效益和经济效益的合理平衡作为资源有效配置的原则，这从根本上突破了传统开采中"利润最大化"或"成本最小化"的技术原则。在绿色开采概念中，技术以可持续发展、循环经济、环境友好等理念为基础，其价值体现在生态价值与经济价值的完美融合。因此，对绿色开采技术有如下要求。

(1)绿色开采技术是一种环境友好型技术

1989 年，James 从技术角度定义了可持续发展概念，指出可持续发展就是要转向更清洁、更有效的技术，尽可能接近"零排放"或"密闭式"的工艺方法，减少能源和其他自然资源的消耗。可持续发展是绿色开采的目标之一，矿业可持续发展就是建立一种极少产生废料和污染物的工艺技术系统，从而实现无污染或低污染的环境友好型技术、工艺和产品的统一。因此，发展绿色开采、实现绿色矿业就是用更清洁、更环保的环境友好型绿色开采技术替代以往的高污染、强干扰的传统开采技术。

(2)绿色开采技术是一种资源责任型技术

从技术与资源的关系看，技术进步提高了资源的利用效率，也扩大了矿山资源的开发范围和种类。从维持人类在地球长期生存发展的角度看，资源绿色开采技术更应担负起社会与历史的责任。例如铂、铟及稀土等矿产资源是现代汽车、电子、信息等产业的必备材料，其中铂用于汽车废气排放净化装置、燃料电池的制造，铟用于生产液晶电视的液晶面板，稀土则是混合动力车不可缺少的原料。这些稀有资源在高新产业中的应用是技术进步的一个缩影，但与储量相当丰富的其他资源相比，这些稀有资源的可持续性问题更需要引起重视。

(3)绿色开采技术是一种创新发展型技术

绿色开采既是矿业领域的一场绿色革命，又是知识经济的延续。如果说传统开采技术以"物质"为基础，那么绿色开采技术则以"知识"为基础。矿山绿色开采不是要降低对物质消费的欲望，而是要改变物质消费的获取方式，通过创新的手段，将更多的智力资源引入劳动力资源和自然资源中，实现对现有的自然资源的节约、合理、高效开发和使用。

（4）绿色开采技术是一种生态效益型技术

绿色开采的推广重点在于技术的可行性问题，传统开采往往只顾经济效益，容易忽略生态效益，技术的选择范围较广、可行性较高；而绿色开采需要在满足生态效益的前提下选取可以带来经济效益的技术，技术的可选择范围更小、可行性较低。因此，绿色开采技术是一种生态效益型技术，它是在维系资源与环境的生态价值的前提下，发掘各种潜在的经济价值。"效率"概念在绿色开采技术发展中并未被弱化，而是在明确了资源和环境约束的前提下被进一步强化。

4.2.3　金属矿绿色开采技术库构建原则

绿色开采技术具有复杂性的特点，根据系统特性，在进行金属矿绿色开采技术库构建的过程中，需要把握系统性原则、动态性原则和阶段性原则。

（1）系统性原则

在科学技术发展过程中，传统科学将自然系统还原成基本的、独立的单元，再通过对基本单元的研究来推知自然现象的性质。自然科学以还原论方法为基础取得了巨大成功，成功建立起庞大而完整的科学体系，也孕育出高度发达的工程技术。对于绿色开采技术来讲，还原论在一定程度上影响了技术研发方向，容易出现单项技术研发过度，从而技术集成不足，难以发挥技术的支撑和引导作用。一方面，矿山生产作业各阶段都紧密联系，每个作业阶段的技术都不是独立的，而是相互关联的；另一方面，推动绿色开采绝不是一个或几个技术的突破，而是几个技术群的协同创新和平衡发展，各绿色开采技术之间的有效衔接是其推广的基础。因此，系统论的还原性思维是绿色开采技术库构建的方法论。

（2）动态性原则

系统的动态性是针对环境而言的。一般情况，绿色开采技术库的构建不是一个从无到有的过程，而是从旧的技术库的限制性出发对其进行调整、替代、更新的过程。这种替代往往需要在时间和成本上进行权衡。绿色开采技术库的构建，不应只着眼于成熟的、普遍应用的技术，而应同时着重关注集成创新类技术，在这些技术中发现新的技术增量。绿色开采技术库需要随着客观环境的变化而不断调整，从技术库构建的视角看，技术交流的国际化十分有必要。因此，绿色开采技术还需要注意外部环境的开放性，关注国内外技术交流与技术引进的成果。

（3）阶段性原则

时间上的阶段性：绿色开采在技术发展上总体可分为"粗放阶段""浅绿阶段""转型阶段"以及"深绿阶段"。当前，我国正处于绿色转型的关键阶段，在这一阶段，矿山技术有着复杂性特点，粗放技术尚未完全淘汰，浅绿技术发展水平有限，深绿技术尚处于创新研发中。空间上的阶段性：由于各矿山所在区域经济发展不均衡，技术研发基础有差异，各矿山规模、资源赋存条件、生态环境状况不同，使不同区域矿山对绿色开采的理解程度不尽相同，对绿色开采技术的定义也有局限，直接影响技术库的构建。时间与空间上的阶段性使得绿色开采技术库的构建较为复杂，因此，在构建绿色开采技术库时要注意发展阶段的局限性。

4.2.4　金属矿绿色开采技术库构建

4.2.4.1　技术库构建目标

绿色开采技术作为绿色矿业发展的有力支撑，以实现矿产资源高效利用以及减少环境污染为目标，它是面向环境和谐、资源综合利用的技术。先进的创新型绿色开采技术是不断提高矿产资源节约和综合利用水平的重要手段，加强研究和推广绿色新设备、新工艺和新技术，是实现资源开采无废化、无害化、生态化和高效利用的保障。近年来，面对矿业的发展瓶颈，国内矿山企业及科研单位结合国家环保政策进行了矿山技术创新的大量探索，涌现出一大批先进、适用性强的矿山新技术、新方法与新装备。进行绿色开采技术库的构建，是进行绿色开采技术架构构建、推广绿色开采技术应用的重要前提。

4.2.4.2　绿色开采技术来源与标准

金属矿绿色开采技术有许多，且来源十分广泛，主要来自国家矿山重点专项报告、《矿产资源节约和综合利用先进适用技术目录》《中国矿产资源报告》，以及大量绿色开采技术相关的图书、期刊、学位论文、报纸、科技成果、专利等。

当前的矿山开采技术只存在对环境的影响程度与危害程度的差异性问题，很难以绿色与非绿色进行区分，所以我们将金属矿开采技术先进水平作为绿色开采的获取标准，确定金属矿绿色开采技术入选技术库的入选条件。金属矿绿色开采技术按先进性进行分类，主要有三类先进程度标准。

(1)潜力创新型绿色开采技术

潜力创新型绿色开采技术主要来源于近年已结题的国家矿山重大专项，国家级、省部级及行业协会等评定的最新科技成果、技术发明专利等，以及由大专院所矿山企业自主研发的金属矿山绿色开采技术。

(2)成熟发展型绿色开采技术

成熟发展型绿色开采技术主要来源于矿山工程实践中产出、得到了相关部门认可、可通过信息检索获取的矿山技术，以及大量前期成果、专利及研发的并已获得广泛推广应用或正在推广应用的绿色开采技术，如自然资源部发布的《矿产资源节约和综合利用先进适用技术目录（2019 版）》[113] 和 2011—2021 年《中国矿产资源报告》等文件中的金属矿绿色开采技术等。

（3）常规适用型绿色开采技术

常规适用型绿色开采技术主要是指通过矿山实地调研、矿山技术专家咨询以及大众传媒（网络、杂志、图书）等手段获得的较为常规、已经被大多数矿山广泛应用的、现存的技术含量不高、现代化方法与手段一般的金属矿绿色开采技术。

以潜力创新型绿色开采技术的获取为例，统计分析已结题的国家"十一五""十二五"重大矿山专项课题，得到部分金属矿潜力创新型绿色开采技术，见图 4-1~图 4-3。

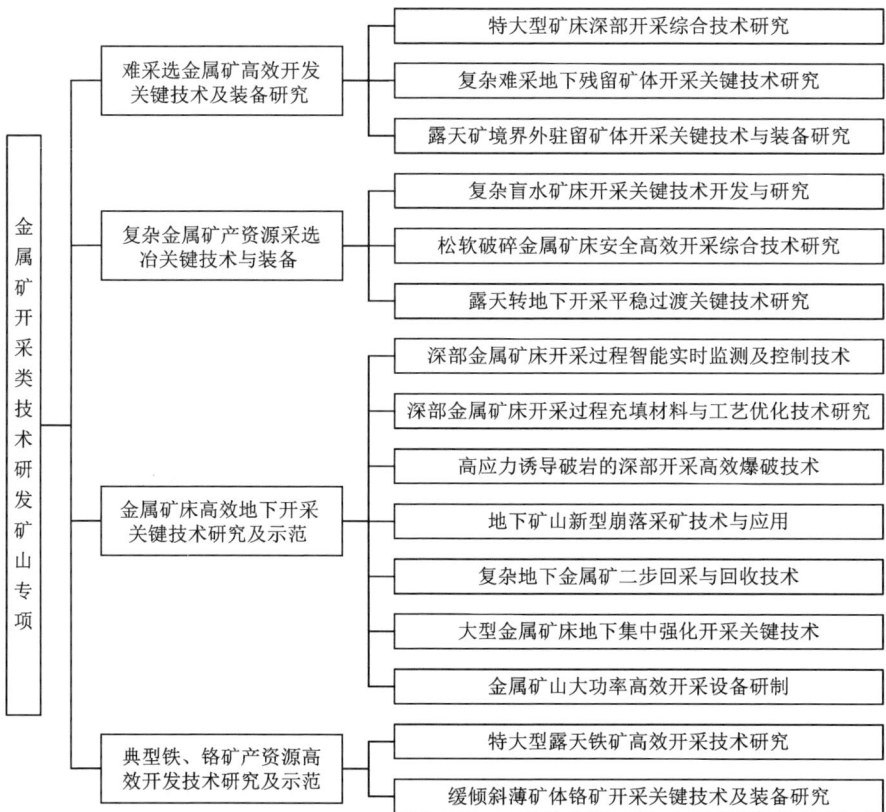

图 4-1　国家矿山专项中金属矿开采类技术研究统计

矿区水害防治技术方法研究

矿区老空区与灾害水源电磁法探测关键技术与装备研究

矿区老空区与构造弹性波探测关键技术与装备研究

矿井水害监测预警技术与装备研究

矿井水害快速治理技术与装备研制

尾矿库风险分级及监测、预警关键技术研究

采动动力灾害监测、预警与控制关键技术研究

含硫矿石自燃倾向性鉴定与检测预报关健技术研究

矿井灾害监测与预警信息系统研究

露天矿山灾害预警与控制技术研究及示范

矿岩动力灾害声电同步监测及预警装备研究

工作面岩爆危险性现场检测与早期预警技术

矿山主被动结合高精度微震监测技术与装备研究

极端气象条件下金属矿山尾矿库防灾技术研究

露天矿山灾害预警与控制技术研究及示范

矿井老空区探测与水害防治关键技术与装备

非煤矿山典型灾害预测控制关键技术研究与示范工程

矿山典型灾害预测控制关键技术装备及示范工程

金属矿灾害防治类技术研发矿山专项

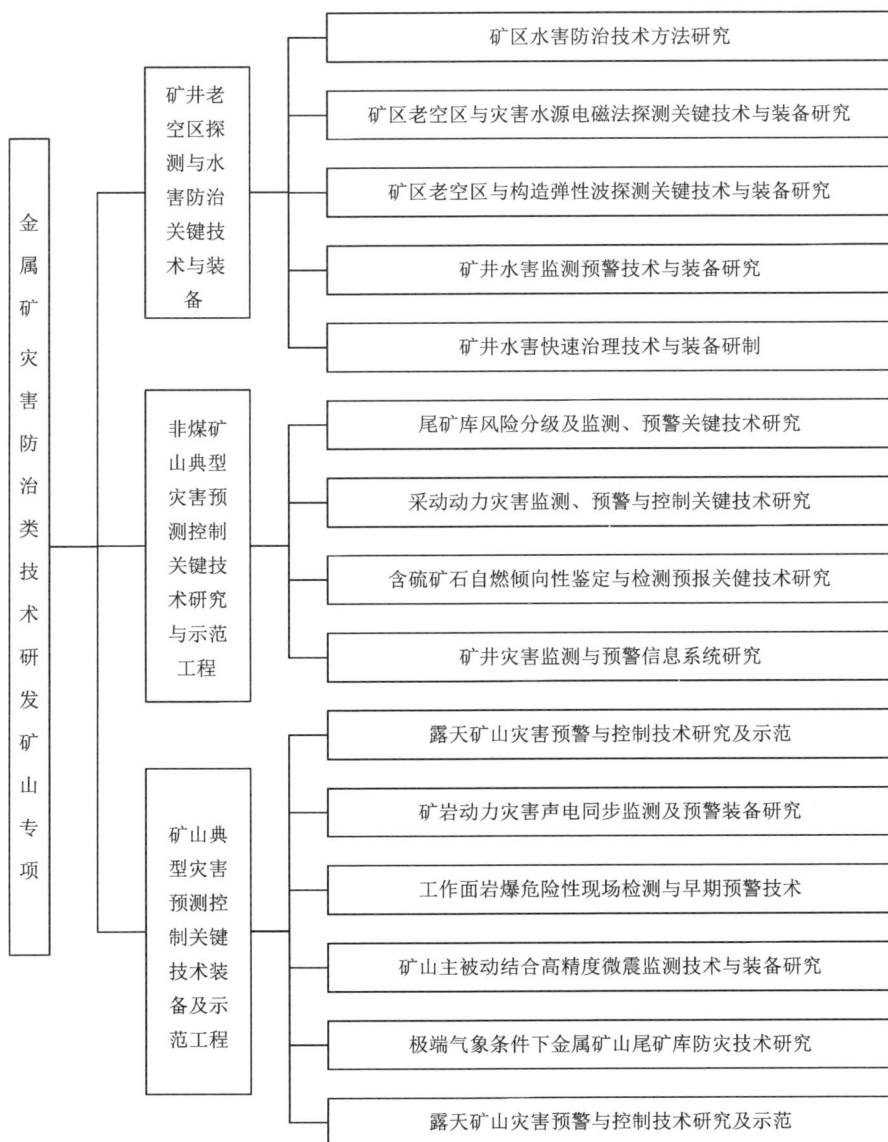

图 4-2 国家矿山专项中金属矿灾害防治类技术研究统计

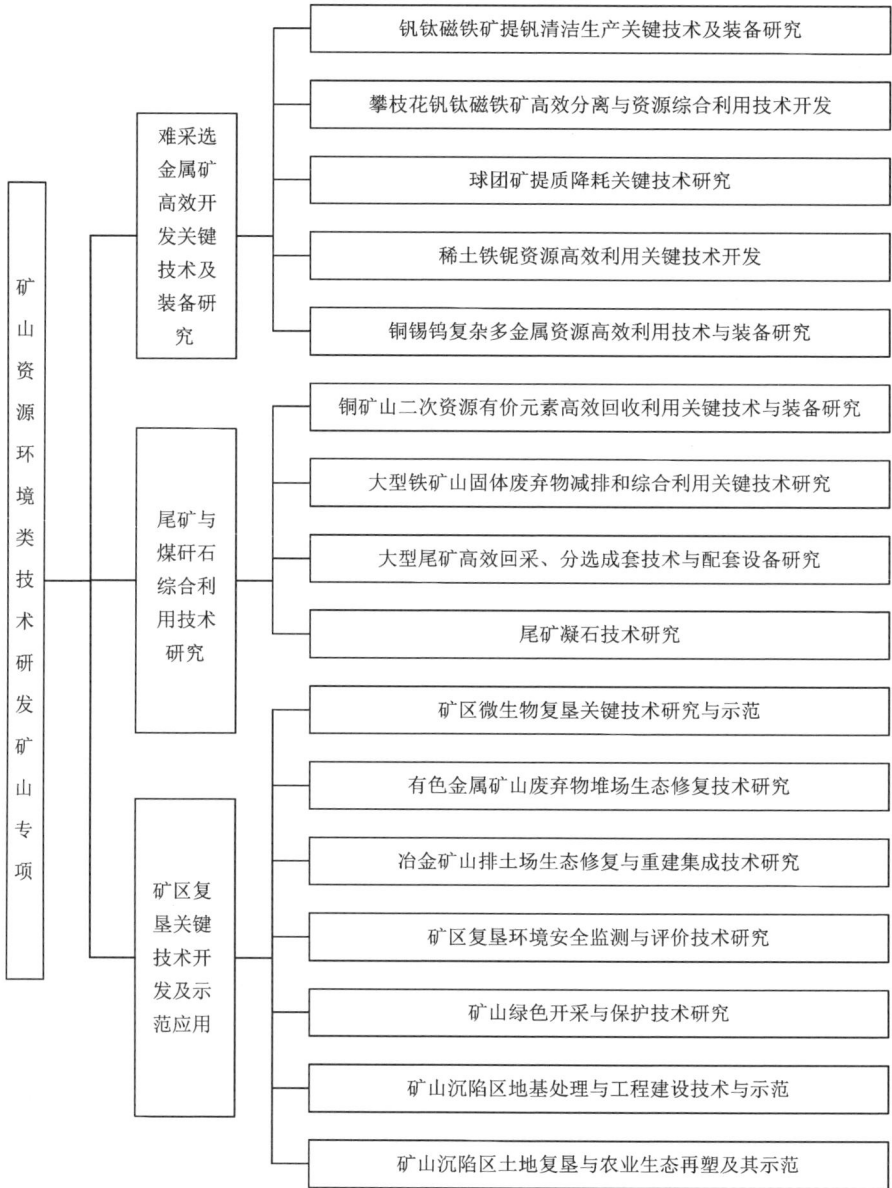

图4-3 国家矿山专项中金属矿资源环境类技术研究统计

4.2.4.3 技术分类方法

金属矿绿色开采涉及面广,绿色开采技术范畴也较大,技术分类存在相当强的复杂性。同时，由于技术有动态性的特点，技术的先进性会随着时间的变化而有所改变，并在技术集成上会得到更充分的体现，因此，要摸清技术库的结构关系，就必须充分认识技术分类方法的动态性特点。

通常技术分类方法有 3 种，分别为线分类法、面分类法和组合分类法[114]。线分类法是对研究技术对象的特征和属性进行分析，然后以此为标准将其划分为合理的若干层级，以隶属关系表达不同层级，并构成兼顾层次性和系统性的分类体系[115]。面分类法同样需要对研究技术对象的若干属性和特征进行分析，将研究对象拆成相互平行的面，这些面之间没有隶属关系，面与面之间可以任意搭配，形成组合型分类栏。组合分类法是结合了线分类法、面分类法的一种组合分类法，集中了线分类法、面分类法的优点。

金属矿绿色开采技术涉及多学科的交叉与融合，不同技术的表现形式与内容各不相同，针对金属矿绿色开采技术的特点，我们采用线分类法对金属矿绿色开采技术进行分类。

（1）按技术类别划分

金属矿绿色开采技术主要体现在矿体开采—资源利用—生态修复三部分，金属矿绿色开采的本质目标是"安全、高效、低废、生态"相关指标的同步最优化，其中，安全指标往往与各类技术都有紧密的联系，是其他指标的前提与基础，没有安全，所有的高效、低废及生态都是不成立的。因此，在金属矿绿色开采过程中，将高效、低废和生态 3 个指标作为绿色开采技术效用发挥的最终目标，得到 3 个维度的技术分类，见图 4-4。

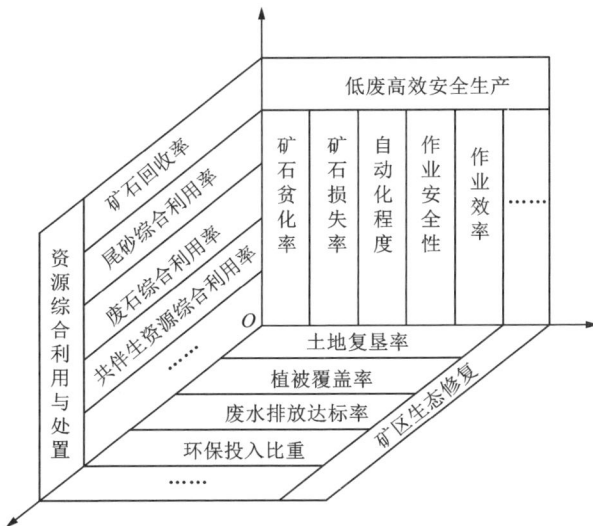

图 4-4　绿色开采技术类别

（2）按技术层级划分

运用线分类法，将金属矿绿色开采技术分为四个层次，依次为技术大类（技术库）、技术中类（核心技术）、技术小类（关键技术）、技术子类（支撑技术），分别反映了绿色开采技术库的技术对象、技术环节、技术功能、技术手段4个属性，见图4-5。

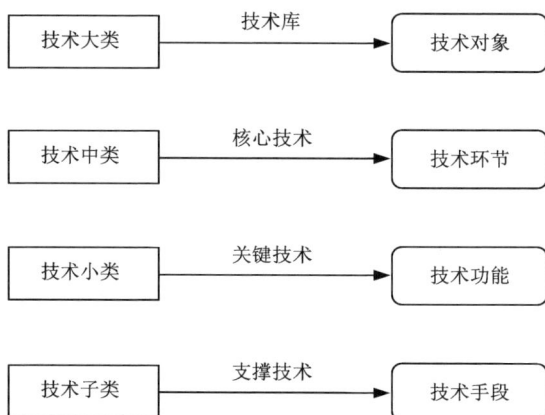

技术大类	技术库 →	技术对象
技术中类	核心技术 →	技术环节
技术小类	关键技术 →	技术功能
技术子类	支撑技术 →	技术手段

图4-5　绿色开采技术层次结构

4.2.4.4　技术库构建

根据上述技术层级和技术类别的划分以及矿山技术挖掘方式，在广义技术要素的基础上，分析金属矿绿色开采技术之间的相互支撑关系，比较分析金属矿开采技术的常用手段方法，按照技术对象（技术库）、技术环节（核心技术）、技术功能（关键技术）、技术手段（支撑技术）4个层次的线分类法，构建金属矿包含核心技术、关键技术和支撑技术等层级划分的绿色开采技术库，见图4-6。

金属矿绿色开采技术库由低废高效安全生产技术、资源综合利用与处置技术和矿区生态修复技术3项核心技术，低废高效采矿技术、矿山固废处置技术、土地复垦技术等8项关键技术，以及大规模采矿技术、矿山自动化技术、固废充填技术等23项支撑技术组成。绿色开采技术库中3项核心技术介绍如下。

（1）低废高效安全生产技术

低废高效安全生产技术是指涉及整个金属矿开采过程的技术集合，共分为3项关键技术、9项支撑技术及若干底层分解技术。由于不同绿色开采技术适用对象具有不同的意义，所以低废高效安全生产技术不仅限于最新的先进技术，也包括传统的适用技术，涉及开拓、采准、切割、回采、爆破、支护以及为整体地下开采活动配套的、辅助的具体适用技术。

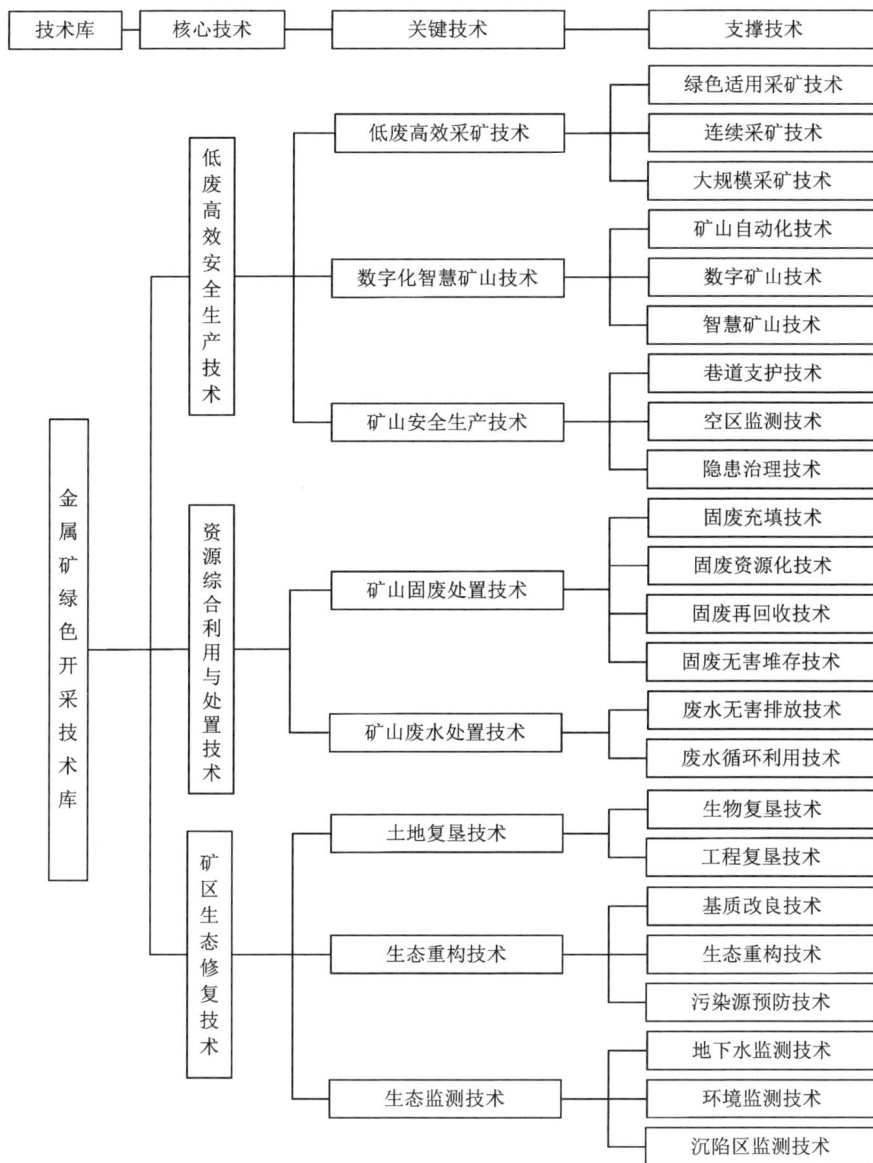

图 4-6　金属矿绿色开采技术库

（2）资源综合利用与处置技术

资源综合利用与处置技术是指针对包含尾砂、废石、废水在内，潜在资源的综合利用技术以及对无法利用的资源进行无害化、生态化处置的技术，共包含

2 项关键技术、6 项支撑技术及若干底层分解技术，如全尾砂充填、尾砂制备微晶玻璃、泡沫材料、无害化处理后尾废堆存技术等。

（3）矿区生态修复技术

矿区生态修复类技术是指针对金属矿山已被开采作业破坏的矿区生态环境，如矿区地表塌陷、地裂缝、边坡滑坡、泥石流、矿区周边土地荒漠化、水土流失等，对这些地质环境问题进行修复和重构的技术，共包含 3 项关键技术、8 项支撑技术及若干底层分解技术，如利用生物复垦技术、生态重构技术、基质改良技术等。

4.3　金属矿绿色开采技术架构

金属矿绿色开采技术架构针对金属矿开采系统及工艺特点，围绕绿色开采目标进行技术分类组合，研究绿色开采技术的指标属性与关联程度，通过结构优化与技术融合，搭建充分体现"高效、低废、无害、生态"的金属矿绿色开采技术架构，为金属矿山绿色开采提供系统的技术架构支撑。

4.3.1　金属矿绿色开采技术架构原则

从绿色开采技术架构形成的原动力看，由矿山技术系统内部矛盾导致的整体调整属于技术架构的自组织过程，由外部环境变化导致的适应性变迁属于技术架构的他组织过程。自组织和他组织是技术架构发展的基本规律，也是技术架构需要遵守的主要原则。

（1）技术架构自组织原则

在系统理论中，自组织性是指系统在没有特定外部干扰下的自主生长、自主发展和自主演化特性的总称。从时间序列看，矿山技术像自然生物一样有"生命周期"，这是矿山技术发展的一般规律。在技术产生初期，技术发展是缓慢推进的，之后进入加速增长期，然后再进入稳定饱和期。

从绿色开采技术架构的角度看，不同类别的绿色开采技术在技术发展阶段上已经存在差距，形成了技术间的非均衡发展，如一些先进技术已经崭露头角，而另一些依旧在"旧周期"中。或者受环境约束，先进技术在技术系统的低水平中被"冷落"，或者是先进技术打破了原本的技术平衡状态，加快了其他技术的替代速度。

（2）技术架构他组织原则

绿色开采技术架构构建与矿山发展目标和需求密切相关。技术是需求响应的结果，需求赋予技术丰富的内涵。具体地讲，技术不仅是科学的延续，还兼具经济、环境和社会承载者的功能。技术在发展中受到"目的—手段"的逻辑制约。技术架构与需求之间存在定位选择关系，即在特定矿山需求下，首先定位的是技术架构功能(或目的)，之后是技术架构内容与结构在功能搭建前提下进行的适应性"进化"，即技术架构的目的性成为技术架构选择技术的依据和标准。基于需求的定向选择，进入技术架构中的技术可以是最先进技术，也可以是常规适用技术，这种因地制宜地拾遗补阙大大提高了技术架构的适用性，有助于实现和改善技术架构的功能。

4.3.2　金属矿绿色开采技术架构搭建方法

(1)绿色开采技术架构搭建思路

绿色开采技术架构以解决矿山面临的资源环境问题为最终目标，通过绿色开采技术获取，对绿色开采技术进行合理组合形成多种技术架构方案，结合技术指标特性对方案进行多目标决策，获得最优方案，最后结合工程实例，对方案进行结构优化和技术融合，形成绿色开采技术架构。此外，由于绿色开采技术库具有动态性，绿色开采技术在不断发展进步，因此绿色开采技术最终架构的确定是反复优化的过程，见图4-7。

具体地说，绿色开采技术架构搭建思路包括5个关键分析步骤，分别为技术架构搭建目标分析、形成技术架构方案、指标体系构建、技术架构方案优选、矿山实际调整，最终形成技术架构。

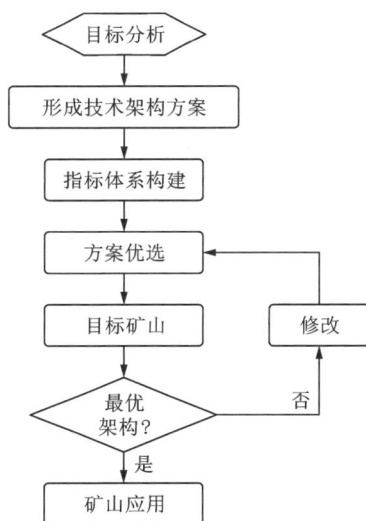

图4-7　绿色开采技术架构搭建思路

(2)技术架构构建方法

构建绿色开采技术架构时，通常是在矿山作业流程分析基础上，通过分步融合的方法，将所有可能的绿色开采技术进行组合，形成可行的技术架构初步方案，再根据矿山生产实际与矿业专家意见和经验，得到绿色开采技术架构方案。

在作业流程分析时，首先要明确分析的对象和分析的流程，确定对象流程的起点和终点，最后厘清起点与终点间的全部过程与环节，构建基于流程的技术架构方案。对于金属矿而言，其绿色开采技术架构构建，可以认为，其确定的矿山生产作业流程的起点为矿山资源开采设计规划，中间流程为采矿的各个生产环节，包括尾废充填等，终点为闭坑的各项环保安全措施与余废的资源化生态化处置。通过生产流程分析，可以为技术架构形成与搭建提供依据。

（3）技术架构方案优选

为了获得最终科学合理的技术架构方案，需要对前期初选的技术架构进行评价优选，具体方法与步骤如下：

首先，确定评价方法。一般来说，主要的评价方法包括数据包络分析法（DEA）、多目标决策方法、技术经济分析法、主成分分析法和层次分析法等，需要结合研究对象的实际情况选择合适的评价方法。金属矿绿色开采技术架构方案评价受多种评价指标因素的影响，且这些指标因素带有极大的模糊性、随机性和未知性，因此选择多目标决策的对模糊数进行量化的灰色关联分析方法。

其次，选择指标的原则。根据研究对象的不同，构建的评价指标体系也不同，但构建过程需要遵循科学性、综合性和层次性的共性原则。科学性即指标体系能客观反映评价对象的特点，以及各指标间的真实关系。指标应当具有代表性，不能过多过细，也不能过少过简，避免繁杂与信息遗漏。综合性是指标体系应综合平衡各要素，考虑周全、统筹兼顾，注重多因素综合性分析。层次性是指标体系应从不同方面、不同层次反映技术实际情况，从整体层次把握体系的全面，从递进层次体现指标的协调。

最后，确定合理的指标权重赋值方法。指标权重要体现研究对象属性的侧重点与相对重要性，选择合理的权重计算方法。权重计算最常使用的方法有层次分析法、熵值法、主成分分析法、德尔菲法等。其中，层次分析法是一种主观赋权法，熵值法为客观赋权法，两种方法都存在过于极端的缺点，通过将层次分析法与熵值法结合进行权重计算，可以提高赋权的科学性和合理性。因此组合赋权灰色关联分析方法是一种较好的权重赋值方法。

4.3.3　金属矿绿色开采技术架构搭建步骤

4.3.3.1　绿色开采技术架构方案确定

基于金属矿绿色开采模式分类，针对金属矿不同开采矿物类型、开采实际条件包括规模、矿体赋存条件等，结合矿山专家意见形成的多种绿色开采技术架构初步方案，以及具体流程出发进行的绿色开采多种技术组合。

（1）资源开采设计规划阶段

资源开采设计规划主要是指矿山设计的绿色开采的模式，所用的采矿技术是低废高效型还是常规适用型等。低废高效型技术可以在开采源头实现固废产出量的减少，属于源头控制类技术；常规适用型技术则是在开采过程中沿用矿山传统开采技术，开采产生的固废通常会在末端进行固废处置。开采过程中的设备分为自动化无人设备、机械化无轨设备和常规机械化设备，根据其先进程度的不同，适用于不同条件的矿山。

（2）生产环节阶段（尾废充填过程）

生产环节是绿色开采的主要环节，各项绿色技术方案的实施与组织均在此环节进行。以充填法为例，充填料的选择、充填方案、充填系统、充填浓度、充填强度等均影响架构与技术组合形式。如果采用分级尾砂作充填料，则细尾砂的利用就存在问题，目前没有很好的应对充填细尾砂的方案，矿山生产的尾砂不能完全利用而成为矿山末端治理与处置的对象，所以其技术架构与技术组合形式要考虑细尾砂的利用问题，不能放弃、不能忽视细尾砂的最终处置方法与相关的技术实施。

（3）闭坑阶段（余废处置）

矿山开采结束后，处于闭坑期，理论上讲，如果采用了绿色开采的全程管控型处置模式，则不存在余废处置的问题。但事实上，矿山尾砂的产量大，难以用充填采矿法完全消除；另外，尾砂作为资源进行综合利用，尚未找到合理合适且经济的利用渠道。因此，对于多数矿山，必须在绿色开采技术架构方案中考虑余废处置方案与技术。通常余废有"余废—无害化处理—排放堆存"和"余废—资源化利用—无害化处理—排放堆存"两种模式。第一种模式属于"环境友好"型，管理要求和技术要求相对来说不高；第二种属于"循环经济"型，封闭性较好，满足管理要求和技术要求的难度相对较大。

4.3.3.2　构建技术架构方案层次指标体系

在进行灰色关联分析前，需要构建金属矿绿色开采技术架构方案的层次指标体系，一般包含目标层、准则层、指标层和方案层。将绿色开采技术架构方案的绿色度作为评价的目标层，以安全指标、技术水平、经济效益和环境效益作为准则层，并依据此准则对指标层因素进行归纳整理，选取具体可量化指标作为指标层。

通常，构建的指标体系目标层包括 1 个总目标，准则层包括 4 个准则，指标层包括 8 个特征指标。整个指标体系科学地反映出矿山绿色开采技术架构方案的绿色度。指标层具体包括：地压控制程度（U_{11}）、固废处置能力（U_{12}）、技术成熟度（U_{21}）、创新先进性（U_{22}）、技术升级成本（U_{31}）、技术投资经济效益（U_{32}）、资源综合利用率（U_{41}）、生态保护程度（U_{42}）。绿色开采技术架构方案的层次指标体系见图 4-8。

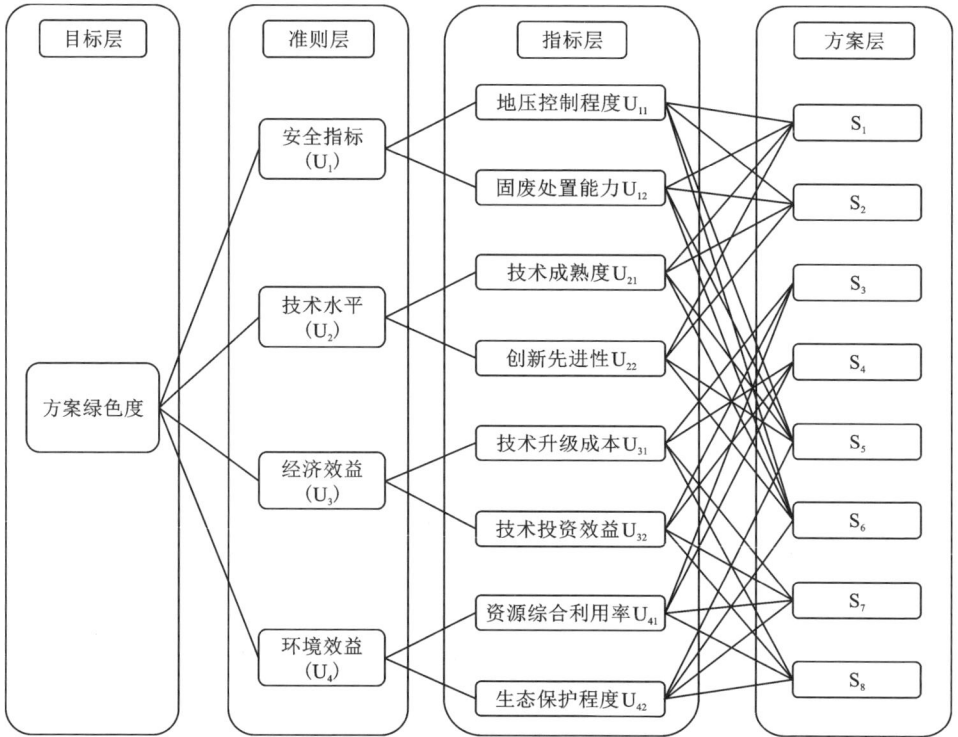

图 4-8 金属矿绿色开采技术架构方案层次指标体系

4.3.3.3 技术架构灰色关联评价方法

针对金属矿绿色开采技术架构方案评价，通常采用灰色关联分析方法，该方法介绍如下。

（1）概述

灰色关联分析是系统理论中的一种模型，它是在系统发展过程中，通过计算系统间子系统（不同因素）的关联度来定量分析因素与系统的紧密程度[116]。

传统灰色关联分析模型求解的一般过程为：

①收集关联数据，选择参考序列 $R_0 = (r_{01}, r_{02}, r_{03}, \cdots, r_{0n})$，比较序列 $R_i = (r_{i1}, r_{i2}, r_{i3}, \cdots, r_{in})$，并得到评价矩阵 $\boldsymbol{R}$。

$$\boldsymbol{R} = \left[r_{ij} \right]_{m \times n} = \begin{bmatrix} r_{11} & r_{12} & \cdots & r_{1n} \\ r_{21} & r_{22} & \cdots & r_{2n} \\ \vdots & \vdots & \vdots & \vdots \\ r_{m1} & r_{m2} & \cdots & r_{mn} \end{bmatrix} (i = 1, 2, \cdots, m; j = 1, 2, \cdots, n) \quad (4-1)$$

式中：r_{ij} 为第 i 个评价对象的第 j 个指标数据；m 为评价对象个数；n 为指标个数。

②对数据化处理后的矩阵进行数据变换，标准化处理数据后得无量纲标准化矩阵 $\boldsymbol{X} = \left[x_{ij} \right]_{m \times n}$，$x_{ij}$ 为标准化处理后的评价矩阵指标数据。常见的标准化方法有均值化处理、初值化处理以及归一化处理。

③求差序列 $\Delta_{0i}(j)$、两级最大差 $\Delta_{\max}$ 与最小差 $\Delta_{\min}$。

$$\Delta_{0i}(j) = |x_{0j} - x_{ij}| \quad (4-2)$$

$$\Delta_{\max} \max_i \max_j |x_{0j} - x_{ij}| \quad (4-3)$$

$$\Delta_{\min} \min_i \min_j |x_{0j} - x_{ij}| \quad (4-4)$$

式中：x_{0j} 为标准化处理后的参考序列数据；x_{ij} 为标准化处理后的评价矩阵指标数据。

④计算灰色关联系数 $\xi_{0i}(j)$。

$$\xi_{0i}(j) = \frac{\Delta_{\min} + \rho \Delta_{\max}}{\Delta_{0i}(j) + \rho \Delta_{\max}} \quad (4-5)$$

式中：ρ 为取值在 $0 \sim 1$ 之间的相关系数，一般取值 0.5；$\Delta_{\max}$ 为两级最大差；$\Delta_{\min}$ 为两级最小差。

⑤计算关联度 ϕ_{0i}。

$$\phi_{0i} = \frac{1}{n} \sum_{j=1}^{n} \xi_{0i}(j) \quad (4-6)$$

（2）灰色关联分析优化模型

由式（4-6）可知，进行传统灰色关联分析时，各个指标是不涉及权重影响的，由此导致各个影响因素的个性被平均化掩盖，未能综合考虑专家经验或意见，对于未知情况的变化难以应对；同时，当关联系数较为离散时，总体关联度将由关联系数大的点决定，容易造成局部关联倾向，使分析结果产生偏差[117]。优化模型将 AHP 与熵值法结合，通过最大限度地减少信息损失以矫正传统方法的偏差。灰色关联分析优化模型见图 4-9。

具体评价流程如下：

①构造标准化指标矩阵。

设绿色开采技术架构方案集为 $A = (a_1, a_2, a_3, \cdots, a_m)$，绿色开采技术评价指标集为 $B = (b_1, b_2, b_3, \cdots, b_n)$，则方案 A_i 对指标 B_j 的取值为 r_{ij}（$i = 1$,

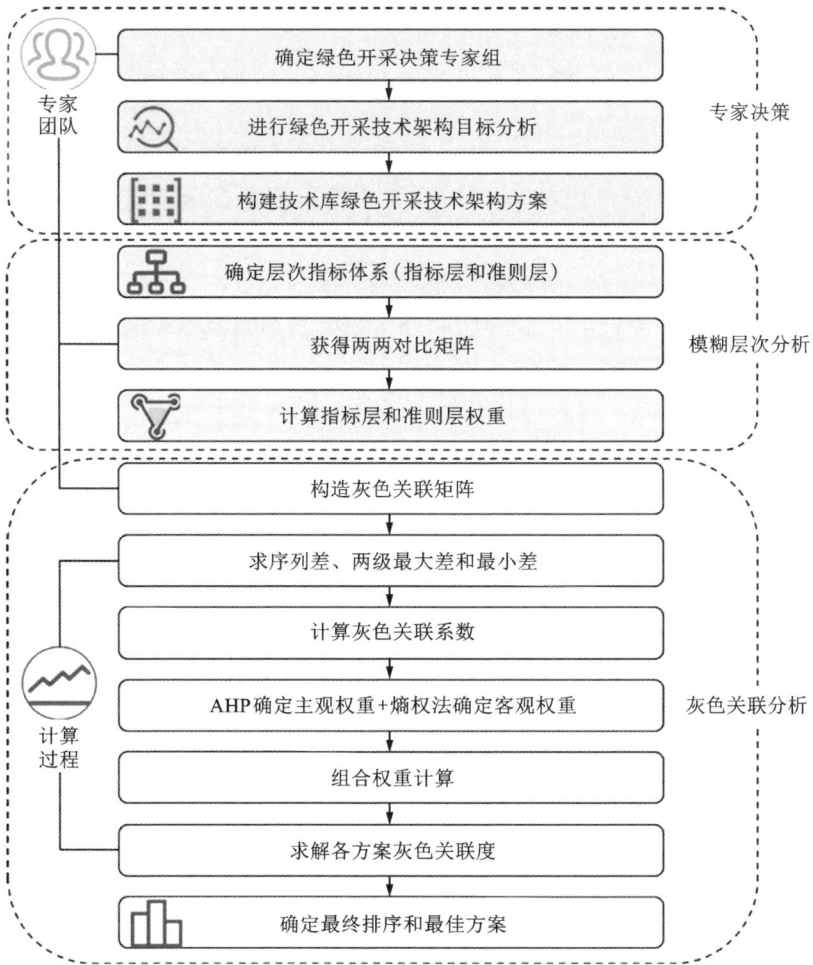

图 4-9　灰色关联分析优化模型

2，…，m；$j=1$，2，…，n）。按式（4-7）进行无量纲化数据处理，并按式（4-8）的形式得无量纲标准化矩阵 X。

$$x_{ij} = \frac{n r_{ij}}{\sum_{j=1}^{n} r_{ij}} \tag{4-7}$$

$$X = \begin{pmatrix} x_{11} & x_{12} & \cdots & x_{1n} \\ x_{21} & x_{22} & \cdots & x_{2n} \\ \cdots & \cdots & \cdots & \cdots \\ x_{m1} & x_{m2} & \cdots & x_{mn} \end{pmatrix} = \begin{bmatrix} x_{ij} \end{bmatrix}_{m \times n} \tag{4-8}$$

②AHP 确定主观权重。

AHP 是美国运筹学家 T. L. Saaty 提出的一种定量和定性相结合的决策分析方法。通过专家对同一层次内的指标相对重要性进行判断，从而获得判断矩阵，判断矩阵标度见表 4-1。然后计算判断矩阵的最大特征值和特征向量，对特征向量归一化后即得该层次指标的权重[118]。通过一致性检验后，计算得到各层次指标对系统的总主观权重。具体评价流程为如下。

将所有影响因素两两比较构造判断矩阵 A，判断矩阵的标度方法如下：

$$A = [a_{ij}]_{n \times n} = \begin{bmatrix} a_{11} & a_{12} & \cdots & a_{1n} \\ a_{21} & a_{22} & \cdots & a_{2n} \\ \vdots & \vdots & \vdots & \vdots \\ a_{m1} & a_{m2} & \cdots & a_{mn} \end{bmatrix} \quad (4-9)$$

表 4-1　判断矩阵的标度

标度	含义
1	表示两个因素相比，具有同样的重要性
3	表示两个因素相比，一个因素比另一个因素稍微重要
5	表示两个因素相比，一个因素比另一个因素明显重要
7	表示两个因素相比，一个因素比另一个因素强烈重要
9	表示两个因素相比，一个因素比另一个因素极端重要
2, 4, 6, 8	上述两相邻判断的中值
倒数	因素 i 与 j 比较的判断 a_{ij}，则因素 j 与 i 比较的判断 $a_{ji} = 1/a_{ij}$

将矩阵 A 的各行向量进行几何平均（方根法），然后进行归一化，即得到各评价指标权重和特征向量 $\boldsymbol{\alpha}$：

$$\begin{cases} \alpha_i = \dfrac{\overline{\alpha}_i}{\sum\limits_{i=1}^{n} \overline{\alpha}_i} \\[2ex] \boldsymbol{\alpha} = \begin{Bmatrix} \alpha_1 \\ \alpha_2 \\ \vdots \\ \alpha_n \end{Bmatrix} \end{cases} \quad (4-10)$$

判断矩阵的一致性检验：所谓一致性是指判断思维的逻辑一致性。如当甲比丙是强烈重要，而乙比丙是稍微重要时，显然甲一定比乙重要，这就是判断思维的逻辑一致性，否则判断就会有矛盾。

最大特征根计算如下：

$$\lambda_{\max} = \frac{1}{n} \sum_{i=1}^{n} \frac{\sum_{j=1}^{n} a_{ij} \alpha_i}{n \alpha_i} \tag{4-11}$$

一致性指标计算如下：

$$CR = \frac{CI}{RI} \tag{4-12}$$

$$CI = \frac{\lambda_{\max} - n}{n - 1} \tag{4-13}$$

一般情况下，当 $CR < 0.1$ 时，即认为矩阵具有满意的一致性，否则需要对判断矩阵进行调整。

③熵值法确定客观权重。

信息熵是系统无序程度的度量，信息是系统有序程度的度量，二者绝对值相等，符号相反[119]。某项指标的值变异程度越大，信息熵越小，该指标提供的信息量越大，该指标的权重也越大，反之同理。所以可以根据各指标值的变异程度，利用信息熵[120]工具，计算各指标的权重，为多指标综合评价提供依据。用熵值法确定权重的步骤如下。

将各指标同量度化，按式（4-14）计算第 i 个方案的第 j 个指标的比重 P_{ij}。

$$P_{ij} = \frac{x_{ij}}{\sum_{i=1}^{m} x_{ij}} \tag{4-14}$$

按式（4-15）计算第 j 个指标的熵值 e_j。

$$e_j = -\gamma \sum_{i=1}^{m} P_{ij} \ln P_{ij} \tag{4-15}$$

式中：$\gamma = \frac{1}{\ln(m)} > 0$；ln 为自然对数；$e_j \geq 0$。

根据式（4-16）确定第 j 个指标的权重 β_j。

$$\beta_j = \frac{1 - e_j}{\sum_{j=1}^{n} (1 - e_j)} \tag{4-16}$$

④确定组合权重。

为了全面反映评价指标的重要程度，使决策结果更好地反映真实情况，弥补传统灰色关联分析模型存在的不足，可采用主观的专家法赋权（AHP）和客观法赋权（熵值法）对灰色关联度进行双向组合加权。主观权向量为 α_i，客观权向量为 β_j，由式（4-17）可得具体的组合赋权值 w_j。

$$w_j = \frac{\alpha_j \beta_j}{\sum\limits_{j=1}^{n} \alpha_j \beta_j} \quad (4-17)$$

⑤求解灰色关联度。

根据式(4-1)~式(4-5),利用传统灰色关联分析方法计算得到关联度系数 $\xi_{0i}(j)$,基于区间数运算法则[121],结合组合权重值 w_j,由式(4-18)得到最后的加权灰色关联度 ϕ'_{0i}。

$$\phi'_{0i} = \sum_{j=1}^{n} \left[w_j \xi_{0i}(j) \right] \quad (4-18)$$

最后,根据式(4-18)所求灰色关联度的大小对各技术架构方案进行排序。关联度越大,则表示方案绿色度越高,越适宜矿山采用的绿色开采技术架构。

4.4 金属矿绿色开采技术架构与集成实践

三山岛金矿是首批国家级绿色矿山,最先将绿色开采理念融入矿产资源开发利用全过程。其积极采用绿色开采技术,实现了在绿色开采技术架构指导下的技术集成,建成了世界一流示范矿山。因此,选取三山岛金矿作为案例研究。

4.4.1 金属矿绿色开采技术架构方案评价

4.4.1.1 三山岛金矿绿色开采技术架构方案

三山岛金矿地处山东省莱州市,隶属山东黄金矿业(莱州)有限公司。三山岛金矿是目前我国机械化程度较高的地下黄金矿山和较大的有色金属采选企业之一。目前,三山岛金矿已进入千米深井开采,矿山在技术上面临多方面难处,主要表现在:

①开采难度大,安全问题突出。常规采矿方法不能适用矿体的开采,资源损失严重,生产效率与生产规模受限。

②产生大宗固体废物,排放地表污染环境。矿石品位低,产生大量尾砂,且采空区充填只能消耗55%左右,尾砂利用率较低,且矿山缺乏固废资源化无害化处置技术。

③属于海下开采,采空区造成的上覆岩层移动将带来重大安全风险。采空区易引起岩层移动,诱发断层活跃与顶板滑移,导致与海水贯通,为此,急需创新研发新的防止岩移的充填采矿法与岩层控制技术。

为突破深部开采难题和固废污染困境,矿山实施了深部绿色开采工程。其总体目标是使矿山在保持较高资源开发效率的同时,实现矿山经济和环境效益的协调发展。根据"高效化、无废化、生态化和无害化"的绿色开采目标，从矿山开采流程出发，根据绿色开采技术库的分类，通过专家咨询，采用列举法结合流程分析法，构建了三山岛金矿绿色开采技术架构方案，见表4-2。

表4-2　三山岛金矿绿色开采技术架构方案

方案	资源开采模式		生产环节(尾废充填)		闭坑(余废处置)	
	开采工艺	设备	尾砂	废石	尾砂	废石
S_1	常规适用采矿	机械化无轨设备	分级尾砂充填	尾废协同充填	外售+无害化堆存	无害化堆存
S_2	低废高效采矿	机械化无轨设备	全尾砂充填	尾废协同充填	资源化利用+无害化堆存	资源化利用+无害化堆存
S_3	常规适用采矿	常规机械化设备	分级尾砂充填	无害化堆存	外售+无害化堆存	无害化堆存
S_4	常规适用采矿	机械化无轨设备	全尾砂充填	尾废协同充填	资源化利用+无害化堆存	无害化堆存
S_5	低废高效采矿	自动化无人设备	全尾砂充填	尾废协同充填	资源化利用	资源化利用+无害化堆存
S_6	常规适用采矿	常规机械化设备	分级尾砂充填	无害化堆存	无害化堆存	资源化利用+无害化堆存
S_7	低废高效采矿	自动化无人设备	全尾砂充填	尾废协同充填	资源化利用	资源化利用
S_8	低废高效采矿	机械化无轨设备	分级尾砂充填	尾废协同充填	资源化利用+无害化堆存	资源化利用+无害化堆存

4.4.1.2　绿色开采技术架构方案灰色关联分析

采用灰色关联分析法对表4-2中8种绿色开采技术架构方案进行优选。8种绿色架构方案分别为S_1~S_8，选取指标体系中的指标层为评价指标，采用基于优化的组合赋权灰色关联分析法计算各方案的绿色度进行优选。

根据灰色关联分析法，将8种绿色开采技术架构方案作为一个灰色系统，对评价指标进行数据化处理，变为定量指标。以技术指标的分级作为标准，其分级情况见表4-3。结合三山岛金矿具体情况，通过实地调研和专家咨询，得到绿色开采技术架构方案的指标评价结果，再将数据矩阵按式(4-7)进行无量纲化处理，得到标准化矩阵 X。

表 4-3　三山岛绿色架构评价指标分级表

评价分级	指标系数
Ⅰ级(非常高、非常好)	>0.75
Ⅱ级(较高、较好)	0.5~0.75
Ⅲ级(一般)	0.25~0.5
Ⅳ级(较低、较差)	<0.25

$$X = \begin{pmatrix} 1.5000 & 1.6364 & 2.0000 & 1.5652 & 1.1200 & 1.3846 & 1.6364 & 1.5652 \\ 0.8333 & 0.9091 & 1.4000 & 1.5652 & 0.9600 & 1.2308 & 1.4545 & 0.1739 \\ 1.3333 & 1.6364 & 2.0000 & 1.3913 & 0.8000 & 0.7692 & 1.2727 & 0.1739 \\ 1.5000 & 1.2727 & 0.8000 & 1.0435 & 0.8000 & 0.7692 & 0.1818 & 0.8696 \\ 1.3333 & 1.0909 & 1.2000 & 1.0435 & 1.1200 & 0.9231 & 0.3636 & 1.2174 \\ 1.3333 & 0.7273 & 0.8000 & 0.8696 & 1.1200 & 1.3846 & 1.0909 & 1.0435 \\ 0.6667 & 0.7273 & 0.4000 & 0.6957 & 0.9600 & 0.9231 & 1.2727 & 1.3913 \\ 0.5000 & 1.0909 & 0.8000 & 0.5217 & 1.0769 & 1.0909 & 1.5652 \\ 0.5000 & 0.5455 & 0.6000 & 0.8696 & 1.1200 & 0.9231 & 1.2727 & 1.5652 \end{pmatrix}$$

由式(4-18)计算得灰色关联系数 $\xi_{0i}(j)$，并得到灰色关联系数矩阵 A。

$$A = \begin{pmatrix} 0.5455 & 0.5238 & 0.5714 & 1.0000 & 0.8333 & 0.8387 & 0.8148 & 0.3651 \\ 0.8276 & 1.0000 & 1.0000 & 0.8214 & 0.7143 & 0.5652 & 0.6875 & 0.3651 \\ 1.0000 & 0.6875 & 0.4000 & 0.6053 & 0.7143 & 0.5652 & 0.3548 & 0.5349 \\ 0.8276 & 0.5946 & 0.5000 & 0.6053 & 1.0000 & 0.6341 & 0.3860 & 0.6970 \\ 0.8276 & 0.4681 & 0.4000 & 0.5349 & 1.0000 & 1.0000 & 0.5946 & 0.6053 \\ 0.4898 & 0.4681 & 0.3333 & 0.4792 & 0.8333 & 0.6341 & 0.6875 & 0.8214 \\ 0.4444 & 0.5946 & 0.4000 & 0.4340 & 1.0000 & 0.7222 & 0.5946 & 1.0000 \\ 0.4444 & 0.4231 & 0.3636 & 0.5349 & 1.0000 & 0.6341 & 0.6875 & 1.0000 \end{pmatrix}$$

综上所述，由 AHP 可得到主观权重 α_j，由式(4-14)~式(4-17)得到客观权重以及组合权重 β_j、w_j，见表 4-4，指标权重分布情况见图 4-10。

表 4-4　不同赋权法所得权重

赋权	U_{11}	U_{12}	U_{21}	U_{22}	U_{31}	U_{32}	U_{41}	U_{42}
AHP	0.1995	0.0789	0.1357	0.0397	0.1668	0.1326	0.1487	0.0981
熵值法	0.1294	0.0849	0.1744	0.0833	0.0145	0.0323	0.1966	0.2846
组合法	0.2093	0.0543	0.1119	0.0268	0.0196	0.1147	0.2370	0.2264

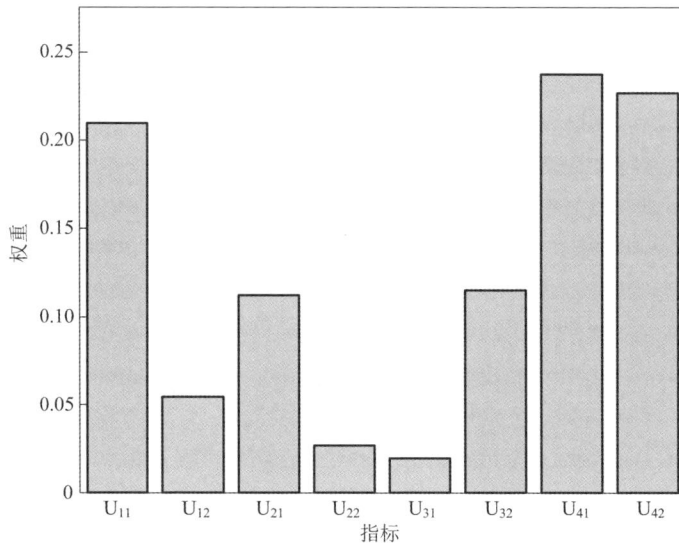

图 4-10　技术架构方案评价指标权重分布图

从表 4-4 可知，AHP 所得的主观权重更注重评价指标中的安全性和经济性，熵值法则对生态性有较大的赋权，其中生态保护程度的权重达到了 0.2846。而组合赋权法所得指标权重安全性、高效性和生态性较高，资源综合利用率权重最高为 0.2370。综合三种赋权方法结果可知，生态性与安全性是衡量绿色开采技术架构方案对矿山适应性的重要因素。

最后通过式(4-6)和式(4-18)，分别得到传统灰色关联度和加权关联度，并根据关联度进行排序，得表 4-5，组合赋权灰色关联度分布情况见图 4-11。

表 4-5　绿色开采技术架构方案灰色关联度

方案	传统灰色关联	排序	AHP	排序	熵值法	排序	组合法	排序
S_1	0.6866	2	0.6746	4	0.6013	6	0.6003	6
S_2	0.7476	1	0.7445	1	0.7025	1	0.7206	1
S_3	0.6077	7	0.6314	7	0.5586	8	0.5784	8
S_4	0.6556	4	0.6805	3	0.6044	4	0.6085	5
S_5	0.6788	3	0.7247	2	0.5971	7	0.6220	4
S_6	0.5933	8	0.6048	8	0.6027	5	0.5920	7
S_7	0.6487	5	0.6562	5	0.6532	3	0.6257	3
S_8	0.6360	6	0.6438	6	0.6561	2	0.6311	2

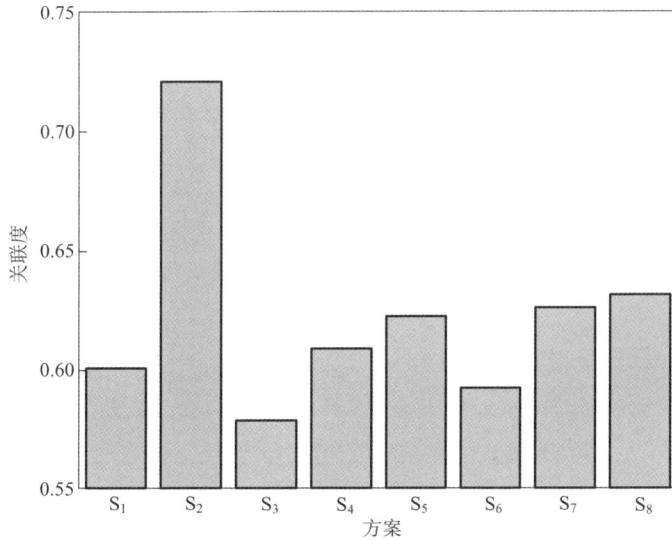

图 4-11　组合赋权灰色关联度分布图

由表 4-5 中的传统灰色关联度排序可知：方案 2>方案 1>方案 5>方案 4>方案 7>方案 8>方案 3>方案 6("＞"表示优先于，后同)。由此得到的结论为，采用大部分较为先进绿色开采技术的方案 8 仅排在第 6 位，而大多数采用较为传统技术的方案 1 则排在方案 8 之前，显然在三山岛金矿作为大型金矿山有着较强技术研发能力的背景下，该排序明显与实际不符。

相比之下，从图 4-11 可以看出，灰色关联分析优化模型得出采用了大量先进绿色开采技术的方案 2、方案 8 优于方案 1、方案 4、方案 6、方案 3，更符合三山岛金矿的现实情况。同时，虽然方案 7 和方案 5 所采用的技术优于排序第一的方案 2，但是若考虑到矿山技术升级成本、技术投资效益等，此情况也是合理的，这也说明矿山采用最先进技术未必是最佳选择。由此可见，与传统灰色关联分析相比，优化后的灰色关联分析模型能定量分析出方案的优先级排序，使绿色架构方案更符合矿山实际。

由主、客观组合赋权的灰色关联分析得到的最小关联度为 0.5784，说明 8 种绿色开采技术架构方案都有一定的适用性。其关联度排序为：方案 2>方案 8>方案 7>方案 5>方案 4>方案 1>方案 6>方案 3。根据组合赋权灰色关联度大小，适用于三山岛金矿绿色开采的最优绿色开采技术架构方案为方案 2。三山岛金矿作为大型金矿，采用方案 2 的绿色开采技术架构方案，在追求技术先进性的同时，也兼顾了矿山的实际情况。

4.4.2 三山岛金矿绿色开采技术架构

依据三山岛金矿千米深井开采的实际情况与存在的难处，以及计算分析获得的绿色开采技术架构方案选择结果，三山岛金矿应从低废高效采矿、机械化无轨设备作业、全尾砂+尾废协同充填、固废资源化利用和无害化堆存等技术出发，进行技术创新与技术研究，以满足三山岛金矿绿色开采技术架构方案要求，最终实现矿山的绿色开采目标。针对三山岛金矿目前存在的技术难题，查阅绿色开采技术库进行先进技术组合，组织相关专家攻关创新，得到与当前三山岛金矿适应且合理的绿色开采新技术，见表4-6。

表4-6　三山岛金矿深部绿色开采关键创新技术简介

序号	技术名称	技术简介
T_1	深部机械化蜂窝分段充填采矿技术	采用蜂窝状采场结构、低废采准工艺、上向分段阶梯超前回采工艺、中深孔精准爆破、全盘无轨机械化高效作业和尾废协同充填，采场生产能力 500 t/d，采矿回收率≥92%，矿石贫化率≤8%
T_2	三维多区域叠层导流浓密技术	采用叠层浓密结构和无动力多区域导流浓密机，加速尾砂沉降与固液分离，降低浓密机能耗35%
T_3	局部流态化造浆与稳态放砂控制技术	采用多层风水环管局部联动造浆，在线监测料位及放砂浓度，动态调控喷嘴参数，实现稳态放砂，浓度变化±1.0%
T_4	深井全尾砂管道调压输送技术	应用具有时效特征的改性添加剂，限时使全尾砂充填料浆内增加或消除微气泡含量，改变料浆比重，使充填管道静压降低20%
T_5	金属矿尾砂基质改性技术	应用有机聚合物和无机化合物改善尾砂基质，提高尾砂保蓄养分和抑制重金属释放能力，适生植被覆盖率>90%
T_6	尾砂制备微晶玻璃和微晶泡沫保温材料技术	通过调控烧结工艺参数，优化晶体成核过程，利用尾砂中氧化物成分制备微晶玻璃和微晶泡沫材料，微晶玻璃抗压强度>12 MPa，微晶泡沫材料导热系数<0.1 W/(m·℃)
T_7	全泥氰化尾矿高效洗涤净化技术	通过浓缩和高效洗涤强化脱除有害组分，化学净化含氰尾液，尾矿浸出毒性总氰浓度<5 mg/L，达到标准排放
T_8	全尾砂高韧低渗阻隔固化堆存技术	采用经济型碱性绿色固化剂，活化激发形成高韧低渗浓缩全尾砂固化体，改性固化尾砂三天抗压强度>0.05 MPa，渗透系数≤1×10⁻⁷ cm/s

三山岛金矿基于上述关键绿色开采技术成果，对照优选的技术架构方案，最终形成以"低废高效开采技术、全尾砂充填技术、余废高值资源化利用和生态化无害化处置技术"为主体的三山岛金矿绿色开采技术架构，见图 4-12。

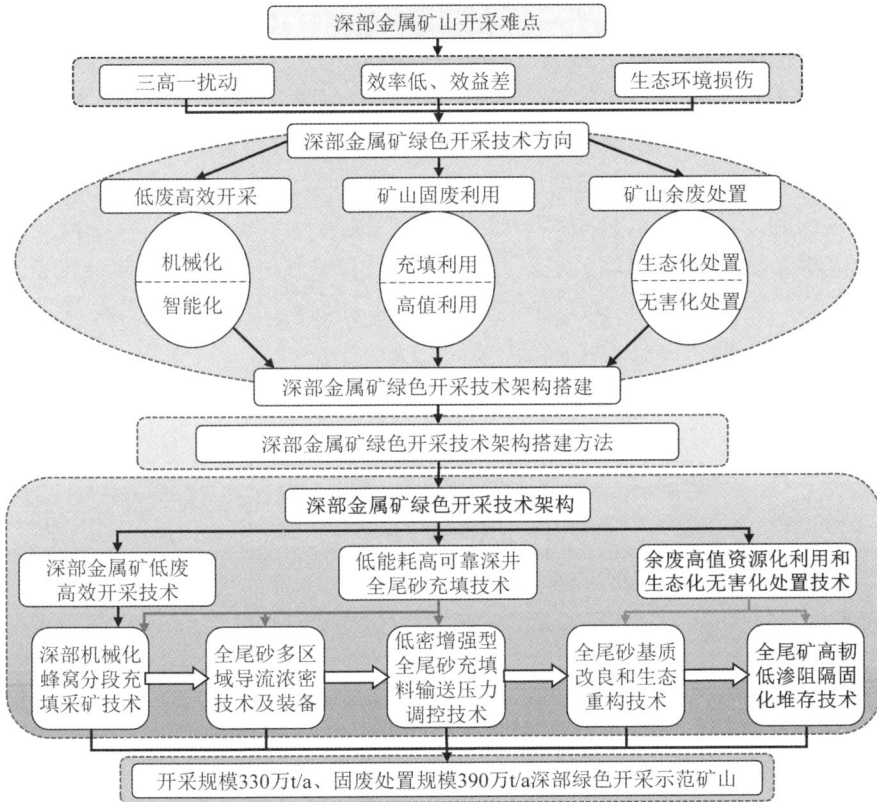

图 4-12　三山岛金矿绿色开采技术架构

从图 4-12 可知，三山岛金矿绿色开采技术架构中，以机械化蜂窝采矿技术作为低废高效绿色采矿的核心，以充填料浆浓密与输送技术为依托，通过应用高效低耗精准的全尾砂充填料浆制备工艺和充填料输送压力调控技术，提高尾砂利用率和充填体强度，降低充填管道静压进行深井充填；矿山多余的尾砂，采用包括尾砂制备微晶玻璃和泡沫材料等高值利用技术，减少或消除多余的尾砂。若矿山经此步骤仍有多余的尾砂，则进行浓缩分区固化堆存，在堆存过程中，进行土壤基质改良和适生植被培育种植等，最终使三山岛金矿成为花园式的国家级绿色矿山。

4.4.3 绿色开采效果分析

三山岛金矿通过绿色开采技术架构优化和技术集成,采用新的低废高效采矿方法和创新的深部采准工程布置,建立了结构简单、功能兼顾、系统完整的低废采准系统,减少了掘进废石量,并为采用大型无轨设备作业提供了必要条件。其采用交替式回采和分段凿岩爆破,形成空间形状为几何菱形的采场结构,大大提高了回采时采场的稳定性,使破碎难采矿体的采场结构参数大型化,采用中深孔凿岩、遥控铲运机出矿的破碎矿体安全高效开采成为可能;矿山采用全尾砂充填,避免了传统分级尾砂充填时细尾砂处置难的重大难题。此外,还采用充填时添加加气剂的方法解决了长距离高倍线自流输送难题,提高了充填体强度,为深部开采提供了安全作业空间;尾砂基质改良和生态重构实现了对尾废的无害化、生态化处理,解决了矿山尾废堆积与污染问题,提高了矿山植被覆盖率。三山岛金矿绿色开采效果指标见表4-7。

表 4-7　绿色开采效果指标

序号	效果指标	数据
1	矿石贫化率/%	≤8
2	采矿回采率/%	≥92
3	采矿强度/$[t \cdot (m^2 \cdot a)^{-1}]$	≥4000
4	废石利用率/%	≥70
5	浓密能耗/$[(kW \cdot h) \cdot t^{-1}]$	≤0.4
6	全尾砂浓密底流变化/%	≤1
7	低密增强改性添加剂加工制备能力/$(t \cdot d^{-1})$	≥5
8	尾矿综合利用率/%	≥50
9	千米深井管道全程静压降低/%	20
10	充填体强度提高/%	10
11	废水排放达标率/%	≥80
12	粉尘控制达标率/%	≥95
13	固化尾砂3d固化强度/MPa	≥0.05
14	阻隔防渗技术满足渗透系数/$(cm \cdot s^{-1})$	≤10^{-7}
15	土地复垦率/%	≥80
16	矿区植被覆盖率/%	≥90

　　三山岛金矿绿色开采技术产生的经济效益和社会效益显著。经济效益方面，由于开采技术经济指标大大改善，矿石贫化率从 4.44% 降低至 3.37%，采矿回收率从 92.07% 提高至 93.1%，生产能力增加 33.8%。同时，截至 2023 年，进行废石资源综合利用 151.1 万 t。经统计，此四项所带来的经济效益累计超十亿元。社会效益方面，矿山寿命提高，经计算，资源损失率从 7.93% 降低至 6.90%，三山岛金矿若按 50 年开采计算，则矿山寿命延长 0.5 年以上。同时，尾矿库寿命提高，由于矿山每年废石有 69% 用于资源消耗，按 330 万 t/a 规模有 60 万 t/a 废石产出计算，延长尾矿库使用寿命 6.3 年以上。通过尾砂固化和基质改良与植被覆盖，使矿山生态环境风景如画。

　　三山岛金矿是我国代表性的金属矿山，通过绿色开采技术架构实践，展现出极佳的经济效益和社会效益，可作为我国金属矿绿色开采的典范。可以预见，其将为我国金属矿发展提供一片新的天空，其社会影响与效益巨大而深远。

第 5 章
金属矿绿色开采长效机制理论

　　金属矿绿色开采长效机制，是指推动金属矿山实施绿色开采的协调运行方式，既包括矿山企业技术创新、环境优化的内在诉求，也包括政府管理部门的外在要求，如绿色开采相关法律法规、规章制度等。研究金属矿绿色开采长效机制，能够了解矿山企业的内在诉求、技术发展瓶颈。开展金属矿绿色开采政策演化博弈研究，可以发现绿色开采相关政策对绿色开采责任主体的影响规律，有助于协调金属矿山企业与执法、监督、行政管理部门之间的关系，大幅度提高金属矿山企业绿色开采的效率。开展金属矿绿色开采的政策效益研究，可以发现不同类型政策工具的效益，有助于绿色开采政策的优化调整，从而保障绿色开采顺利进行。

5.1　金属矿绿色开采长效机制概述

5.1.1　长效机制相关概念

　　（1）机制

　　机制在社会学中的内涵可以表述为在正视事物各个部分存在的前提下，协调各个部分之间的关系以更好地发挥作用的具体运行方式。

　　机制运行的形式可划分为三种：第一种是行政计划式的运行机制，即用计划、行政手段把各个部分统一起来；第二种是指导服务式的运行机制，即以指导、服务的方式去协调各部分之间的关系；第三种是监督服务式的运行机制，即以监督、指导的方式去协调各部分之间的关系。

　　从机制的功能来分，有激励机制、约束机制和保障机制。激励机制是调动管理活动主体积极性的一种机制，约束机制是一种保证管理活动有序化、规范化的机制，保障机制是一种为管理活动提供物质和精神条件的机制。

　　机制的建立，一靠体制，二靠制度。这里所谓的体制，主要指的是组织职能和岗位责权的调整与配置。所谓制度，广义上讲包括国家和地方的法律、法规以及任何组织内部的规章制度。通过建立与之相对应的体制和制度，机制才能在实践中得到体现；或通过改革体制和制度，可以达到转换机制的目的。也就是说，通过建立(或改革)适当的体制和制度，可以形成相应的机制。

机制的构建是一项复杂的系统工程，各项体制和制度的改革与完善不是孤立的，不同层次、不同侧面必须互相呼应、相互补充，这样才能整合起来发挥作用。机制的构建还要特别重视人的因素，体制再合理，制度再健全，执行的人不行，机制还是不能落实到位。体制与制度不能完全分离，而应相互交融。制度可以规范体制的运行，体制可以保证制度落实。

在体制(组织体制与管理体制)建设中，应注意各部分之间的相互协同与制约。在制度建设中，则应区分情况，采取不同的措施，某些情况下制度的作用在于禁止(约束)，但更多情况下在于引导(激励)。

特别要说明的是，机制的构建不是简单、绝对的，而是纷繁复杂的，激励机制不仅包括如何用人、如何分配工资奖金，还涉及其他许多方面，如领导作风、内部氛围、企业文化等。因此，在机制的构建上一定要避免模式化和形而上学。机制的构建是一项长期的工作，也有不断创新的问题，社会环境不断发展，人的认识水平不断提高，机制也要随时进行相应的调整。

(2)长效机制

长效机制是指能长期保证制度正常运行并发挥预期功能的制度体系。长效机制具备两个基本条件：一是要有比较规范、稳定、配套的制度体系；二是要有推动制度正常运行的"动力源"。

所谓制度体系，通常包括法律制度、法规、条件、行业规范与标准等。法律制度是一个国家或地区的所有法律原则和规则的总称，广义上则是指在法律协调各种社会关系时所形成的体现社会制度的各种法律制度。法规是法令、条例、规则、章程等法定文件的总称。行业规范是为没有国家标准而又需要在行业范围内统一的技术要求所制定的标准。标准是一种以文件形式发布的统一协定，用来为某一范围内的活动及其结果制定规则、导则或特性定义的技术规范或者其他精确准则。

所谓动力源是指出于自身利益而积极推动和监督制度运行的组织和个体。这里的组织是指人们为着实现一定的目标，互相协作结合而成的集体或团体。个体是指处在一定社会关系中，在社会地位、能力、作用上有区别、有生命的个体。动力源可分为外动力与内动力。

(3)金属矿绿色开采长效机制内涵

金属矿绿色开采具有节约资源、保护环境等重大作用，是国家经济可持续发展的基本保证。金属矿绿色开采的责任主体是矿山企业，长远目标是国家绿色矿业、绿色矿山建设和绿色开采。

在矿山开采过程中，怎样确保矿山企业响应政府绿色矿山建设号召，实施国家绿色开采战略，即为金属矿山绿色开采提供一种长期有效的机制，是一个十分重要的问题，也是大家十分关心的问题。金属矿绿色开采长效机制构成与运行方式见图5-1。

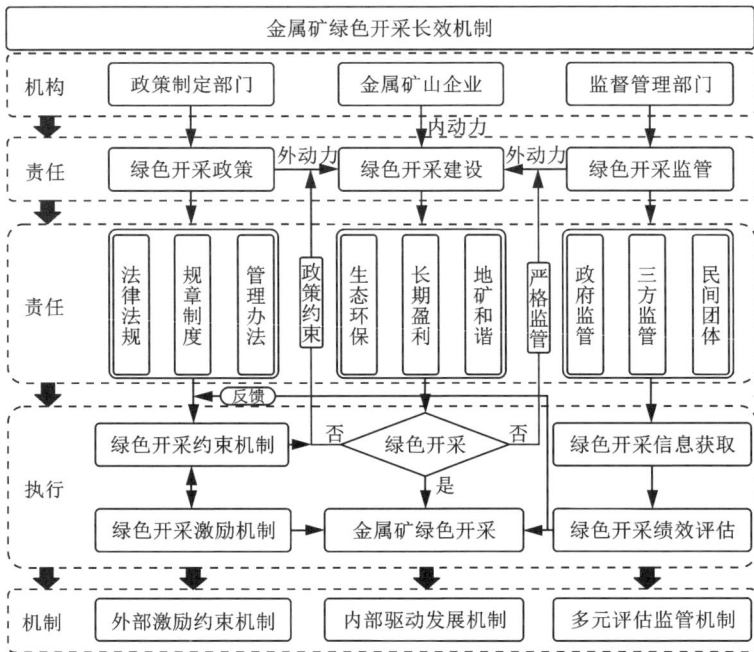

图5-1 金属矿绿色开采长效机制构成与运行方式图

金属矿绿色开采的长效机制，是指能长期保证矿山企业始终朝着绿色开采的目标与制度正常运行并发挥预期功能的制度体系，主要包括国家、地方政府、行业等部门为绿色开采制定的相关法律制度、法规、条件、行业规范与标准等。

金属矿绿色开采的动力源来自政策制定部门、金属矿山企业及监督管理部门。金属矿绿色开采的政策制定部门、金属矿山企业及监督管理部门构成绿色开采的三方，这三方在绿色开采中既是相互独立的部门，又相互联系，在内外动力的共同作用下，实现金属矿的绿色开采。

政策制定部门作为金属矿山绿色开采制度的制定者与规划者，要帮助金属矿山企业明确绿色开采目标，制定绿色开采相关法律法规，进而通过法律法规、规章制度以及管理办法对金属矿山企业执行绿色开采形成外部激励约束机制和保障机制，促进金属矿山企业的绿色开采制度落实与技术更新。

　　金属矿山企业作为落实绿色开采相关政策、实现国家对绿色开采的要求与目标、最终完成绿色矿山建设的主体，以可持续发展、循环经济及环境友好为根本宗旨，通过技术不断进步与改革，逐渐向绿色开采靠近，最终实现绿色开采。若其偏离绿色开采的预期轨道，就会受到政策制定部门的政策约束及监督管理部门的严格监督，使之回到正轨。除了外部激励约束机制，金属矿山企业也具有内驱动发展机制，它是由内而外、自发地进行绿色开采的动力，是矿山企业保持竞争力、实现可持续发展的必然选择。

　　监督管理部门以政府制定的相关政策为依据，对金属矿山企业绿色开采的执行情况进行监督。监督管理部门主要由政府、第三方及民间团体组成，通过获取绿色开采信息对金属矿山企业的绿色开采绩效进行评估，对绿色开采约束激励机制进行反馈，促进绿色开采激励约束机制更好地落实，同时让金属矿山企业对自身的绿色开采建设情况有阶段性的认识，从而形成绿色开采多元评估监管机制。

　　上述三方相互独立又相互协调，积极履行自身责任，按照机制要求，最终实现金属矿绿色开采的目标。

5.1.2　金属矿绿色开采长效机制研究的作用

　　金属矿绿色开采长效机制理论是推动和保障绿色开采实施的重要理论方法，该研究有利于推动绿色开采技术的升级，促进绿色开采政策的发展、监督管理办法的完善。金属矿绿色开采的长效机制不仅体现在矿山企业使用绿色开采技术的长期性，而且体现在矿山企业使用开采技术的推动作用和激励作用，形成推动并保持矿山企业自觉使用并不断改进矿山绿色开采技术的"动力源"。绿色开采长效机制研究的主要作用如下。

　　（1）推动绿色开采技术发展

　　金属矿绿色开采长效机制是一个长期有效的制度体系，其目的是推动金属矿山绿色开采。现阶段多数金属矿山绿色开采的最大阻力还是技术层面的，若要形成长效机制，政策层面必然要鼓励绿色开采技术的研发应用，如技术研发补贴、高新技术企业税收优惠等，以打破技术壁垒、解放生产力，推动金属矿绿色开采技术发展，实现绿色开采产业升级。

　　（2）完善绿色开采制度体系

　　金属矿绿色开采制度体系是实施绿色开采的根本保障，而研究长效机制能够完善绿色开采制度体系。通过梳理现有绿色开采政策，理清绿色开采政策发展脉络，对比国外发达国家矿业政策，不断完善我国绿色开采制度体系。研究能够阐释绿色开采政策对政策制定部门、金属矿山企业、监督管理部门三方的影响规律，从而通过政策演化规律研究，推动绿色开采的政策朝有利绿色开采的方向发展。

（3）提升绿色开采监管效率

金属矿绿色开采长效机制研究明确了绿色开采各方责任和目标，明确了绿色开采内部协调运行方式，提出了绿色开采的内外驱动力因素。长效机制研究提出了绿色开采三阶段激励约束方法，监督管理部门能够根据矿山绿色开采所处阶段，实施差异化的绿色开采政策。通过政策效益分析，监督管理部门能够了解各种政策工具的效果，从而实施精准的绿色开采政策，提升绿色开采监管效率。

5.1.3　金属矿绿色开采长效机制研究的意义

在新的历史条件下，探索建立金属矿绿色开采长效机制，对于落实"绿水青山就是金山银山"的环保政策，提高绿色开采水平，巩固我国金属矿绿色开采成果，发挥企业开展绿色采矿的积极性与提高创新能力，实现我国矿业行业制定的绿色开采目标和国家全面建成小康社会的宏伟目标具有重要意义。

（1）丰富绿色开采理论

金属矿绿色开采长效机制理论是保障绿色开采政策长期有效的理论，通过梳理现阶段我国绿色开采政策，开展金属矿绿色开采政策演化博弈规律研究和政策效益研究，对于探索建立金属矿绿色开采长效机制具有重要理论意义，研究丰富了绿色开采理论体系，填补了金属矿绿色开采在长效机制方面的理论空白。

（2）推动金属矿绿色开采

金属矿开采是国家经济发展的需要，是人民群众物质生活水平提高的需要，金属矿开采水平的高低要靠安全、环保（绿色）、高效、经济来实现和体现，研究金属矿绿色开采的长效机制，明确金属矿绿色开采协调运行方式，形成多阶段的金属矿绿色开采激励约束措施，进而在实践中应用，可以推动金属矿山绿色开采，对于"发展绿色矿业、建设绿色矿山"具有重要工程实践意义。

（3）优化绿色开采政策

金属矿绿色开采先进性的实现从来不是一劳永逸的，而是与时俱进的。同样，金属矿绿色开采政策随形势任务与时代不断丰富和发展，同时资源型政策也需要因地制宜、与时俱进。研究金属矿绿色开采长效机制，发现政策在实施阶段存在的问题，及时调整和优化，有利于推动绿色开采政策不断地改进和创新，有利于永葆绿色开采法律制度的先进性。

5.2　金属矿绿色开采驱动机制

5.2.1　金属矿绿色开采长效机制内外驱动力

金属矿绿色开采受长效机制的保护与作用，其作用力源于系统自身的驱动力。金属矿绿色开采驱动力见图 5-2。从图 5-2 可知，绿色开采外部驱动力是推动矿山企业进行绿色开采的外部力量，如政府、监管机构等外部的监管压力、环保压力、政策扶持力、民间呼声等，其大小与正负取决于激励与约束大小。而绿色开采内部驱动力是指矿山企业由自身利益出发自发进行绿色开采的要求。矿山企业为了实现可持续发展，通过技术改造升级，提高资源利用效率，从而获得更为持久的技术回报；通过改善生产作业环境、降低安全生产风险取得丰厚的隐性收益，这些都是矿山企业内部自发的动力，即内部驱动力。

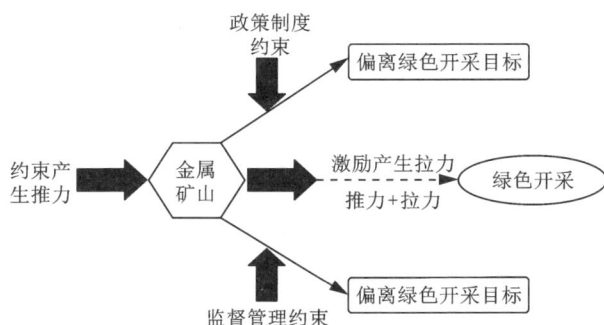

图 5-2　金属矿绿色开采驱动力

在金属矿绿色开采过程中，政府设立绿色开采目标，对完成目标的矿山企业实行税收减免、技术补贴，将其作为绿色开采示范建设形成正面引导；另外，对金属矿山企业施加安全生产、环境保护、技术创新等方面的压力，当其发展方向与绿色开采偏离时，运行法律机制予以纠正，促使金属矿山企业参与相关绿色开采建设与行动。

激励因素是指能够对被激励者的行为产生刺激作用，从而调动其积极性的因素，它代表被激励者最本质的需求，只有当设定的激励活动或目标能够满足某种激励因素时，才会使被激励者产生满意感，从而产生效用价值。金属矿绿色开采激励因素，是指政府采取相关政策与措施，努力调动企业及个人的积极性，促使矿山企业努力采用绿色开采技术、实施绿色开采方法，进而实现绿色开采目标，获得绿色开采效益与环境友好的效果。其中，政府为矿山企业授予"绿色开采示范单位""绿色矿山""生态文明建设单位""高新技术企业"等称号，都是激励的表现形式，以此提高金属矿山企业的积极性与影响力，同时能够使政府与企业因此获得绿色开采的相关红利。

约束因素与激励因素完全相反，它是指能够对被约束者的行为产生妨碍作用，从而阻止其行为发生，以免造成不好的影响或损失的因素。金属矿绿色开采约束因素是指政府通过法律规制，采用处罚、整改、关门等手段或行政干预方法，迫使矿山企业回到绿色开采的正确轨道上。

在金属矿开采中，矿山企业采用绿色开采方式有较大的先期成本投入，导致多数矿山企业不愿按照政府要求实施绿色开采建设，因此，作为政府部门，针对矿山存在的这种情况，必须采取"胡萝卜+大棒"的管理模式，即采用激励+约束的方式。这里所谓的"胡萝卜"，主要是指政府对企业的奖励激励政策，"大棒"则是指政府对企业的约束惩罚政策。政府推动矿山企业绿色开采的激励与约束机制作用见图5-3。

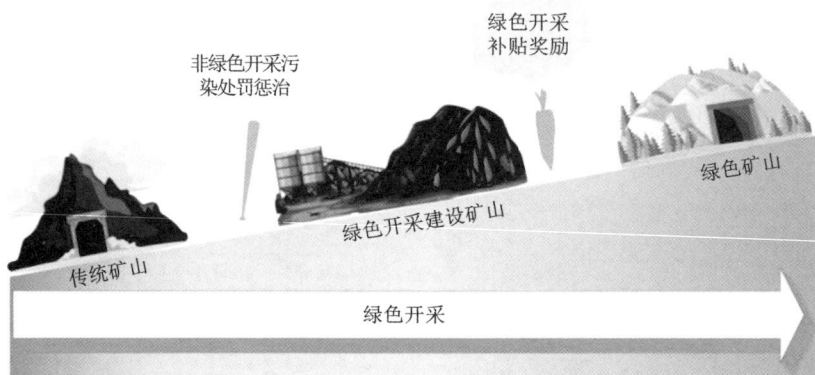

图5-3　激励与约束机制作用示意图

古人云："重赏之下，必有勇夫；赏罚若明，其计必成。"矿山企业在绿色开采过程中需有压力，只有通过建立完善的考核机制、开展同类矿山绿色评比，实行末位淘汰处罚，才能调动矿山企业绿色开采积极性，从而避免消极怠慢、不推进、不实施的作风。因此，建立完善的监管体系，也可以促使矿山企业实行绿色开采。

显然，金属矿绿色开采的长效机制，是确保金属矿绿色开采长期实施并取得效果的有力措施，对金属矿绿色开采长效机制展开研究具有重要理论和现实意义。

5.2.2　金属矿绿色开采内部驱动机制

金属矿绿色开采长效机制是推动金属矿山企业朝着绿色开采目标前进的动力与保障。金属矿山企业要进行绿色开采，除了政府要积极推广落实绿色开采政策，采取必要的税收优惠减免、绿色金融等扶持政策外，监管机构也需要充分发挥其对绿色开采的考核与监管作用。政府与监管机构是推动绿色开采实施的外部驱动力，而实施绿色开采的内部驱动力源于金属矿山企业自身，金属矿山企业在充分认识到绿色开采对自身、社会、国家带来的环境效益、社会效益、长期效益后，就会自发地、主动地、积极地履行职责，努力实施绿色开采计划，进而实现绿色开采目标。

金属矿绿色开采的驱动力可以分为技术驱动力和环境驱动力。技术驱动力是推动矿山企业进行绿色开采的生产力，矿山有对应的技术才能进行绿色开采，如安全技术、采矿技术、选矿技术、尾矿废石处置技术。技术的种类是多样的，这里按照工艺流程分为采矿设备更新换代、采矿技术创新、采矿生产系统更新与智能化、选矿技术创新、资源综合回收利用几类。环境驱动力是推动矿山企业进行绿色开采的保健力，矿山通过地表环境改进、地压管理、井下通风除尘、深井制冷降温，提高职工的安全健康水平，进而促进金属矿山企业可持续发展。

5.2.2.1　金属矿绿色开采技术驱动力

金属矿绿色开采技术驱动力就是通过金属矿采选过程中的采矿技术、选矿技术创新，包括使用新的采选方法、采选技术，对传统采选工艺、采选顺序进行优化，对采选过程进行重组，研发采选新设备、新装置，优化原有的采选生产系统，引进并采用新型采选生产系统，使金属矿在开采过程中尽可能少或不破坏与影响生态环境，企业投入少、生产工艺简单、劳动强度低、工作效率高、采选成本低、工作条件更安全，企业能从中获得经济利益、安全利益及社会利益，使之成为推动金属矿山企业努力实施绿色开采的生产力与动力源。

简单地说，凡是提高效率、降低成本、减轻劳动强度、简化生产工艺、提高机械化程度、减少采矿损失与降低贫化率、提高资源综合回收率、提高作业安全性、改善作业环境等的技术，都可以认为是绿色开采技术，即对比传统的开采技术，在理论、技术与工艺上有进步、有创新、有突破。为此，我们从采矿设备更新换代、采矿技术创新、采矿生产系统更新与智能化、选矿技术创新、资源综合回收利用等几个方面来探讨其长效机制。

采矿设备更新换代能够提高一次矿产资源回采率，提高生产效率，同时新型电能采掘设备能够显著降低井下空气污染程度，从而降低通风除尘成本；新型选矿设备能够提高资源二次回收利用率，两者均能提高产量和生产效率。

采矿技术创新的主要趋势：一是矿山持续机械化；二是生产、组织管理和备品备件供应的现代化；三是地质与工程技术的优化软件；四是矿山采选规模的高效化；五是过程控制信息化等，实现采矿与矿物加工的物联。

采矿生产系统更新与智能化能够将云计算、大数据、5G、物联网等新一代信息技术与矿山生产过程深度融合，实现矿山设计、掘进、开采、运输与提升等环节自规划、自感知、自决策、自运行，从而提高矿山生产率和经济效益。通过对生产过程的动态实时监控，将矿山生产维持在最佳状态和最优水平[122]。

选矿技术创新首先是提高资源利用率，其次是降低尾矿中的有毒有害成分。

前者能够大幅度提高金属矿山企业利润,后者能降低末端治理成本,二者均有利于提高金属矿绿色开采积极性。

资源综合回收利用能最大限度地回收有用矿物,同时能使尾矿、废石实现资源化利用,而生态处理技术能够最大限度地降低固废对环境的污染,前者具有实际经济效益,后者为长期环境效益,二者都有利于绿色开采长效发展。

5.2.2.2 金属矿绿色开采环境驱动力

金属矿绿色开采环境驱动力,是指对工作环境进行改进,通过一系列的支护、监测、评估方法与技术手段,使采场、硐室及工作面安全性得到提高,对有粉尘、高温、热水危害的工作面,采取通风除尘、制冷降温及循环通风等方法,提高井下作业环境空气质量,为劳动者提供舒适、干净、安全的作业环境,实现资源与环境的协调统一。通过尾废处理、资源综合利用与尾矿充填等工艺与技术,解决地表尾废堆存、塌陷、下沉、地裂缝等环境地质与灾害问题,建立风景如画、花园式的矿区,让矿山及周边居民享受绿色开采带来的幸福感。为此,依据金属矿开采特点,通过对国内外安全、环境改善技术进行分类与优选,从地表环境改进、井下地压管理、井下通风除尘、深部井下降温等几方面探讨其环境驱动力。

（1）地表环境改进

黑色金属和有色金属矿山,不论是在采在建矿山,还是改扩建矿山,都会产生环境问题,导致污染物逐日增多或危害日益加重。显然,如果不采取有效的控制措施,生态与环境问题就会逐渐恶化,并有可能出现难以逆转的生态与环境灾难。金属矿山地表环境改进是指通过生态治理或地表绿化等手段改善矿区周边地表环境。

矿山开采中通常建有尾矿库、排土场、炸药库、选厂等工程,这些工程均会使矿山原生地形地貌产生改变。另外,露天采坑及地下开采引起的地表塌陷坑等,对地表地形地貌也会产生严重影响。此外,地下开采造成地表的沉降与变形,采选污染排放引起的土壤、水体破坏,重金属污染造成的动植物消亡等,使生物多样性遭到严重破坏。显然,要恢复地表的生态环境与地形地貌,必须从多方面着手:一是地形地貌的恢复,对地表压占物进行移除处理;二是防止地表沉降,对破坏的地表景观进行修复与治理;三是地表生态重构,重建地表生态系统。

（2）井下地压管理

矿山开采时,所有人员设备作业的井下空间都属于生产环境,在这个新环境里,地压被认为是影响最大的。随着开采深度的增加,矿山地压现象更加明显。据统计,在金属矿发生的安全事故中,矿山地压事故受害人数最多,占总受害人数的18.9%,位居井下事故首位。造成地压事故与灾害的原因是多方面的,主要是支护不到位、技术措施不合理、设计不科学。地压防治措施要因地制宜、因时制宜，不同矿山和不同区域要区别对待。

巷道掘进时，尽可能避免穿过断层和破碎带、松软带。必须穿过时，应根据岩层性质和地压显现特性合理选择巷道位置和掘进破岩工艺，在破碎岩层中，采用微差爆破或光面爆破等技术，尽量减少爆破对围岩的振动与破坏。

选择合理的巷道断面形状，充分利用巷道围岩自身的承载能力。巷道断面的长轴应与最大主应力方向一致。当地压较小时，采用直墙拱形断面；当水平压力较大、垂直压力较小时，应选用矮墙或矮墙半圆拱；当垂直压力较大、水平压力较小时，宜采用直立拱形断面或似椭圆形断面。为保证支护类型和参数的合理性，要综合考虑围岩地质构造、岩石完整性、地应力大小、围岩变形特征等，特别是考虑围岩节理裂隙发育状况及空间关系、围岩的稳固性、采场跨度、力学性质和服务年限等，在此基础上确定合理的支护类型和参数。

采场结构参数要结合矿岩赋存条件，合理确定采场跨度与采空区暴露面积，有效利用围岩物理力学特性，确保回采安全。采空区的稳固性不仅与矿岩极限承载强度和地应力大小有关，还与采场暴露面积和高跨比有关。同等地质条件下，选择合理的采空区暴露面积和采场跨度，能有效转移顶板来压，保障采空区的稳定。

（3）井下通风除尘

地下采矿作为一个全新的作业环境，其井下掘进、爆破及大块破碎作业，均会产生大量粉尘，导致空气中粉尘浓度超标，进而导致尘肺病等。另外，井下大型无轨机械化设备作业，以柴油为动力，柴油燃烧会放出大量的碳氢化合物及一氧化碳、二氧化碳和热量，故柴油机废气会污染空气并导致工作面升温。另外，井下炸药爆炸时，瞬间产生高能破碎岩石，爆破产生振动能，同时产生大量粉尘、炮烟等有毒有害气体，使得井下工作面碳氧化合物和氮氧化合物超标，危及工人生命安全与身体健康。为了达到生产环境要求，满足井下安全生产标准，提高劳动生产效率，矿山企业要采取有效措施，采用大风量通风方式，辅以局部通风除尘等技术措施。

针对我国地下开采金属矿通风条件差、井下空气质量低、环境恶劣的现状，有必要深入开展井下通风防尘技术的研究，通过采用先进的通风防尘技术、优化通风系统、完善井下通风监测系统以及井上井下污染空气处理技术等手段，保障井下生产作业安全以及矿区生态，提高生产效率，降低事故率。

（4）深部井下降温

金属矿地下开采时，岩石的增温率是 3 ℃/100 m，我国目前金属矿的开采深度许多达到了 1000 m 甚至更深，依地热增温率计算，其矿山工作面温度为 42～56 ℃，远远超过了我国金属矿井下气温不超过 28 ℃ 的环境温度标准。工作面高温不仅降低了工作效率，而且有可能引起工人中暑。我国对井下工作面工人作业温度制定了标准与要求，超过其界限（表 5-1）就必须采取措施，需要降温或采取个体保护措施。针对深井高温，通常有非制冷降温和制冷降温两类技术。非人工制冷降温技术主要有通风降温、充填采空区、隔绝热源、个体防护等，人工制冷降温技术有压缩空气降温、冷水降温和制冰降温。

表5-1　井下作业地点气候参数规定

矿井类型	气温/℃	风速/(m·s^{-1})	粉尘浓度/(mg·m^{-3})
热水型矿井	≤28	0.3~0.5	2.0
非热水型矿井	≤27.5	0.5~1.0	2.0

5.2.3　金属矿绿色开采外部驱动机制

5.2.3.1　金属矿绿色开采法律保障

金属矿绿色开采长效机制中，绿色开采相关法律是企业绿色开采的基本保障。其内容涉及绿色开采的激励机制、制约机制和保障机制，对于金属矿绿色开采而言，金属矿绿色开采激励与约束也具有时序性，应当根据金属矿山绿色开采所对应的阶段实施与之匹配的激励与约束手段。

如果我们将金属矿绿色开采分为三个阶段，即"非绿""浅绿""绿色"阶段，则"非绿"阶段是指金属矿山没有运用绿色开采技术，没有为绿色开采做出尝试的阶段；"浅绿"阶段是介于"非绿"与"绿色"阶段之间的一个中间段，表示金属矿山对绿色开采进行了尝试与探索，正在进行绿色开采建设，但是绿色开采建设的多项指标审核未达标；"绿色"阶段是指金属矿完成了绿色开采建设，其各项指标经审核已经达标。

对处于"非绿"阶段的金属矿山，管理部门应以约束为主要管理手段；对于处于"浅绿"阶段的金属矿山，政府需要发挥激励与约束共同作用，促使金属矿山进行绿色开采；对于处于"绿色"阶段的金属矿山，政府应该以激励与表扬为主，促使企业自主完善绿色开采各项生产工艺，优化各生产指标，进行技术再创新等。金属矿绿色开采三阶段激励约束方法见图5-4。

金属矿绿色开采能够保障生态环境安全、促进社会和谐、提高资源利用率、推动科技创新和便于规范管理，而绿色开采建设离不开绿色开采法律法规，因此需要系统梳理分析金属矿绿色开采制度。金属矿绿色开采制度是指适用于金属矿山进行绿色开采的法律依据，包括环境规制、资源开发与环境保护、土地复垦与生态补偿、绿色矿山建设标准和政策。分析金属矿绿色开采制度能够解决绿色矿山建设方面的问题，协调绿色矿山建设的多方利益；分析现有绿色开采制度的规

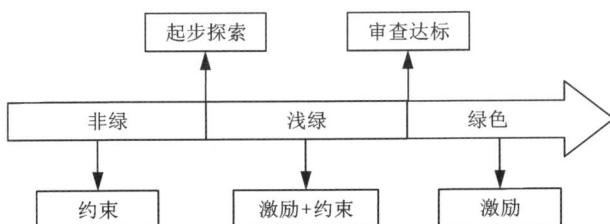

图5-4　金属矿绿色开采三阶段激励约束示意图

律有助于加强对绿色开采理念、绿色矿山建设的理解，能够找到绿色开采实际建设中的关键点和突破点。

"绿色开采"理念由我国率先提出，最早在1986年《中华人民共和国矿产资源法》中提出了资源综合利用；随后提出了绿色矿业战略和绿色矿山建设目标等，为我国金属矿绿色开采提供了政策保障。我国金属矿绿色开采相关政策发布时间顺序见图5-5。

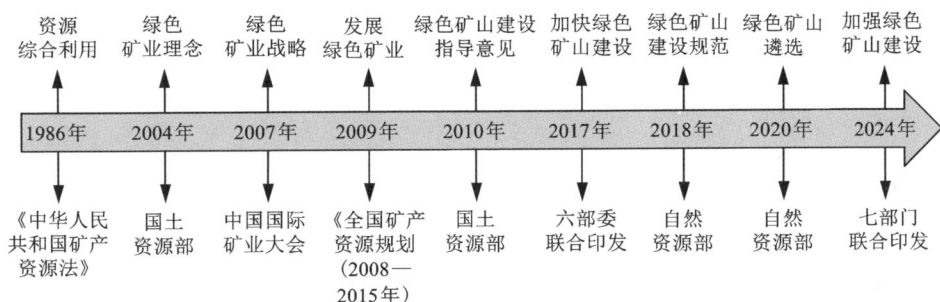

图5-5　金属矿绿色开采相关政策

从图5-5可知，我国矿业政策经过多年的发展与完善，实现了对于探矿权、采矿权的明确规定，完善了资源税收、环境污染税收制度。2017年《关于加快建设绿色矿山的实施意见》提出后，各级政府积极响应国家政策，形成了绿色金融、生态补偿、循环矿业等相关法律条款。2018年6月，自然资源部发布了《绿色矿山建设规范》，对绿色矿山的建设提出了依法办矿、矿区环境、资源开发方式、资源综合利用、节能减排、科技创新与数字化矿山、企业管理与企业形象等七个方面的要求。2024年发布的《关于进一步加强绿色矿山建设的通知》提出，到2028年底实现持证在产的90%大型矿山、80%中型矿山要达到绿色矿山标准要求。总体上来看，我国绿色开采相关政策法规循序渐进，近年来相关部门根据我国矿业类法规以及环境保护相关政策法规，逐渐形成了一套适用于绿色开采的制度体系。

    1983 年，全国人大常委会设立矿产资源开发管理局，开始了针对矿产资源开发利用过程中的节约与保护进行监督管理，直到现在，各级政府仍积极出台政策，在绿色开采建设方面形成了绿色矿山建设、绿色矿山评估、绿色矿山的指导实施意见、国家标准、中央及地方等系列文件，颁布了推动我国绿色矿山建设的国家和地方联动政策法规。政府以及相关监管部门对于金属矿山企业的管理不是混乱且毫无头绪的，而是有法可依的，可以依法治企。如此有针对性的管理进一步推动了绿色开采长效机制的发展，从而最终完成金属矿绿色开采建设。我国绿色矿业政策发展历程见表 5-2。

表 5-2　我国绿色矿业政策发展历程

阶段	时间	主要内容
矿产资源合理开发与节约利用阶段	1983 年	全国人大常委会设立矿产资源开发管理局，主要针对矿产资源开发利用过程中资源的节约与保护进行监督管理
	1986 年	第六届全国人大常委会第十五次会议通过了《中华人民共和国矿产资源法》，要求对矿产资源进行综合勘查、综合利用，对提高资源综合利用率提出了明确要求
矿山环境治理与生态建设阶段	1992 年	李鹏总理在联合国环境与发展会议上代表中国政府签订《里约环境与发展宣言》，中国开始注重环境与可持续发展问题
	1996 年	第八届全国人大常委会第四次会议将可持续发展战略作为国家战略
	2003 年	胡锦涛总书记提出以人为本，树立全面、协调、可持续发展的科学发展观，强调人与自然的和谐发展
	2004 年	国土资源部首次提出矿业循环经济，建立了矿产开发和综合利用的新模式、新机制
绿色矿业理念提出	2007 年	中国国际矿业大会以"落实科学发展、推进绿色矿业"为主题，首次明确提出了"绿色矿业"理念
绿色矿业政策制定阶段	2009 年	中国矿业联合会制定了《中国矿业联合会绿色矿业公约》，要求从根本上实现资源合理开发利用与环境保护协调发展。《全国矿产资源规划（2008—2015 年）》中提出发展"绿色矿业"要求，并确定"2020 年，绿色矿山格局基本建立"的战略目标
	2010 年	国土资源部发布《国土资源部关于贯彻落实全国矿产资源规划发展绿色矿业建设绿色矿山工作的指导意见》与《国家级绿色矿山基本条件》，明确了绿色矿山建设的总体思路、主要目标任务以及绿色矿山创建的基本条件
	2012 年	胡锦涛同志在党的十八大报告中提出"着力推进绿色发展、循环发展、低碳发展，形成节约资源和保护环境的空间格局"

续表5-2

阶段	时间	主要内容
绿色矿业政策实施发展阶段	2015 年	中共中央　国务院发布的《关于加快推进生态文明建设的意见》提出,发展绿色矿业,加快推进绿色矿山建设,促进矿产资源高效利用,提高矿产资源开采回采率、选矿回收率和综合利用率
	2016 年	《全国矿产资源规划(2016—2020 年)》中指出要树立节约集约循环利用的资源观,推动资源利用方式根本转变,加快发展绿色矿业
	2017 年	六部委联合印发《关于加快建设绿色矿山的实施意见》提出绿色矿山建设的总体目标;《中共中央　国务院关于开展质量提升行动的指导意见》指出,提高供给质量是供给侧结构性改革的主攻方向,全面提高产品和服务质量是提升供给体系的中心任务
	2019 年	由自然资源部矿产资源保护监督司指导、中国自然资源经济研究院联合相关单位编制的《绿色矿山建设评估指导手册》于 2019 年 7 月 9 日正式发布,这也是我国第一个专门服务于绿色矿山建设的手册
	2020 年	自然资源部开展 2020 年绿色矿山遴选,发布《绿色矿山评价指标》。其根据自然资源部发布的 9 项行业标准制定,该指标体系为量化矿山是否达到绿色矿山提供了相应标准
	2024 年	七部门联合印发《关于进一步加强绿色矿山建设的通知》,要求加快矿业绿色低碳转型发展,到 2028 年底,持证在产的 90% 大型矿山、80% 中型矿山要达到绿色矿山标准要求

　　我国金属矿绿色开采长效机制中最重要的一项就是关于环境保护与灾害防治方面的条款与条例,它不仅是企业生存的法宝,而且是确保金属矿绿色开采长期有效、实现矿业与环境和谐发展的基石,可满足我国金属矿开采时对环境保护及灾害治理方面的相关规定与要求,为金属矿绿色开采提供了长期有效的法律基础与政策保障。

5.2.3.2　金属矿绿色开采激励制度

　　通常,企业在从事商业活动时遵循利益主导原则,即以是否获利作为衡量企业生存力与发展力的首位要素。而金属矿山企业,在进行绿色开采时,需要在安全生产、环境保护、资源综合利用、固废处置、技术创新等方面进行绿色开采的大量投入,且需要一段时间和达到一定规模才能见成效。在此期间,矿山面临资金、技术、市场竞争等方面的风险,不利于矿山的生存和发展。因此,依靠金属矿山企业自觉进行绿色开采,显然是不切实际的。政府为了让金属矿山企业既进行绿色开采,又能获取经济效益,就需要实施激励政策,加大政策扶持力度,采取绿色金融、税收减免、财政补贴手段,降低绿色开采风险,引导金属矿山企业进行绿色开采。

目前，我国对于金属矿绿色开采建设的激励制度主要包括用地、用矿、财政、金融四个方面的政策扶持。在《关于加快建设绿色矿山的实施意见》中明确提出"加大政策支持，加快绿色矿山建设进程"，湖南、山东、浙江等地也出台了地方性绿色矿山建设的激励政策措施，具体见表5-3。

表5-3　绿色开采相关政策

分类	绿色开采激励政策
国家级 绿色开采 激励政策	《绿色矿山评价指标》(2020) 《绿色矿山建设评估指导手册》(2019) 《关于加快建设绿色矿山的实施意见》(2017) 《全国矿产资源规划(2016—2020年)》(2016) 《国土资源部办公厅关于做好矿山地质环境保护与土地复垦方案编报有关工作的通知》(2016) 《生态文明体制改革总体方案》(2017) 《国土资源部关于贯彻落实全国矿产资源规划发展绿色矿业建设绿色矿山工作的指导意见》(2010) 《全国矿产资源规划(2008—2015年)》(2008)
地方级 绿色矿山 激励政策	《湖南省绿色矿山建设工作方案》(2018) 《河南省加快建设绿色矿山工作方案》(2018) 《甘肃省省级绿色矿山建设要求及评定办法》(2018) 《浙江省绿色矿山建设三年专项行动实施方案》(2018) 《湖北省加快建设绿色矿山实施方案》(2017) 《山东省绿色矿山建设工作方案》(2017) 《黑龙江省绿色矿山建设工作方案》(2017) 《广东省绿色矿山建设工作方案》(2017) 《内蒙古自治区绿色矿山建设方案》(2017) 《福建省绿色矿山建设工作方案》(2017) 《江西省全面推进绿色矿山建设实施意见》(2017) 《吉林省关于加快建设绿色矿山的实施方案》(2017)

绿色开采激励政策来源于中央政府关于绿色开采建设、实施、评估的方案，以及各级政府的响应。通过对绿色开采相关激励政策的梳理，发现金属矿绿色开采激励制度主要包括矿产资源支持政策、绿色矿山建设用地保障政策、绿色矿山财税支持政策、绿色金融扶持政策。具体开采激励政策见图5-6。

在用地方面，明确了政府应当保障绿色矿山建设用地、减轻绿色矿山用地成本等，将绿色矿山建设用地进行统筹安排，满足金属矿山新增用地合理要求。在用矿方面，形成了优先以协议方式向绿色矿山有偿出让矿业权、优先为绿色矿山企业安排开采指标的政策。在财政方面，制定了税收优惠减免政策，首先，在资源综合利用方面免征增值税，按照综合利用情况实行即征即退减免增值税；其次，环保设备款可用于抵扣税额，金属矿山企业购置用于安全生产、资源综合利用、环境保护、水循环利用、污染治理的设备的投资额，可以按照一定比例实行税额抵免；再次，在绿色技术研发方面实行税收优惠，研发支出可以加计扣除，即按照 150% 的比例实行扣除；最后，是资源税优惠减免，如"三下"开采和充填开采，减征 50% 资源税，衰竭资源开采减征 30% 资源税。在金融方面，形成了绿色金融、绿色信贷、绿色基金等配套的融资政策方案，用于缓解矿山绿色开采资金压力。2016 年，中国人民银行等七部委发布了《关于构建绿色金融体系的指导意见》，该政策也有利于绿色金融建设。

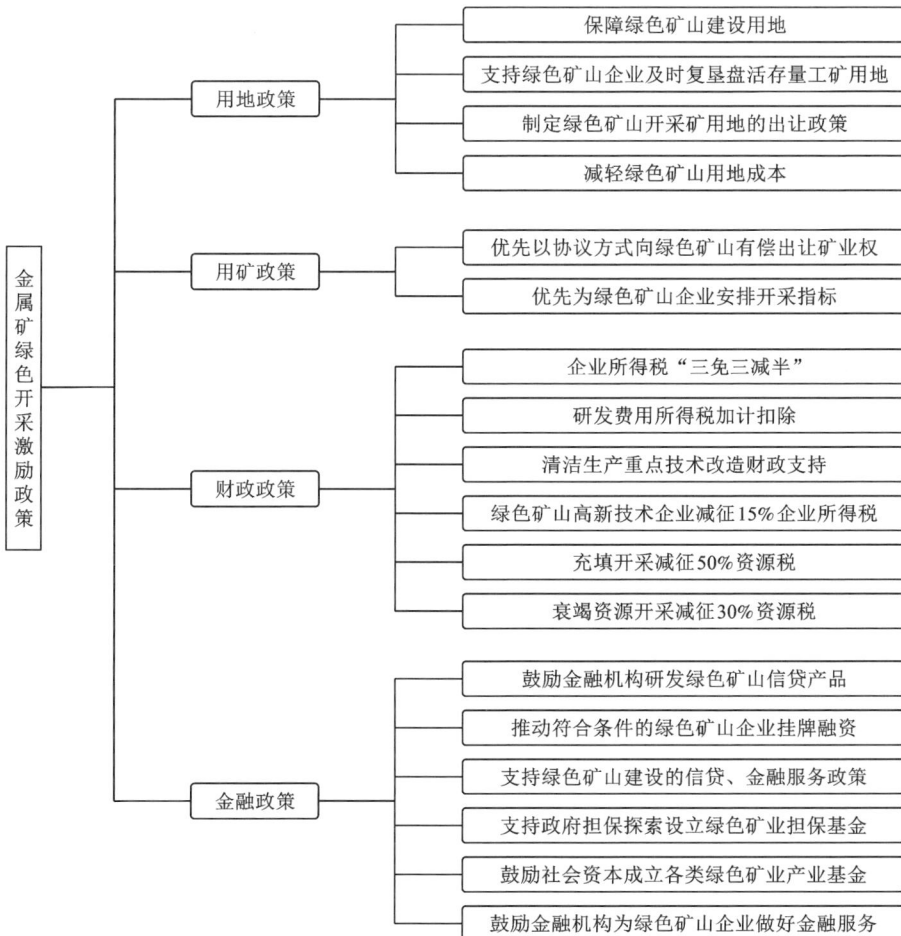

图 5-6　金属矿绿色开采激励政策

在用矿政策方面，国家通过建立勘查登记、开采审批制度，设立探矿权、采矿权有偿取得制度等，以此保障国家的权益，激励采矿权人有序勘查勘探和开采，防止资源浪费和破坏，确保矿区生态环境质量处于优良水平。国家在矿产资源开发生态补偿法律关系中享有的权利是管理权和监督权，如审批颁发矿区许可证、向矿山企业收取矿产资源税费、监督生态补偿责任的履行。

在财政政策方面，国家对采矿权人征收税收，实施矿产资源有偿开采制度，通过政策调控，促进矿山企业对国有资源的合理开采、节约使用和有效配置，调节矿山企业因矿产资源赋存状况、开采条件、资源自身优劣以及地理位置等客观存在的差异而产生的级差收益，以保证企业之间的平等竞争。

目前，依照《中华人民共和国资源税暂行条例实施细则》，资源税收政策按照矿山资源等级进行征收，这种资源税收政策固然成效明显，但是这种税收差距依然改变不了资源等级较高的金属矿山盈利能力强于资源等级较低的金属矿山的事实。在矿山企业进行绿色开采的过程中，资源等级较低的矿山尾矿更多(这种差距在铁矿、铜矿中较为明显，在贵金属矿产中差距不大)，需要投入更多的资金处置尾矿，这就容易因资源的不平衡引起税收矛盾。因此，资源税收政策应该调和这种矛盾，制定专门的绿色开采资源税收减免政策，对于资源等级越低的矿山税收减免越高，利用这种级差调控资源税收矛盾。

在金融政策方面，主要采取如下三方面措施：一是加大对绿色矿山企业环境恢复治理、污染防治、综合利用等方面的专项资金支持；二是为绿色矿山企业提供更为方便的融资渠道、融资方式和融资服务，形成银行、债市、股市(推动符合条件的绿色矿山企业挂牌融资)等融资渠道，形成绿色矿山债券、绿色矿业产业基金等融资方式，形成绿色信贷支持等；三是开展矿山企业的绿色开采评奖评优活动，通过给予优秀绿色矿山奖励，遴选优秀绿色矿山，并对优秀绿色矿山进行表扬和奖励，以此达到示范推广作用。

5.2.3.3 金属矿绿色开采约束制度

显然，矿山绿色开采只有激励而没有约束是不够的。对于积极响应政府号召，严格执行绿色开采政策，努力推动矿山绿色开采的企业要予以充分肯定与激励；对于不积极响应政府号召，得过且过，只顾目前利益与企业利益，把矿山绿色开采和环境污染视同儿戏的顽固企业，政府要采取强制措施，予以约束和惩罚。我国针对金属矿山绿色开采形成了明确的约束方法，即以环境规制法律为红线，以环境保护法规为纲领，以国家标准为准则，形成了我国金属矿绿色开采约束制度。我国金属矿绿色开采约束制度见表5-4。

表 5-4　金属矿绿色开采约束制度

分类	法律法规政策
环境规制法律法规	《工矿用地土壤环境管理办法(试行)》(2018 年颁布) 《中华人民共和国环境保护税法实施条例》(2017 年颁布) 《中华人民共和国环境保护税法》(2016 年颁布, 2018 年修正) 《中华人民共和国水污染防治法实施细则》(2016 年颁布) 《中华人民共和国土壤污染防治法》(2018 年颁布) 《中华人民共和国循环经济促进法》(2008 年颁布, 2018 年修正) 《中华人民共和国清洁生产促进法》(2002 年颁布, 2012 年修正) 《中华人民共和国节约能源法》(1997 年颁布, 2018 年修正) 《中华人民共和国噪声污染防治法》(2021 年颁布) 《中华人民共和国固体废物污染环境防治法》(1995 年颁布, 2020 年修订) 《中华人民共和国水土保持法》(1991 年颁布, 2010 年修订) 《中华人民共和国环境保护法》(1989 年颁布, 2014 年修订) 《中华人民共和国大气污染防治法》(1987 年颁布, 2018 年修正) 《中华人民共和国水污染防治法》(1984 年颁布, 2017 年修正)
资源开发与环境保护	《循环发展引领行动》(2017) 《"十三五"生态环境保护规划》(2016) 《国土资源"十三五"规划纲要》(2016) 《矿山地质环境保护规定》(2009) 《关于进一步加强生态保护工作的意见》(2007) 《矿山生态环境保护与污染防治技术政策》(2005) 《关于加强资源开发生态环境保护监管工作的意见》(2004) 《中华人民共和国矿产资源法》(1986 年颁布, 2009 年修正)
生态治理与补偿政策	《矿山生态环境保护与恢复治理技术规范(试行)》(HJ 651—2013) 《矿山生态环境保护与恢复治理方案(规划)》(HJ 652—2013) 《关于开展生态补偿试点工作的指导意见》编制规范(试行) 《土地复垦条例》(2011 年颁布)
金属矿国家标准	《排污许可证申请与核发技术规范　工业固体废物和危险废物治理》(HJ 1033—2019) 《黄金行业绿色矿山建设规范》(DZ/T 0314—2018) 《冶金行业绿色矿山建设规范》(DZ/T 0319—2018) 《有色金属行业绿色矿山建设规范》(DZ/T 0320—2018) 《尾矿库环境风险评估技术导则(试行)》(HJ 740—2015) 《钢铁工业废水治理及回用工程技术规范》(HJ 2019—2012) 《清洁生产标准　铁矿采选业》(HJ/T 294—2006) 重有色金属工业污染物排放标准(GB 4913—1985)

通观我国资源环境规制, 经过多年来的努力与推进, 基本形成了以污染防治和环境保护为主的法律体系, 制定了以循环经济、清洁生产、节约能源等为代

表的一系列详细的法律法规，在气态、液态、固态以及对应的大气、水域、土壤污染等方面明确规定了污染处罚及防治形式，提出了"预防为主，保护优先"和"坚持源头治理"的战略。

在资源开发与环境保护方面，形成了地质、生态环境保护、环境监管等法律法规，并且在"十三五"中提出了生态环境保护规划；在生态环境治理与补偿方面，形成了生态治理、生态恢复、生态补偿、土地复垦等法律法规。金属矿绿色开采约束制度注重资源开发过程中的环境保护，从立法方面严格约束矿山企业环境污染行为，建立了国家和地方矿山企业标准，提出了生态治理和补偿方案。

5.3 金属矿绿色开采政策实施的博弈规律

为了寻求金属矿山企业绿色开采的长效机制，弄清地市政府、金属矿山企业与监管机构之间激励与约束对绿色开采的关联度与相互影响规律，我们采用演化博弈方法，通过试错的形式探索地方政府、金属矿山企业与监管机构三方绿色开采政策实施行为态度的动态过程。

演化博弈是博弈论的一种方法，在国内许多领域有诸多学者对此开展过研究，但在矿业领域中研究得较少。国内诸多学者[123-126]应用演化博弈理论对矿山安全监管展开了研究，分别建立了矿山与监管机构之间的演化博弈模型，通过对安全监管的仿真模拟，提出了安全监管的优化对策；也有研究者[127-129]运用演化博弈理论对矿山生态修复展开了研究，分别建立了环境监管部门与煤炭企业监管行为和治理行为的演化博弈模型；王新华等[130]运用演化博弈理论建立了矿区土地移交复垦的三方演化博弈模型，分析了三方的行为策略和稳定决策；谭黎[131]运用演化博弈理论和委托代理模型研究了政府对煤矿企业的激励机制；侯荡等[132]对我国煤矿绿色开采动态监管策略展开了研究，应用演化博弈模型实现了矿山企业有限理性下的动态均衡，并且根据模拟结果对绿色开采提出了政策建议。

目前，演化博弈在矿业领域内的应用研究以煤矿为主，主要研究方向为安全监管和生态治理，尚缺少金属矿行业相关的演化博弈应用研究。为此，我们采用演化博弈理论，对金属矿绿色开采长效机制展开研究。构建地方政府、金属矿山企业和监管机构三者之间的博弈模型，采用参数赋值分析激励和约束措施对金属矿绿色开采的影响，通过仿真模拟探究绿色开采长效机制。

5.3.1 金属矿绿色开采政策实施博弈模型构建

5.3.1.1 金属矿绿色开采政策实施博弈分析

金属矿绿色开采需要行之有效的监管流程，而目前在我国存在政府监管机构官员与金属矿山企业双方合谋获利的行为，该行为严重损害了政府和公众的既得利益。研究指出，部分企业经常以贿赂或其他方式与政府官员勾结[133]，在公共利益方面发挥消极作用。徐大伟等[134]也指出需要防范合谋行为。自然资源部对金属矿山绿色开采的评估做出了明确的要求，出台了相关政策文件，提出了第三方评估制度，以此防范绿色矿山建设过程中的合谋违规行为。本章在构建金属矿绿色开采演化博弈模型过程中，将确定三方主体，即金属矿绿色开采政策的制定方——地方政府、政策执行方——金属矿山、金属矿绿色开采监管方——第三方监管机构，三方的逻辑关系见图5-7。

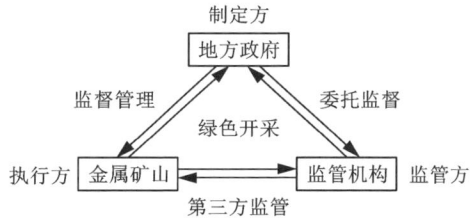

图 5-7　金属矿绿色开采三方关系

在金属矿绿色开采过程中，政府负责制定绿色开采政策，根据金属矿山绿色开采执行情况对金属矿山进行监督管理，同时为防止金属矿山与政府监督管理官员发生合谋行为，由政府通过招投标形式遴选优秀第三方监管机构。政府与第三方监管机构订立委托监督关系，监管机构需了解金属矿山绿色开采信息并及时反馈给政府，政府根据此信息对金属矿山进行激励约束，政府通过招投标形式支付监管机构劳务费用，同时享有对监管机构监管不力的事后追责权利。金属矿山与监管机构之间属于监管与被监管关系，金属矿山需要配合监管机构的监管行为，提供绿色开采相关数据，监管机构需要实地考察验证金属矿山相关数据的真实性，并由此制订监管报告呈送政府。金属矿山与监管机构不得出现任何与政府委托监管以外的非工作接触，不得出现任何利益关系，在遴选第三方监管机构时，应优先排除与金属矿山有利益关系的第三方机构。

金属矿绿色开采演化博弈系统包括三个种群，即地方政府群体、金属矿山群体和监管机构群体，见图5-8。每个种群中的个体有着不同的策略集，不同种群之间的个体进行非对称博弈，非对称博弈中收益矩阵不对称。

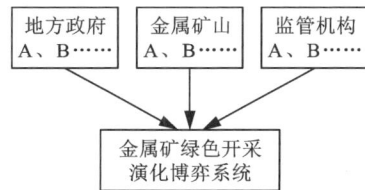

图 5-8　金属矿绿色开采演化博弈示意图

5.3.1.2　政策实施博弈参数确定

在选择博弈参数时，由于政府可以根据当地技术经济条件自主选择是否制定更为详细的绿色开采政策，如政府额外出资高于国家标准的绿色开采优惠政策，与国家相关标准相同，或低于国家标准，金属矿山可以选择不执行绿色开采相关政策，若排污成本较低，其可能选择污染环境的策略，也可能不选择污染环境的策略,但也尚未达到绿色开采的标准,或者选择绿色开采;同时假设监管机构可以选择严格监管、普通监管以及弱监管的行为方式。

为量化金属矿绿色开采政策实施演化博弈三方的策略集,设置基本概率参数,金属矿绿色开采三方概率参数见表5-5。用 x 表示当地政府全面实施绿色开采战略的概率,$x=0$ 表示当地政府不实施绿色开采战略,金属矿山绿色开采无法得到财政补贴;$x=1$ 表示当地政府全面实施绿色开采战略,给予金属矿山绿色开采政策扶持。用 y 表示当地金属矿山全面实施绿色开采的概率,$(1-y)$ 表示金属矿山不全面实施绿色开采的概率,$y=0$ 表示金属矿山完全不进行绿色开采,$y=1$ 表示金属矿山全面进行绿色开采;金属矿山面临监管机构和政府的双重监管,其受到的惩罚与其绿色开采执行情况有关。用 z 表示第三方监管机构实行全面且严格的监管的概率,$z=0$ 表示当地监管机构不监管,$z=1$ 表示当地监管机构严格监管,若监管机构监管不力将会受到政府的问责处罚。

表5-5 金属矿绿色开采政策实施三方概率假设

变量	变量解释
x	表示当地政府全面实施绿色开采战略的概率,$0 \leqslant x \leqslant 1$
y	表示当地金属矿山全面实施绿色开采的概率,$0 \leqslant y \leqslant 1$
z	表示第三方监管机构实行全面且严格的监管的概率,$0 \leqslant z \leqslant 1$

根据当地政府、金属矿山和监管机构的策略选择,得到图5-9所示8种博弈形式,用下标1~8表示。分别用 u_g、u_m、u_r 代表各博弈主体的收益,用 (u_{g1}, u_{m1}, u_{r1}) 表示政府全面实施绿色开采战略、金属矿山进行绿色开采、监管机构严格监管的效用函数,用 (u_{g2}, u_{m2}, u_{r2}) 表示政府全面实施绿色开采战略、金属矿山进行绿色开采、监管机构非严格监管的效用函数,以此类推。

图5-9 金属矿绿色开采三方博弈形式

金属矿绿色开采三方利益关系见图 5-10，假设地方政府全面实施绿色开采战略的成本为 a，地方政府对金属矿山绿色开采的补贴为 f，地方政府对金属矿山不进行绿色开采的处罚为 e，设置后两个参数便于地方政府对金属矿山的管控，采用激励与约束手段以提高金属矿山绿色开采的积极性；

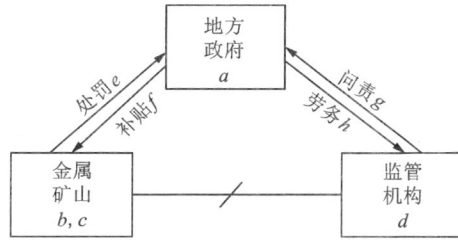

图 5-10　金属矿绿色开采三方利益关系图

地方政府与监管机构存在监管契约关系，政府需向监管机构支付的劳务费用为 h，监管机构疏于对金属矿山监管的问责处罚为 g。假设金属矿山全面执行绿色开采的成本为 b，金属矿山不进行绿色开采的成本为 c，由于绿色开采需要在生产工艺、技术创新、环境优化和组织管理方面增加额外投入，存在 $b>c$ 的关系。

金属矿绿色开采演化博弈参数见表 5-6。

表 5-6　金属矿绿色开采演化博弈参数

参数	参数释义
a	地方政府实施绿色开采的成本，元，$a>0$
b	金属矿山执行绿色开采的成本，元，$b>0$
c	金属矿山不进行绿色开采的成本，元，$0<c<b$
d	监管机构监管金属矿山绿色开采成本，元，$d>0$
e	地方政府对金属矿山污染的处罚，元，$e>0$
f	地方政府对金属矿山绿色开采的补贴，元，$f>0$
g	地方政府对监管机构的问责处罚，元，$g>0$
h	地方政府支付给监管机构的劳务费用，元，$h>g$，$h>d$
k	金属矿山正常开采收益，元，$k>b>c>0$
l	地方政府对金属矿山征收的税费，元，$l \geq f$

需要特别说明的是，地方政府是否全面实施绿色开采影响的是地方政府对金属矿山的扶持力度及财政补贴值 f 的大小，全面实施财政补贴为 f，不全面实施绿色开采的财政补贴为 0，此时地方政府成本也为 0，另外，污染处罚和税费等额度不变。监管机构受到地方政府的问责处罚出现在金属矿山非绿色开采而监管机构非严格监管的情形下，对应 u_{r4} 和 u_{r8}，采用第三方监管不考虑金属矿山与监管机构的合谋行为，另外，地方政府采取双重监管机制以保障政府利益最大化。

结合上述内容，综合考虑了各博弈主体之间合作对抗的关系，分别建立了金

121

属矿绿色开采三方博弈策略集对应效用函数。

$(u_{g1}, u_{m1}, u_{r1}) = (-a-f+l, k-b+f-l, h-d)$;

$(u_{g2}, u_{m2}, u_{r2}) = (-a-f+l, k-b+f-l, h)$;

$(u_{g3}, u_{m3}, u_{r3}) = (-a+e+l, k-c-e-l, h-d)$;

$(u_{g4}, u_{m4}, u_{r4}) = (-a+e+g+l, k-c-e-l, h-g)$;

$(u_{g5}, u_{m5}, u_{r5}) = (l, k-b-l, h-d)$;

$(u_{g6}, u_{m6}, u_{r6}) = (l, k-b-l, h)$;

$(u_{g7}, u_{m7}, u_{r7}) = (l+e, k-c-e-l, h-d)$;

$(u_{g8}, u_{m8}, u_{r8}) = (l+e+g, k-c-e-l, h-g)$。

5.3.1.3 金属矿绿色开采模仿动态方程计算

假设在一个数量较大的群体中，博弈主体之间以随机匹配的形式进行博弈，依据前面金属矿绿色开采三个博弈主体随机匹配形成的 8 种策略组合，假设地方政府全面实施绿色开采战略的概率为 x，相应地地方政府不全面实施绿色开采战略的概率为 $(1-x)$；同样，金属矿山进行绿色开采的概率为 y，不进行绿色开采的概率则为 $(1-y)$；监管机构进行严格监管的概率为 z，不严格监管的概率为 $(1-z)$。经计算，得到金属矿绿色开采政策实施相关博弈主体收益矩阵，见表 5-7，政策实施博弈主体效用函数及对应概率，见表 5-8。

表 5-7　金属矿绿色开采政策实施相关博弈主体收益矩阵

博弈主体 策略及概率	全面实施(x)		非全面实施($1-x$)	
	绿色开采(y)	非绿色开采($1-y$)	绿色开采(y)	非绿色开采($1-y$)
严格监管(z)	(u_{g1}, u_{m1}, u_{r1})	(u_{g3}, u_{m3}, u_{r3})	(u_{g5}, u_{m5}, u_{r5})	(u_{g7}, u_{m7}, u_{r7})
非严格监管($1-z$)	(u_{g2}, u_{m2}, u_{r2})	(u_{g4}, u_{m4}, u_{r4})	(u_{g6}, u_{m6}, u_{r6})	(u_{g8}, u_{m8}, u_{r8})

表 5-8　政策实施博弈主体效用函数及对应概率

博弈主体	事件概率	效用函数	概率
政府	x	$(u_{g1}, u_{g2}, u_{g3}, u_{g4})$	$\{yz, y(1-z), (1-y)z, (1-y)(1-z)\}$
	$1-x$	$(u_{g5}, u_{g6}, u_{g7}, u_{g8})$	$\{yz, y(1-z), (1-y)z, (1-y)(1-z)\}$
金属矿山	y	$(u_{m1}, u_{m2}, u_{m5}, u_{m6})$	$\{xz, x(1-z), (1-x)z, (1-x)(1-z)\}$
	$1-y$	$(u_{m3}, u_{m4}, u_{m7}, u_{m8})$	$\{xz, x(1-z), (1-x)z, (1-x)(1-z)\}$
监管机构	z	$(u_{r1}, u_{r3}, u_{r5}, u_{r7})$	$\{xy, x(1-y), (1-x)y, (1-x)(1-y)\}$
	$1-z$	$(u_{r2}, u_{r4}, u_{r6}, u_{r8})$	$\{xy, x(1-y), (1-x)y, (1-x)(1-y)\}$

根据以上推论和计算, 令地方政府采取全面实施绿色开采战略的适应度为 U_1, 其采取不全面实施绿色开采战略的适应度为 U_2, 同时已知各策略对应的概率, 那么通过计算分别得到地方政府各策略的预期收益即平均预期适应度为 $\overline{U}_{12}$。

$$U_1 = (u_{g1}, u_{g2}, u_{g3}, u_{g4}). * \{yz, y(1-z), (1-y)z, (1-y)(1-z)\} \quad (5-1)$$

$$U_2 = (u_{g5}, u_{g6}, u_{g7}, u_{g8}). * \{yz, y(1-z), (1-y)z, (1-y)(1-z)\} \quad (5-2)$$

$$\overline{U}_{12} = xU_1 + (1-x)U_2 \quad (5-3)$$

根据演化博弈思想以及前面的理论方法, 计算得到地方政府的模仿动态方程。令 $J(x, y, z) = dx/dt$ 表示地方政府选择全面实施绿色开采战略的种群数量随时间的变化率, 其数值与纯策略适应度与平均适应度的差值有关, 根据式(5-1)~式(5-3)计算得到地方政府的平均适应度以及模仿动态方程。

$$J(x, y, z) = dx/dt = x(1-x)(U_1 - U_2) = x(1-x)(-a-yf) \quad (5-4)$$

令金属矿山进行绿色开采的适应度为 U_3, 则金属矿山非绿色开采的适应度为 U_4, 同时已知金属矿山各策略对应的概率, 那么就可以通过计算分别得到金属矿山各策略的预期收益即平均预期适应度为 $\overline{U}_{34}$。

$$U_3 = (u_{m1}, u_{m2}, u_{m5}, u_{m6}). * \{xz, x(1-z), (1-x)z, (1-x)(1-z)\} \quad (5-5)$$

$$U_4 = (u_{m3}, u_{m4}, u_{m7}, u_{m8}). * \{xz, x(1-z), (1-x)z, (1-x)(1-z)\} \quad (5-6)$$

$$\overline{U}_{34} = yU_3 + (1-y)U_4 \quad (5-7)$$

同样, 令 $K(x, y, z) = dy/dt$, 同时根据式(5-5)~式(5-7)计算得到金属矿山绿色开采的平均适应度以及模仿动态方程。

$$K(x, y, z) = dy/dt = y(1-y)(U_3 - U_4) = y(1-y)(-b+c+e+xf) \quad (5-8)$$

令监管机构进行严格监管的适应度为 U_5, 监管机构进行不严格监管的适应度为 U_6, 同时已知监管机构各策略对应的概率, 那么就可以通过计算分别得到监管机构各策略的预期收益即平均预期适应度为 $\overline{U}_{56}$。

$$U_5 = (u_{r1}, u_{r3}, u_{r5}, u_{r7}). * \{xy, x(1-y), (1-x)y, (1-x)(1-y)\} \quad (5-9)$$

$$U_6 = (u_{r2}, u_{r4}, u_{r6}, u_{r8}). * \{xy, x(1-y), (1-x)y, (1-x)(1-y)\} \quad (5-10)$$

$$\overline{U}_{56} = zU_5 + (1-z)U_6 \quad (5-11)$$

最后, $L(x, y, z) = dz/dt$, 根据式(5-9)~式(5-11)计算得到第三方监管机构绿色开采的平均适应度以及模仿动态方程。

$$L(x, y, z) = dz/dt = z(1-z)(U_5 - U_6) = z(1-z)(-d+g-yg) \quad (5-12)$$

5.3.2 金属矿绿色开采政策实施博弈分析

5.3.2.1 政策实施博弈主体模仿动态分析

模仿动态方程可用于表示种群中个体对某一策略的模仿, 当系统达到稳定时，种群中模仿该策略的个体不随时间改变，即达到了演化稳定状态。对于金属矿绿色开采而言，政策可以表示为是否绿色开采，稳定状态可以描述为不再有新的金属矿山进行绿色开采且不再有绿色开采矿山转变为非绿色开采。因此，整理计算得到演化博弈系统的稳定点。

式(5-4)、式(5-8)、式(5-12)代表金属矿绿色开采政策实施演化博弈系统中的群体动态，也可以用下面的方程组表示：

$$\begin{cases} J(x,y,z)=x(1-x)(-a-yf) \\ K(x,y,z)=y(1-y)(-b+c+e+xf) \\ L(x,y,z)=z(1-z)(-d+g-yg) \end{cases} \quad (5-13)$$

令模仿动态方程为0，即可求解得到金属矿绿色开采系统演化博弈稳定点。

$$F(x,y,z)=\begin{cases} J(x,y,z)=dx/dt \\ K(x,y,z)=dy/dt \\ L(x,y,z)=dz/dt \end{cases}=0 \quad (5-14)$$

①当 $J(x,y,z)$，即 $x(1-x)(-a-yf)=0$，$x=0$ 是 x 的稳定解，而 $x=1$ 不是 x 的稳定解。

证明1：政府的模仿动态方程的导数可以表示为

$$J'(x,y,z)=(1-2x)(-a-yf) \quad (5-15)$$

因为 $-a-yf<0$ 恒成立，$J'(x,y,z)|_{x=0}<0$，$J'(x,y,z)|_{x=1}>0$，此时 $x=0$ 为演化博弈稳定点，$x=0$ 是 x 的稳定解，$x=1$ 不是 x 的稳定解，政府政策实施模仿动态相位见图5-11。

②$K(x,y,z)=0$，即 $y(1-y)(-b+c+e+xf)=0$，当 $x=x^*=(b-c-e)/f$ 时，所有的策略均处于稳定状态；当 $x\neq x^*$ 时，$y=0$ 和 $y=1$ 是 y 的两个稳定解。

证明2：金属矿山模仿动态方程的导数可以表示为

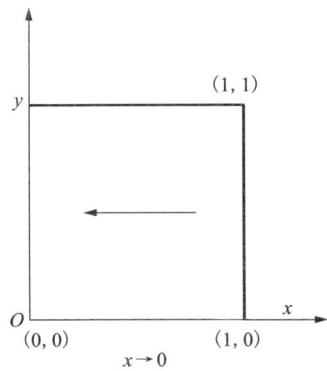

图5-11 政府政策实施模仿动态相位图

$$K'(x,y,z)=(1-2y)(-b+c+e+xf) \quad (5-16)$$

若 $-b+c+e+xf<0$，即 $0<x<(b-c-e)/f$，$0<x<x^*$ 恒成立，$K'(x,y,z)|_{y=0}<0$，$K'(x,y,z)|_{y=1}>0$，若 $y=0$ 为演化博弈稳定点，需要满足 $x^*>0$，由 $x^*>0$ 推断得到 $e<b-c$；若 $-b+c+e+xf>0$，即 $x>(b-c-e)/f$，$1>x>x^*$ 恒成立，$K'(x,y,z)|_{y=0}>0$，$K'(x,y,z)|_{y=1}<0$，若 $y=1$ 为演化博弈稳定点，需要满足 $x^*<1$，否则 $x>x^*$ 无意义，由 $x^*<1$ 推断得到 $f>b-c-e$。金属矿山政策实施模仿动态相位图见图5-12。

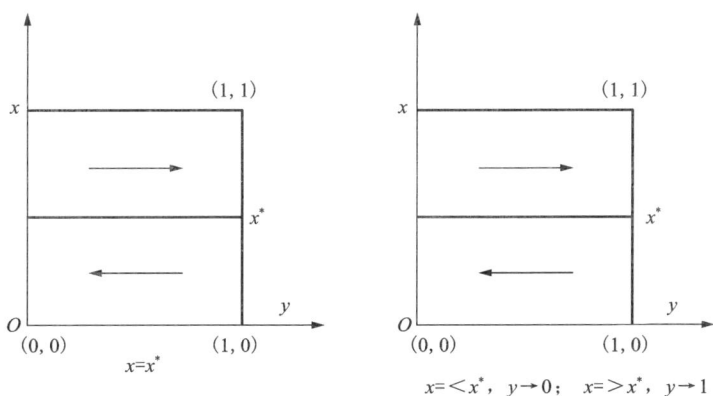

图 5-12　金属矿山政策实施模仿动态相位图

③当 $L(x, y, z) = 0$，即 $z(1-z)(-d+g-yg) = 0$，此时 $z = 0$ 或 $z = 1$ 或 $y = y^* = (g-d)/g$。当 $y = y^* = (g-d)/g$ 时，所有的策略均处于稳定状态；当 $y \neq y^*$ 时，$z = 0$ 和 $z = 1$ 是 z 的两个稳定解。

证明 3： 监管机构的模仿动态方程的导数可以表示为

$$L'(x, y, z) = (1-2z)(-d+g-yg) \qquad (5-17)$$

当 $-d+g-yg > 0$ 时，$g > d/(1-y)$，$y < y^*$ 恒成立，$L'(x, y, z)|_{z=0} > 0$，$L'(x, y, z)|_{z=1} < 0$，$z = 1$ 为演化博弈稳定点，此时说明地方政府对监管机构的问责处罚力度大，监管成本 d 相对较小，第三方监管机构选择严格监管；当 $-d+g-yg < 0$ 时，$g < d/(1-y)$，$y > y^*$ 恒成立，$L'(x, y, z)|_{z=0} < 0$，$L'(x, y, z)|_{z=1} < 0$，$z = 0$ 为演化稳定点。此时数值说明第三方监管机构监管成本 d 较高，问责处罚力度 g 较小，第三方监管机构选择非严格监管为其稳定策略。监管机构政策实施模仿动态相位图见图 5-13。

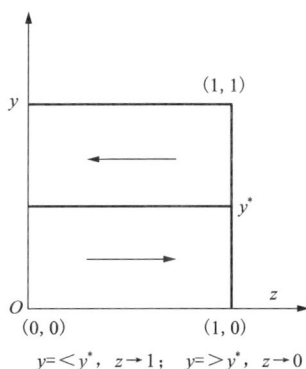

图 5-13　监管机构政策实施模仿动态相位图

5.3.2.2　金属矿绿色开采政策实施模仿动态系统的稳定性分析

从博弈主体的模仿动态分析中发现，x 的变化会引起 y、z 的变化，即地方政府的政策将会直接影响金属矿山和监管机构的策略。因此我们认为 y、z 与 x 相关，首先分析地方政府和金属矿山的策略选择，然后分析地方政府与监管机构之间的策略选择，在分析 x 和 y 的时候，可以把 z 当作常数，同样，在分析 x 和 z 的时候，可以把 y 当作常数。

根据演化博弈理论,模仿动态方程反映了博弈主体在博弈过程中收敛的方向和速度。通过分析地方政府与金属矿山博弈系统,可以发现稳定点,即通过联立式(5-4)和式(5-8)组成新的方程组。

$$\begin{cases} J(x, y, z) = dx/dt = x(1-x)(-a-yf) = 0 \\ K(x, y, z) = dy/dt = y(1-y)(-b+c+e+xf) = 0 \end{cases} \quad (5-18)$$

通过式(5-18)计算得到地方政府与金属矿山的组成的系统的雅可比矩阵 J_1:

$$J_1 = \begin{pmatrix} \dfrac{\partial J(x, y, z)}{\partial x} & \dfrac{\partial J(x, y, z)}{\partial y} \\ \dfrac{\partial K(x, y, z)}{\partial x} & \dfrac{\partial K(x, y, z)}{\partial y} \end{pmatrix} = \begin{pmatrix} \pi_1 & \pi_2 \\ \pi_3 & \pi_4 \end{pmatrix}$$

$$\pi_1 = (1-2x)(-a-yf) \quad (5-19)$$

$$\pi_2 = x(x-1)f \quad (5-20)$$

$$\pi_3 = y(1-y)f \quad (5-21)$$

$$\pi_4 = (1-2y)(-b+c+e+xf) \quad (5-22)$$

通过分析雅可比矩阵的行列式和迹值的符号,可以判断系统模仿动态方程稳定点的稳定性。

$$\det(J_1) = \pi_1\pi_4 - \pi_2\pi_3 \quad (5-23)$$

$$\mathrm{tr}(J_1) = \pi_1 + \pi_4 \quad (5-24)$$

当 $\det(J_1) > 0$ 以及 $\mathrm{tr}(J_1) < 0$ 时,稳定点附近趋近于演化稳定状态。同时当演化策略达到稳定时,(x, y) 平面内存在 3 个模仿动态稳定点,即 $(0, 0)$、$(0, 1)$、(x^*, y^*)。通过计算发现政府不全面实施绿色开采;当 $e < b-c$ 时,金属矿山选择非绿色开采,当 $e > b-c$ 时,金属矿山选择绿色开采作为其占优策略。这说明污染处罚数额起着关键作用,当污染处罚大于金属矿山绿色开采的相对成本($b-c$,相对于非绿色开采)时,金属矿山的占优策略是进行绿色开采,地方政府与金属矿山系统演化相图见图 5-14。

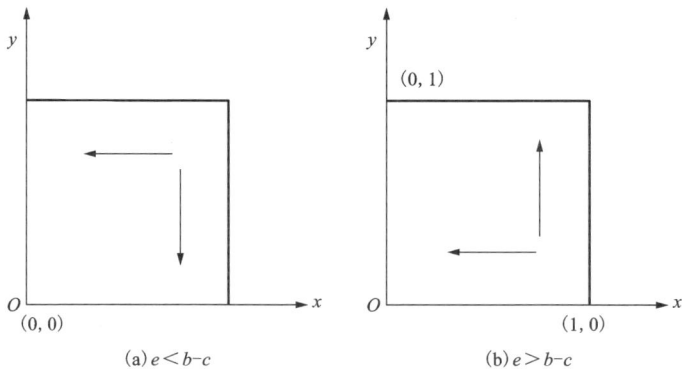

(a) $e < b-c$ (b) $e > b-c$

图 5-14 地方政府与金属矿山系统演化相图

地方政府与金属矿山系统稳定性分析结果见表5-9。

表 5-9　地方政府与金属矿山系统稳定性分析

稳定点(x, y)	J_1行列式符号	J_1迹值符号	结果	条件
$(0, 0)$	+	−	稳定	$c+e<b$
$(0, 1)$	+	−	稳定	$c+e>b$
(x^*, y^*)	0	0	鞍点	0, 0

通过分析政府与金属矿山博弈系统，即联立式(5-4)和式(5-12)组成新的方程组如下：

$$\begin{cases} J(x, y, z)=\mathrm{d}x/\mathrm{d}t=x(1-x)(-a-yf)=0 \\ L(x, y, z)=\mathrm{d}z/\mathrm{d}t=z(1-z)(-d+g-yg)=0 \end{cases} \quad (5-25)$$

通过式(5-25)计算得到政府与金属矿山组成的系统的雅可比矩阵J_2：

$$J_2=\begin{pmatrix} \dfrac{\partial J(x, y, z)}{\partial x} & \dfrac{\partial J(x, y, z)}{\partial z} \\ \dfrac{\partial L(x, y, z)}{\partial x} & \dfrac{\partial L(x, y, z)}{\partial z} \end{pmatrix}=\begin{pmatrix} \pi_5 & \pi_6 \\ \pi_7 & \pi_8 \end{pmatrix}$$

$$\pi_5=(1-2x)(-a-yf) \quad (5-26)$$

$$\pi_6=x(1-x)(1-z)l \quad (5-27)$$

$$\pi_7=0 \quad (5-28)$$

$$\pi_8=(1-2z)(-d+g-yg) \quad (5-29)$$

同样，可以通过分析雅可比矩阵的行列式和迹值的符号来判断金属矿绿色开采系统内方程稳定点的稳定性。

$$\det(J_2)=\pi_5\pi_8-\pi_6\pi_7 \quad (5-30)$$

$$\mathrm{tr}(J_2)=\pi_5+\pi_8 \quad (5-31)$$

当$\det(J_2)>0$以及$\mathrm{tr}(J_2)<0$时，稳定点附近趋近于演化稳定状态。当演化策略达到稳定时，(x, z)平面内存在3个模仿动态稳定点，即$(0, 0)$、$(0, 1)$、(x^{**}, z^{**})。通过计算发现，当地方政府不实行绿色开采政策时，若$g<d/(1-y)$，监管机构会选择非严格监管，因为问责处罚额度小于监管机构监管成本；若$g>d/(1-y)$，即地方政府问责处罚额度大于监管机构成本时，监管机构会选择严格监管以规避处罚。地方政府与金属矿山系统演化相图见图5-15。金属矿山与监管机构系统稳定性分析结果见表5-10。

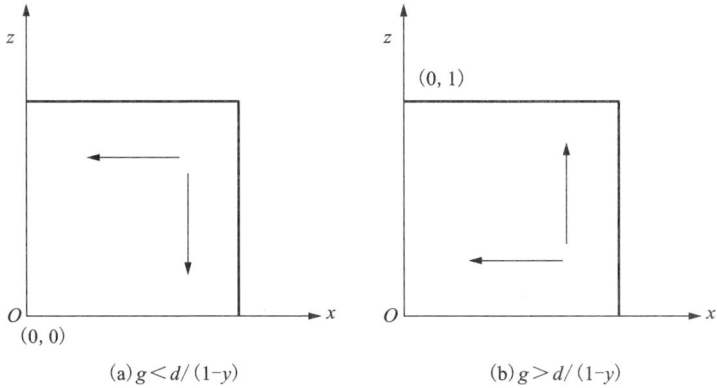

图 5-15　地方政府与监管机构系统演化相图

表 5-10　金属矿山与监管机构系统稳定性分析

均衡解 (x, z)	J_2 行列式符号	J_2 迹值符号	结果	条件
$(0, 0)$	+	−	稳定	$g < d/(1-y)$
$(0, 1)$	+	−	稳定	$g > d/(1-y)$
(x^{**}, z^{**})	0	0	鞍点	0, 0

此外，还可以分析金属矿绿色开采整个系统的稳定性，构建如下雅可比矩阵：

$$J = \begin{vmatrix} \dfrac{\partial J(x, y, z)}{\partial x} & \dfrac{\partial J(x, y, z)}{\partial y} & \dfrac{\partial J(x, y, z)}{\partial z} \\ \dfrac{\partial K(x, y, z)}{\partial x} & \dfrac{\partial K(x, y, z)}{\partial y} & \dfrac{\partial K(x, y, z)}{\partial z} \\ \dfrac{\partial L(x, y, z)}{\partial x} & \dfrac{\partial L(x, y, z)}{\partial y} & \dfrac{\partial L(x, y, z)}{\partial z} \end{vmatrix}$$

考虑到整个系统分析计算量特别繁杂，此处不再详细计算，可以给参数赋值后采用计算仿真研究整个系统的稳定性，研究是否存在演化稳定均衡。同时也可以在参数设定过程中考虑如何促进金属矿山进行绿色开采，研究参数变化对系统稳定性的影响。

5.3.2.3　金属矿绿色开采演化博弈参数赋值

金属矿绿色开采演化博弈系统模型设置初始时间为 0，最终时间为 20，时间单位为月，积分类型采用欧拉（Euler）积分法，模型中各变量取值通过咨询相关专家和参考同类研究确定，然后对所有数据进行数据处理，使其具有相容性。金属矿绿色开采演化博弈参数见表 5-11。

表 5-11　金属矿绿色开采演化博弈参数赋值

参数	符号释义	参数取值
a	地方政府实施绿色开采的成本，元，$a>0$	5
b	金属矿山执行绿色开采的成本，元，$b>0$	9
c	金属矿山不进行绿色开采的成本，元，$0<c<b$	6
d	监管机构监管金属矿山绿色开采成本，元，$d>0$	2
e	地方政府对金属矿山污染的处罚，元，$e>0$	2
f	地方政府对金属矿山绿色开采的补贴，元，$f>0$	2
g	地方政府对监管机构的问责处罚，元，$g>0$	3
h	地方政府支付给监管机构的劳务费用，元，$h>g$，$h>d$	3
k	金属矿山正常开采收益，元，$k>b>c>0$	10
l	地方政府对金属矿山征收的税费，元，$l \geqslant f$	1

根据表 5-11 和前面计算所得的各博弈主体的效用函数，得到如图 5-16 所示的金属矿绿色开采演化博弈收益矩阵。从各方博弈主体的收益矩阵中发现：政府全面实施绿色开采需要投入较多资金，包括财政补贴、绿色矿山奖励以及绿色监管的合规建设，所以从地方政府实施绿色开采的收益为负；从金属矿山的角度来看，在地方政府全面实施绿色开采政策的情况下金属矿山进行绿色开采是占优的，在地方政府不实行绿色开采政策的情况下，金属矿山非绿色开采是占优的；监管机构在金属矿山绿色开采时非严格监管和在金属矿山非绿色开采时严格监管是占优的。

5.3.3　金属矿绿色开采政策实施博弈结果

将表 5-11 中的参数代入式（5-13）中可以得到金属矿绿色开采系统的模仿动态方程：

$$J(x, y, z) = x(1-x)(-5-2y)$$
$$K(x, y, z) = y(1-y)(2x-1)$$
$$L(x, y, z) = z(1-z)(1-3y)$$

（5-32）

根据演化博弈原理和式（5-32）自编程建立演化博弈程序，对金属矿绿色开

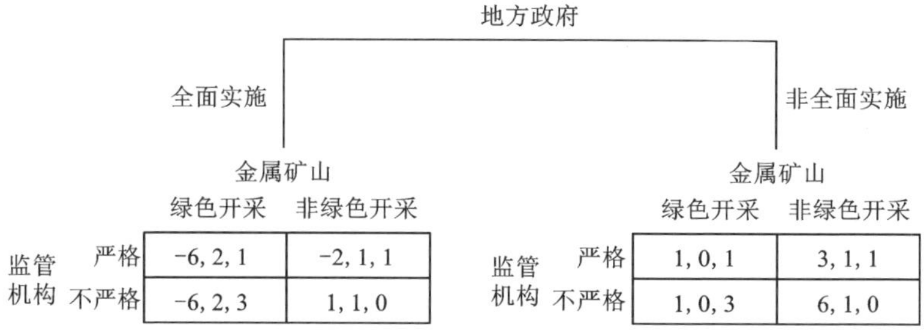

图 5-16　金属矿绿色开采演化博弈收益矩阵

采演化博弈系统进行了分析，系统演化博弈结果见图 5-17，政府全面实施绿色开采演化结果见图 5-18。从图 5-17 看出，监管机构最优策略是严格监管，而政府只从经济收益层面来讲的最优策略是不实施绿色开采战略，金属矿最优策略是不进行绿色开采。

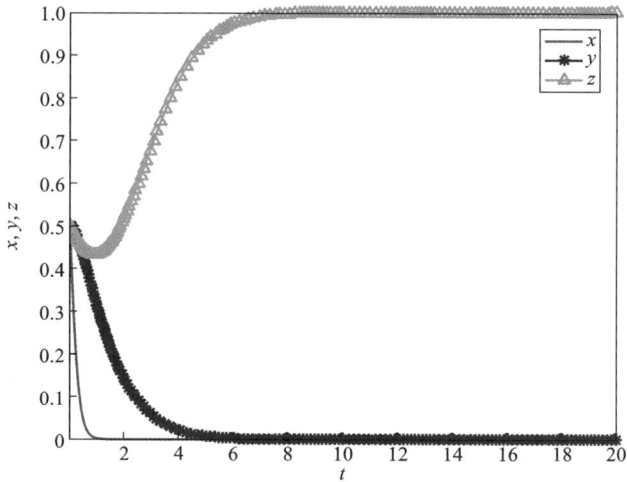

图 5-17　金属矿绿色开采系统演化博弈结果

在政府全面实施绿色开采政策的情况下，分析了金属矿和监管机构策略初始值对其博弈演化进程的影响，策略初始值对演化的影响见图 5-19。对比图 5-19(a) 和图 5-19(b) 可以看出，只有在政府全面实施绿色开采政策的情况下 ($x=1$)，金属矿才会进行绿色开采；对比分析图 5-19(c) 和图 5-19(d) 可以发现，金属矿非绿色开采的情况下，监管机构最优策略为严格监管，金属矿绿色开采的情况下，监管机构最优策略为非严格监管，这与前面分析的数值结果一致。

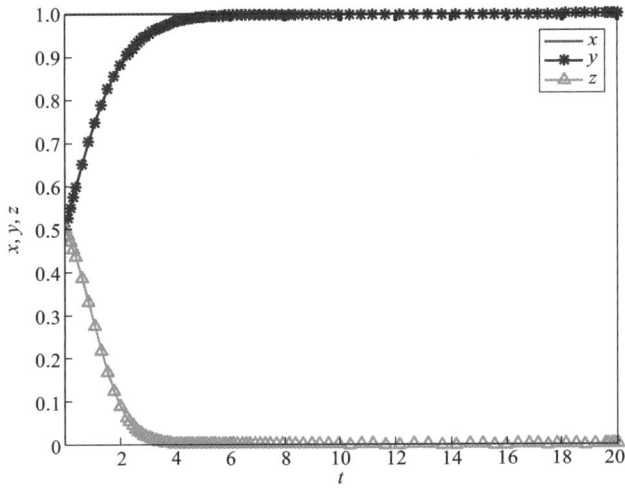

图 5-18　政府全面实施绿色开采演化结果

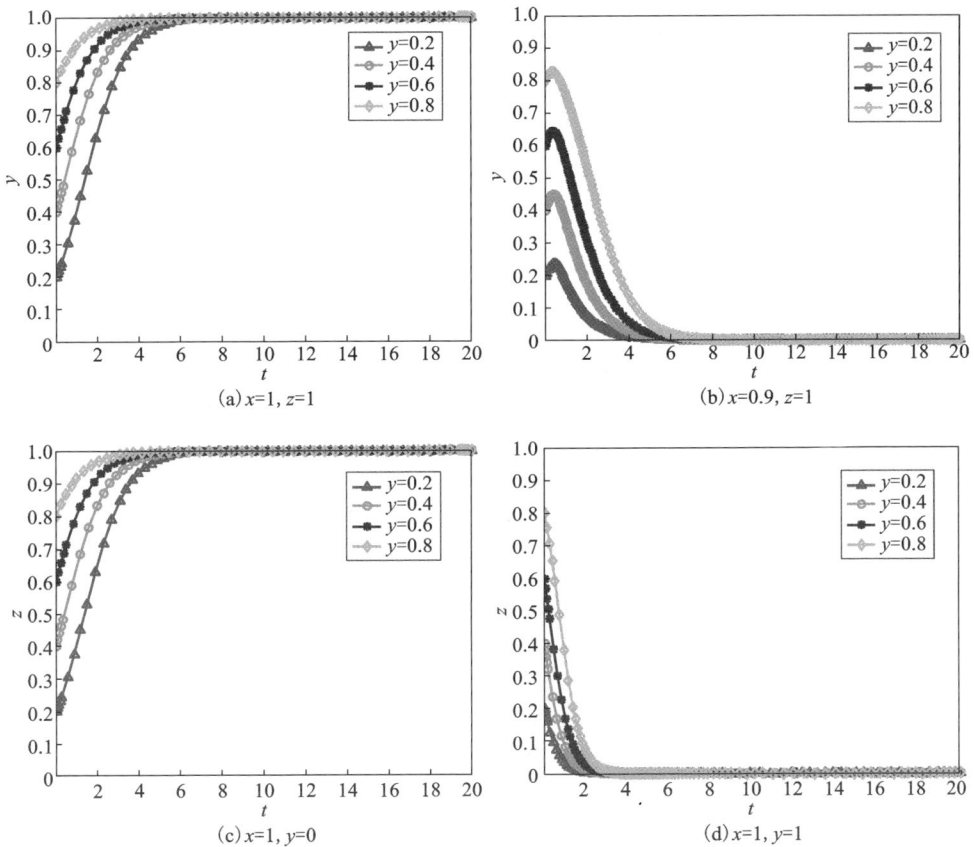

(a) x=1, z=1

(b) x=0.9, z=1

(c) x=1, y=0

(d) x=1, y=1

图 5-19　策略初始值对演化的影响

约束政策对金属矿绿色开采的影响见图 5-20，从图 5-20 中可以发现，在政府主导绿色开采的情况下，污染处罚金额越大，金属矿绿色开采收敛速度越快。这表明适当增加污染处罚金额有利于金属矿绿色开采。

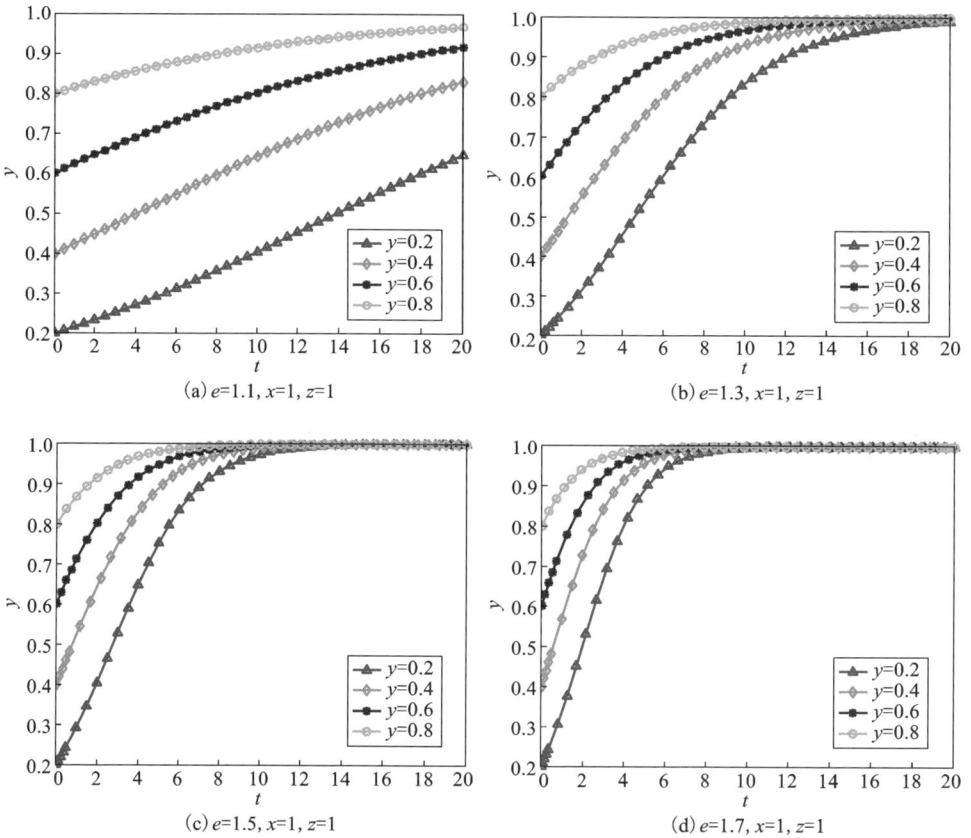

图 5-20　约束政策对金属矿绿色开采的影响

激励政策对金属矿绿色开采的影响见图 5-21，由图 5-21 可以发现，在政府主导绿色开采的情况下，政府财政补贴的力度越大，金属矿进行绿色开采所需要的时间变短，绿色开采收敛速度越快。这表明政府在实施绿色开采过程中加大政策扶持力度更有利于绿色开采。

政府激励与约束政策对金属矿绿色开采的影响见图 5-22，由图 5-22 可以发现，在激励与约束双重措施的干预下，金属矿进行绿色开采的收敛速度远高于单个政策的干预。政府的激励与约束政策都有利于促进绿色开采，两者需要相辅相成，共同作用于金属矿才能形成绿色开采长效机制。

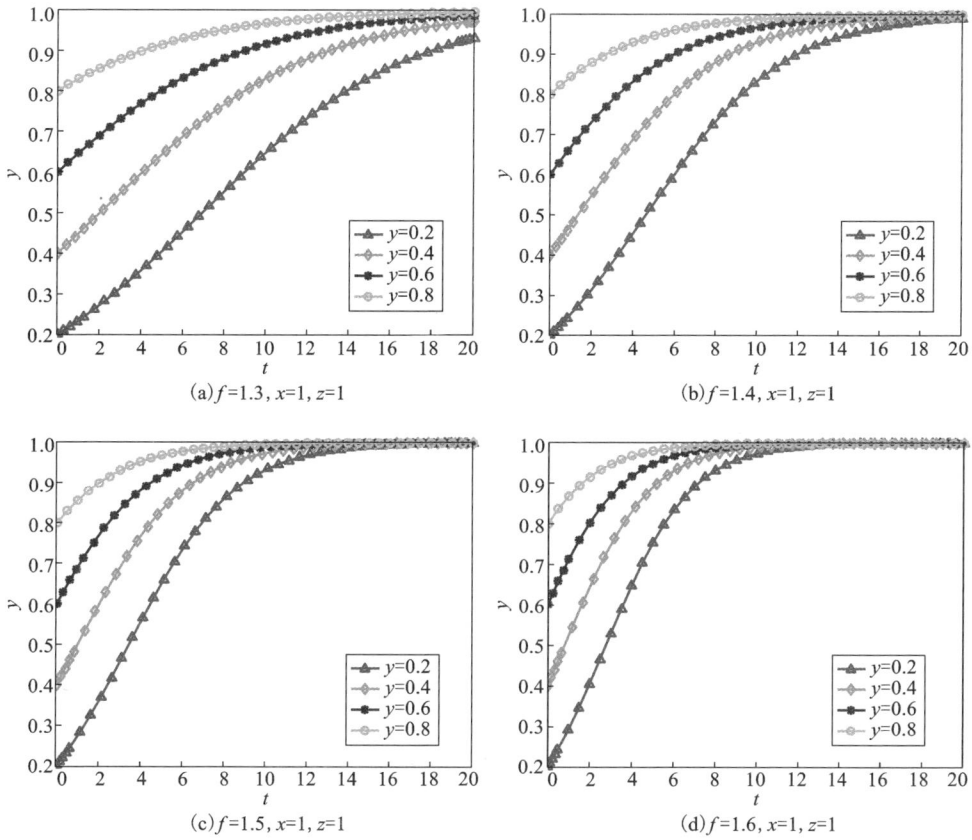

图 5-21　激励政策对金属矿绿色开采的影响

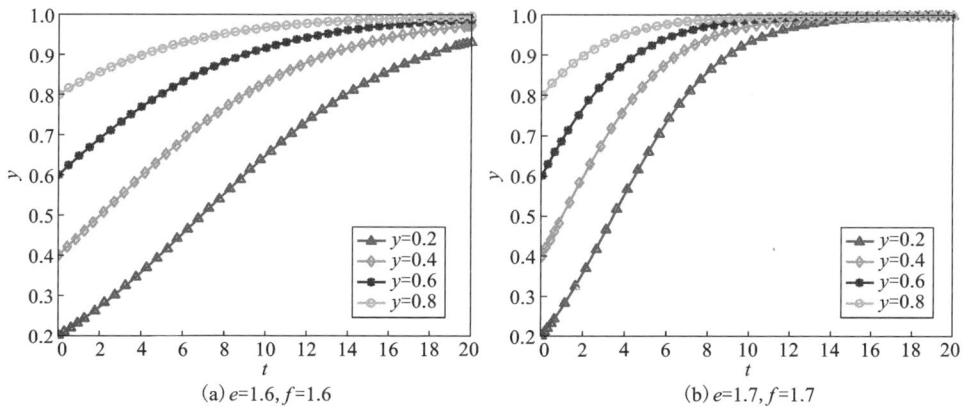

图 5-22　政府激励与约束对金属矿绿色开采的影响

政府对监管机构的问责处罚对绿色开采监管的影响见图 5-23。

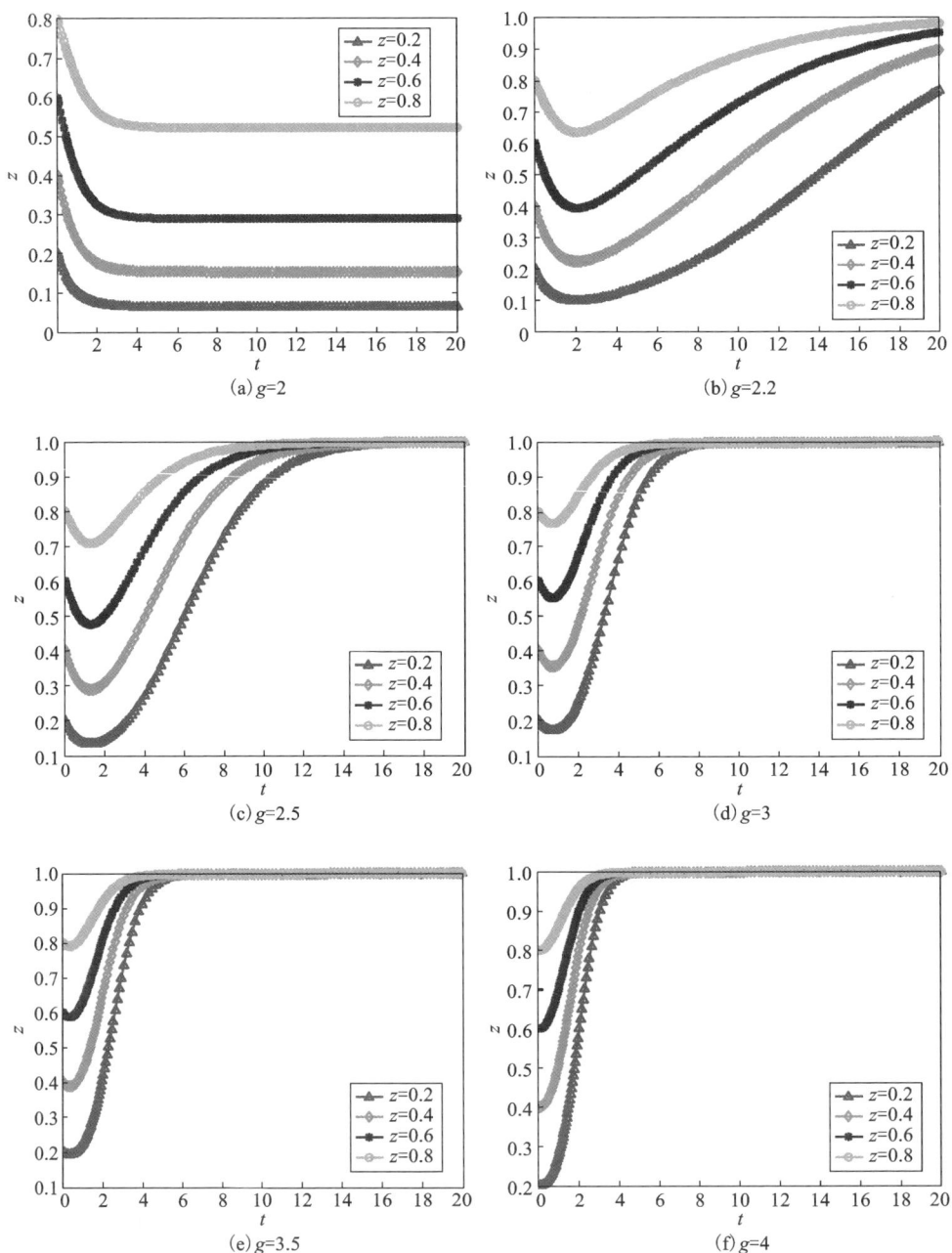

图 5-23　问责处罚对绿色开采监管的影响

由图 5-23(a)可以看出,当问责处罚额度较小,而监管成本较高时,监管机构选择非严格监管;图 5-23(b)表明,当问责处罚额度大于监管成本时,系统朝着演化稳定发展,但收敛所需要的时间较长;从图 5-23(c)~图 5-23(f)中可以发现,随着政府对监管机构的问责处罚额度逐渐增大,监管机构进行严格监管并达到演化稳定状态收敛速度越来越快,所需的时间也越来越短。因此,政府问责处罚额度需要大于监管成本,合理设定问责处罚额度有利于监管机构积极履行合约,实现绿色开采的常态化监管。

5.4 金属矿绿色开采政策效益分析

5.4.1 金属矿绿色开采政策分类方法

绿色开采政策主要来源于现有相关绿色产业政策,如资源开发模式、工矿用地标准、节能环保指标、金融信贷税率、技术研发补贴等,它们从不同角度要求规范绿色开采。首先,政策初步形成后交由政策执行部门,直接执行部门为矿山企业,间接执行部门为各经济、环境、科技监管部门。其次,监管部门从矿山企业获取相关考核指标,反馈给政策制定部门,然后分析相关考核指标得出结果,再根据结果制定针对矿山的政策细则,指导矿山开采。绿色开采政策从作用形式上可以分为法律机制及经济学机制,经济学机制主要制定系列矿业税费制度,由税务部门通过激励和惩罚两种手段执行。基于效益分析的绿色开采政策分类见图 5-24。

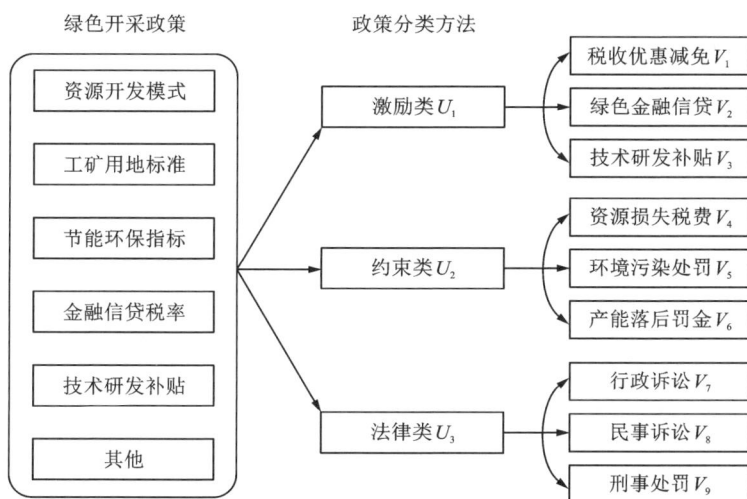

图 5-24 基于效益分析的绿色开采政策分类

135

5.4.2 金属矿绿色开采政策效益评价

5.4.2.1 政策效益分析指标

张永安等[135]在技术创新政策评价中考虑了政策力度、政策目标、政策措施、政策作用对象四个维度，杜春丽等[136]从资源、环境、社会、经济四个维度考虑了政策绩效评价，Dan 等[137]从经济、社会、生态三个维度评价了京津冀协同发展政策，Arlinda 等[138]从政策内容、执行力、影响三个维度进行了政策挑战和实施评估。本节参考其他政策评价指标，结合金属矿绿色开采政策独有的特点得出了绿色开采政策效益评价指标，具体见表5-12。

表 5-12 绿色开采政策效益评价指标

效益评价指标	符号释义
生态性 T_1	该项政策对矿山企业进行清洁生产的促进程度
经济性 T_2	该项政策落实对社会、矿山企业经济的促进程度
社会性 T_3	整个政策落实需要投入的资源、人力、物力等社会成本
执行力 T_4	政策执行难易程度、落地难易程度及权威性

绿色开采政策是为了推动矿山清洁生产和经济可持续发展。绿色开采博弈分析[12, 139]中指出，绿色开采的目的是达到生态性和经济性，社会性与执行力也会直接影响生态经济指标。假设这4个评价指标相互联系、相互影响，且每个指标相互影响程度不同，因此需要综合考虑各方面因素，确定影响因子大小。为了客观地表示指标间的相互关系及权重，在此引入灰色关联度算法（用灰色关联 MATLAB 程序计算），然后将所得权重进行标准化处理，经计算得到 $T_1 = 0.2413$，$T_2 = 0.2572$，$T_3 = 0.2709$，$T_4 = 0.2305$，评价指标相互关系见图5-25。

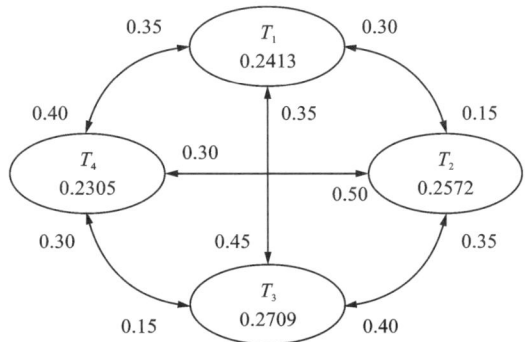

图 5-25 评价指标相互关系图

5.4.2.2　政策效益分析方法

（1）层次分析法

层次分析法是把与决策相关的元素按照一定的条理分解为目标、准则、方案等层次，构造出一个有层次的结构模型[140]。目标层是金属矿绿色开采政策效益 T，准则（制度）层是政策方向 U，方案层是各项具体政策 V。采用因子对比来构建正互反判断矩阵 U：

$$U = \begin{bmatrix} b_{11} & b_{12} & \cdots & b_{1n} \\ b_{21} & b_{22} & \cdots & b_{2n} \\ \vdots & \vdots & \ddots & \vdots \\ b_{n1} & b_{n2} & \cdots & b_{nn} \end{bmatrix} \tag{5-33}$$

设准则层指标 U_i 的权重为 w_{bi}，表示如下[23]：

$$w_{bi} = \frac{M_i^{\frac{1}{n}}}{\sum\limits_{i=1}^{n} M_i^{\frac{1}{n}}}, \quad M_i = \prod_{j=1}^{n} b_{ij} \tag{5-34}$$

式中：M_i 为判断矩阵各行元素的乘积；b_{ij} 为判断矩阵中的元素，表示准则层的相对重要度。根据不同指标分别比较判断准则层和方案层的相对重要度，构建比较判断矩阵并进行一致性检验得到各评价指标下的主观权重；参考相关文献[141-143] 和咨询相关领域专家，比较判断准则层和方案层的相对重要度，初步构造判断矩阵，并通过一致性验算方法检验结果。计算一致性指标 C_I，计算公式为：

$$C_I = \frac{\lambda_{\max} - n}{n - 1} \tag{5-35}$$

式中：n 为判断矩阵的秩；$\lambda_{\max}$ 为判断矩阵的最大特征值。

一致性指标 C_I 越小，判断矩阵的一致性程度越高。当一致性指标与随机一致性指标 R_I 的比值 $C_R < 0.1$ 时，所构造的判断矩阵一致性程度在容许范围内。随机一致性指标[144]的选取数值见表 5-13。

表 5-13　随机一致性指标 R_I 的选取数值

n	1	2	3	4	5	6	7	8	9
R_I	0	0	0.58	0.90	1.12	1.24	1.32	1.41	1.45

计算一致性比例：

$$C_R = C_I / R_I \tag{5-36}$$

方案层总排序一致性比例验算公式为:

$$C_R = \frac{\sum_{i=1}^{m} C_1(j)a_j}{\sum_{i=1}^{m} R_1(j)a_j} \qquad (5-37)$$

式中:a_j 为特征向量;R_1 为随机一致性指标。

(2)模糊综合评价法

模糊综合评价法是一种基于模糊数学的评价方法,其评价步骤为根据评价对象选取合理的评价指标,确定评价指标权重和评价等级,计算评价指标隶属度,金属矿绿色开采政策效益各评价等级的隶属度通过专家评议法和调研统计相结合的方法确定。用 R 表示排序结果,设隶属度矩阵为 S_1、S_2、S_3、S_4,$P = [\,10\ 750\ 50\ 25\,]^T$,计算公式为:

$$W_i = \frac{S_n \times P \times T_n}{\sum_1^n w_i} \qquad (5-38)$$

式中:$n = 1,2,3,4$;w_i 为单项政策指标权重;T_n 为效益评价指标权重。

(3)组合赋权法

组合权重的获取方式通常有加法集成法、乘法集成法、评价结果级差最大化法等方法[145-146]。设由层次分析法得到的绿色开采相关政策权重为 w_1,模糊综合评价法得到的权重为 w_2,w_{1i} 表示由层次分析法得到的第 i 项政策权重,依次类推。这 2 种方法的组合权重 W 为:

$$W = \frac{w_{1i} \times w_{2i}}{\sum_1^n w_{1i}w_{2i}} \qquad (5-39)$$

5.4.3 政策效益分析

以三山岛金矿为例进行政策效益分析,该金矿在开采过程中,严格遵守国家绿色开采相关政策规范,积极推动绿色开采,目前建设了 1000 m 以深绿色开采的示范矿山,矿山生产规模 330 万 t/a。

通过调研发现,该矿山先后完成技术升级投入 1960 万元,技术研发投入 1400 万元,显著降低了矿石损失贫化率、开采成本,新增利润 26.42 亿元;尾矿库实施复垦工程总投资 4830 万元,矿区绿化先后投入资金 2000 余万元,环境治理共计投入 6830 万元,因尾矿购地与处治等费用减少 4.20 亿元;通过资源损失综合治理投入 960 万元,减少贫化新增利润 9783 万元;通过落后产能治理投入 2.7 亿元,降低采矿成本利润 19.08 亿元。

5.4.3.1　三山岛金矿绿色开采政策效益层次分析

三山岛金矿绿色开采政策效益层次分析依据式(5-33)和式(5-34)计算各评价对象权重,采用式(5-35)~式(5-37)验算一致性指标,经验算一致性排序合理,用 R 表示排序结果,三山岛金矿绿色开采政策效益层次分析评价值见表5-14。

表 5-14　三山岛金矿绿色开采政策效益层次分析评价值

政策指标 V	生态性 T_1		经济性 T_2		社会性 T_3		执行力 T_4		政策综合效益 T	
	U	V	U	V	U	V	U	V	w_1	R
税收优惠减免 V_1	0.3558	0.0938	05660	0.1634	0.1095	0.1634	0.0810	0.6144	0.0482	9
绿色金融信贷 V_2		0.1666		0.2970		0.5396		0.2684	0.0786	8
技术研发补贴 V_3		0.7396		0.5396		0.2970		0.1172	0.1530	1
资源损失税费 V_4	0.4524	0.1047	0.3319	0.1540	0.5816	0.5212	0.1884	0.1052	0.1113	5
环境污染处罚 V_5		0.6370		0.2231		0.1370		0.6817	0.1398	3
产能落后罚金 V_6		0.2583		0.6228		0.3418		0.2158	0.1446	2
行政诉讼 V_7		0.5816		0.6250		0.6483		0.0915	0.1295	4
民事诉讼 V_8	0.1918	0.3090	0.1021	0.2385	0.3090	0.2297	0.7306	0.1702	0.0841	7
刑事处罚 V_9		0.1095		0.1365		0.1220		0.7383	0.1110	6

5.4.3.2　三山岛金矿绿色开采政策效益模糊综合评价

本书将绿色开采政策效益分为 4 个等级,以最优的评价因素值为基准(评价值为1.00),然后其余评价等级依据欠优的程度得到相应的评价值,最后得到评价等级矩阵 $\boldsymbol{P} = \begin{bmatrix} 10 & 750 & 50 & 25 \end{bmatrix}^{\mathrm{T}}$,评价等级见表5-15。

表 5-15　绿色开采政策效益评价等级表

评价等级	绿色开采政策效益评价等级说明	等级评价值
Ⅰ	极大促进清洁生产、极易执行、10 亿≤T_2、T_3≤0.1 亿	1.00
Ⅱ	促进清洁生产、易执行、3 亿≤T_2<10 亿、0.1 亿<T_3≤0.5 亿	0.75
Ⅲ	绿色生产及执行力一般、1 亿≤T_2<3 亿、0.5 亿<T_3≤1 亿	0.50
Ⅳ	不利于绿色生产、难执行、T_2<1 亿、T_3>1 亿	0.25

三山岛金矿绿色开采政策效益隶属度由专家评议法和调研概况相结合的方法确定,采用式(5-38)计算,其模糊综合评价值见表5-16。

表5-16 三山岛金矿绿色开采政策效益模糊综合评价值

政策指标 V	生态性 T_1				经济性 T_2				社会性 T_3				执行力 T_4				政策综合效益 T	
	I	II	III	IV	I	II	III	IV	I	II	III	IV	I	II	III	IV	w_2	R
税收优惠减免 V_1	0.2	0.3	0.5	0	0	0.3	0.5	0.2	0	0	0	1	0	0.6	0.4	0	0.0829	9
绿色金融信贷 V_2	0.3	0.3	0.4	0	0.5	0.3	0.2	0	0	0	1	0	0	0.2	0.5	0.3	0.1014	8
技术研发补贴 V_3	0.8	0.2	0	0	1	0	0	0	0	1	0	0	0	0.1	0.8	0.1	0.1292	1
资源损失税费 V_4	0.3	0.7	0	0	0	0	0	1	1	0	0	0	0.2	0.3	0.5	0	0.1108	5
环境污染处罚 V_5	0.9	0.1	0	0	0	1	0	0	0	1	0	0	0	0.3	0.7	0	0.1228	3
产能落后罚金 V_6	0.8	0.2	0	0	1	0	0	0	0	0	0	1	0.6	0.4	0.1	0	0.1242	2
行政诉讼 V_7	0	0.5	0.5	0	0	0	0.5	0.5	0.9	0.1	0	0	0.6	0.3	0.1	0	0.1139	4
民事诉讼 V_8	0	0.4	0.4	0.3	0	0	0.2	0.8	0.7	0.3	0	0	0.7	0.3	0	0	0.1086	6
刑事处罚 V_9	0	0.2	0.8	0	0	0	0	1	0.5	0.5	0	0	1	0	0	0	0.1061	7

5.4.3.3　三山岛金矿绿色开采政策效益组合赋权

根据三山岛金矿层次分析评价值及模糊综合评价值，采用式(5-39)进行组合赋权，得到三山岛金矿绿色开采政策效益综合评价值见表5-17，三山岛金矿绿色开采政策效益综合评价值分布图见图5-26。

表 5-17　三山岛金矿绿色开采政策效益综合评价值

政策指标 V	层次分析法		模糊综合评价法		组合赋权法	
	W	R	W	R	W	R
税收优惠减免 V_1	0.0482	9	0.0829	9	0.0348	9
绿色金融信贷 V_2	0.0786	8	0.1014	8	0.0694	8
技术研发补贴 V_3	0.1530	1	0.1292	1	0.1721	1
资源损失税费 V_4	0.1113	5	0.1108	5	0.1073	5
环境污染处罚 V_5	0.1398	3	0.1228	3	0.1495	3
产能落后罚金 V_6	0.1446	2	0.1242	2	0.1564	2
行政诉讼 V_7	0.1295	4	0.1139	4	0.1285	4
民事诉讼 V_8	0.0841	7	0.1086	6	0.0795	7
刑事处罚 V_9	0.1110	6	0.1061	7	0.1026	6

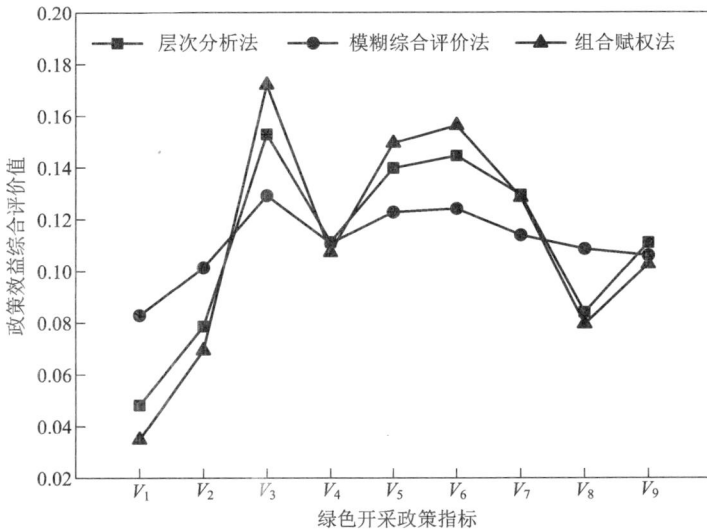

图 5-26　三山岛金矿绿色开采政策效益综合评价值分布图

由图 5-26 可知，三山岛金矿绿色化建设中起关键作用的是技术研发补贴 V_3、产能落后罚金 V_6、环境污染处罚 V_5，这与三山岛金矿通过技术研发降低开采成本、淘汰落后产能产业升级、环境治理带动地方经济发展等的调研情况具有较高一致性，同样，其他矿山在绿色化建设过程中应当主要从这几个方面入手。税收优惠减免 V_1、绿色金融信贷 V_2、民事诉讼 V_8 等政策在三山岛金矿成效不佳的主要原因是税收优惠减免、绿色金融贷款、民事诉讼等手续繁杂，审核周期较长，不利于政策实施，因此政府职能部门应当优化绿色开采相关政策审批流程。最后，综合分析发现惩罚性政策总体效益较好，该类政策执行力、社会性指标较优，对三山岛金矿绿色开采建设起到了良好的鞭策作用。

第6章
金属矿绿色开采评价理论

　　金属矿绿色开采评价指标体系与评价方法是一个全新的研究，研究过程需要充分调研国内外矿山现有的评价指标体系和评价方法，在国内典型的绿色矿山建设研究现状的基础上，充分考虑矿山从规划、开发到闭坑的全过程，以形成适用于矿山全生命周期的综合赋权法，实现指标权重的合理分配，同时对多种评价方法进行比选分析，确定科学合理的量化评价方法，在现有评价指标基础上，提高定量化指标的比例，建立更加完备、更能充分反映绿色矿山水平的评价指标体系。

　　金属矿绿色开采评价指标体系的构建和评价方法的选取，需要充分考虑金属矿绿色开采的特点，参考国内外绿色矿山、绿色开采的评价指标与评价方法，应建立涵盖区域、矿种、规模的绿色开采拓扑结构评价指标体系，该指标体系需要建立在绿色开采模式与技术架构体系构建的基础上，可以较为全面地反映金属矿绿色开采技术现状、绿色开采水平；优选出的基于博弈组合赋权 TOPSIS 评价方法，可以科学合理地实现金属矿绿色开采量化评价。研究所形成的金属矿绿色开采评价理论，可为当前金属矿绿色开采和建设提供相关依据和标准，为矿山绿色开采管理与推进绿色矿山建设提供借鉴。

6.1　金属矿绿色开采评价概述

6.1.1　绿色开采评价相关概念

　　在社会发展过程中，常常需要对某些事物或具体做法，或者一些发生的事情进行多角度的分析和评价。为了与同类事物及情况进行对比，这些分析和评价都要有相应的评判标准和规则，以使得评价结果具有一定的参考价值，并可以依此进行优化。而评价过程，则是依据对应的参考标准对客观事物在相应评价体系内所处位置的分析，从而增加对事物的了解，特别是增加对同类事物的了解[147]。

金属矿绿色开采评价是对金属矿山从事绿色开采活动进行多角度的分析和评价，即依据相对完善的金属矿绿色开采评价指标体系，依托科学合理的评价方法，实现金属矿绿色开采活动的量化评价。量化评价的结果可用于指导金属矿绿色开采建设，增强金属矿山和政府管理机构对绿色开采效果的客观认识。

金属矿绿色开采评价包括两部分内容：一是对金属矿绿色开采的指标进行赋值，权重的大小反映了该指标在绿色开采活动中的重要程度；二是选用合适的评价方法，对整个指标体系进行评价，得到最终的评价结果。由于当前有关金属矿绿色开采评价方法的研究较为欠缺，为此，我们主要借鉴相近行业或同类事物的评价方法，对其加以认识和理解，整理后再用于金属矿绿色开采的评价。

金属矿绿色开采评价系统是一个较为复杂的、包含多层次的评价系统，在对指标进行赋权和选择评价方法时，权重的合理性与方法的正确性将直接影响评价的科学性与评价结果的准确性，进而影响金属矿绿色开采评价的正确性。因此，构建完善的指标体系、确定符合实际的权重、优选合适的评价方法至关重要。

6.1.2　金属矿绿色开采评价的作用

矿山采矿过程管理和性能监测是持续改进的基本前提，而矿山的绩效评估则是促进绿色矿山建设的关键[148]。金属矿绿色开采评价具有深远的意义和广泛的应用价值，能有力地推动矿山进行绿色开采，并成为政府鼓励政策实施的有力工具，金属矿绿色开采评价作用原理见图6-1。

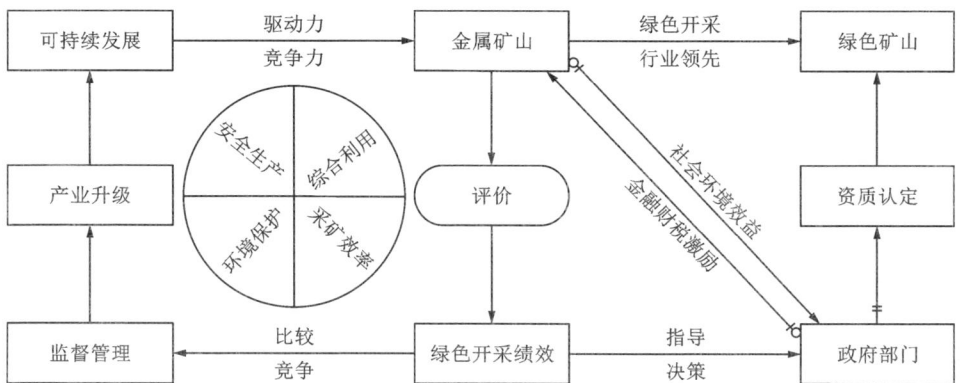

图6-1　金属矿绿色开采评价作用原理

从图6-1中可见，金属矿绿色开采评价最根本的作用是确定矿山绿色开采的绩效，评价之前，矿山绿色开采的水平、绿色开采效果无法确定；评价之后，矿山绿色开采的各项指标数据得以明确，即矿山绿色开采绩效以数字的形式得到直观体现。评价得到的绿色开采绩效具有更为深远的作用，其一是比较和竞争作用，其二是指导和决策作用。通过对同类金属矿绿色开采绩效的比较分析，可以确定各矿山的排名，也可以发现某些矿山存在的问题与不足，同时排名靠前的矿山可以形成示范作用，为排名靠后的矿山指明绿色开采改进和升级的方向；为了实现可持续发展，建设绿色矿山，各矿山必须弥补差距，达到行业领先水平，这一目的成为绿色开采的驱动力和竞争力。政府部门在认定绿色矿山时也需要有据可循，而通过绿色开采评价得到的绿色开采绩效具有较高的客观性和公正性，可以作为绿色矿山评价依据。当矿山在绿色开采方面表现出色，绿色开采绩效达到行业领先水平时，它们将被政府部门认定为绿色矿山。政府部门则根据绿色开采绩效对排名靠前的矿山予以财政支持和税收激励，矿山则在这种激励下创造更多的社会与环境效益，这就形成了金属矿山和政府管理部门双赢的局面。

因此，绿色开采评价是金属矿绿色开采的重要环节，绿色开采绩效能够反映金属矿绿色开采各项指标水平与总体排名，发现金属矿山在绿色开采中的优势和劣势，促进同类矿山良性竞争发展。金属矿绿色开采评估过程能够做到公平公正且评估结果直观全面，评估结果可以为政府部门考核金属矿山提供理论依据。

6.1.3　金属矿绿色开采评价研究的意义

金属矿绿色开采评价指标体系是否完善、绿色开采评价方法是否合理，都影响着绿色开采评价，进而影响绿色开采。绿色开采评价研究的意义主要有两个方面，一是实践方面的意义，通过定量评价金属矿绿色开采的水平，对同类矿山进行横向比较，找出自身的不足，相互借鉴，以实现行业绿色开采水平的提升，同时为矿山管理部门提供管理依据，以便更有效地管理和决策；二是理论方面的意义，建立一套可供大多数金属矿山进行绿色开采的评价体系，极大地丰富了金属矿绿色开采理论，为当前金属矿绿色开采和建设提供相关理论依据。

（1）推动金属矿绿色开采实践

绿色开采作为一种新的生产理念和发展方式，是实现国土资源安全和生态文明的切入点，是落实"生态文明""两山理论"和"美丽中国"的重要举措。准确衡量和评价绿色开采程度，对于推动金属矿绿色开采建设进程具有重要意义。金属矿绿色开采评价研究，通过建立涵盖区域、矿种、规模的绿色开采拓扑结构评价指标体系，使金属矿绿色开采发展程度定量化、透明化，评估结果促进了竞争和发展，指导了政府部门决策，具有重要的实践意义。

（2）丰富金属矿绿色开采理论

绿色开采理论是可持续发展理论在矿山领域的延伸和具体体现，它丰富了可持续发展理论的内涵，满足可持续发展理论的要求[149]。金属矿绿色开采评价相关研究现阶段尚不完善，评价指标体系和方法有待改进，研究通过总结和归纳绿色开采理论发展现状，基于当前绿色矿山建设评价方法来凝练金属矿绿色开采核心内涵，优选综合评价方法，构建符合金属矿绿色开采的评价体系。研究本身解决了多属性决策难题，同时将更科学合理的方法引入绿色开采评价领域，丰富了金属矿绿色开采理论体系，具有重要的理论意义。

6.2　金属矿绿色开采评价指标体系构建

6.2.1　金属矿绿色开采评价指标体系构建原则

金属矿开采是一个复杂的系统，如何科学地评价金属矿绿色开采水平至关重要，而构建一个全面、多层次、科学的评价指标体系是金属矿绿色开采评价的基础和关键。在确立评价指标时，要遵循以下原则[150-151]。

（1）科学性原则

能否反映金属矿绿色开采评价指标体系的科学性，其关键是制定的指标是否具有客观性与准确性。只有客观全面地构建金属矿绿色开采评价指标，才能准确评估金属矿绿色开采水平。因此，选择具体评价指标时，要有科学依据，指标界定要规范准确，不可含糊不清、模棱两可。同时，测定方法和计算方法也必须科学、规范，保证评价结果真实、有效。只有通过科学的手段才能获取可靠的信息，才能取得可信的评价结果。

（2）全面性原则

全面性原则是指通过各项指标的相互补充，全面、系统地体现金属矿绿色开采评价的目标。评价指标要贯穿金属矿开采的全过程，涵盖金属矿开采作业中的各个环节，确保每一个环节与系统都有相对应的评价指标。全面不是意味着指标要细而多，而是要求指标具有代表性，可以反映过程的全面性与实质性。

（3）独立性原则

构建指标时，各项指标之间应该内容清晰、目标明确。同一层级的各指标之间应该是相互独立的，不存在内容的交叉，并且彼此间也不存在因果关系，还要注意指标的兼容性问题，需要做到层次分明、逻辑清晰。

（4）可操作性原则

金属矿绿色开采评价指标体系必须遵循可操作性原则，该原则包含指标间的可对比性和可测量性两个方面。可对比性要求同一层级指标之间可进行两两比较，能反映绿色开采的共同属性；可测量性要求指标可以量化，通过获取公开数据、统计、测量、计算等方法获得指标的准确数值。

（5）目标一致性原则

金属矿绿色开采评价指标的建立要遵循目标一致性原则，金属矿山要根据其生产过程与工艺特点确定绿色开采的评价目标，然后根据目标确定评价指标内容和评价目的，使建立的金属矿绿色开采评价指标的目标具有一致性，指标都能反映绿色开采某一方面属性，指标的改进都能提升金属矿山绿色开采水平。

（6）系统性原则

评价指标体系必须能够全面地反映金属矿绿色开采的全过程，所有指标是成体系的，共同描述绿色开采系统，可以客观地反映矿山开采系统发展的状态，符合金属矿绿色开采的内涵，并可将评价目标和评价指标有机地联系起来。

6.2.2　金属矿绿色开采目标

采用绿色开采技术与方法是实现金属矿可持续发展的重要途径，也是矿业经济合理发展的重要支撑手段。金属矿绿色开采必须达到以下目标。

（1）安全性目标

安全性目标意味着矿山在整个开采过程中无危险或低危险，不会因为矿山的开采，导致人员设备及财产损失、资源大量损耗与浪费、地表发生重大生态与环境危害。要充分利用地下金属矿山开采过程信息，合理确定金属矿资源开采过程参数，并使地下金属矿山开采过程人机环系统运行于最佳安全状态。

（2）低废高效目标

金属矿山开采产生尾废是一种正常现象，所以低废开采目标并不是指无废，而是合理地处理并减少开采过程中的三废，使矿山做到人与环境的和谐友好，尽量在开采过程中不产生废物或者充分利用井下尾废。高效目标主要是指生产过程的高效率，高效率意味着大规模、低成本，代表着整个开采过程中没有多余的工艺流程，即简化了开采过程并达到了一个较高的工作效率。

（3）低耗经济目标

低耗经济目标意味着整个绿色开采过程中，资源的消耗低，即单位产品的能耗、材料消耗达到了前所未有的低点，体现出节能、降本增效的特点，包括降低电耗、水耗等，用最少的能耗、材料消耗获取最大的经济效益。

（4）资源综合利用目标

资源综合利用目标意味着从采出矿产资源的特性与开采特点出发，对资源的各组成要素进行多层次、多用途的开发利用。其目的是使矿产资源及其所含有用成分最大限度地得到回收利用，以提高经济效益，增加社会财富和保护自然环境[152]。

（5）生态环保目标

绿色开采和传统开采的重要区别在于，传统的开采模式是以破坏环境为代价实现经济增长，而绿色开采是一种边开采边治理的模式，可以最大程度上降低金属矿开采对生态环境带来的影响及破坏，确保区域生态系统的完整性和自然性，最终促进矿区的生态系统处于和谐友好的状态。

(6)机械智能化目标

机械智能化目标就是通过提高机械化作业水平，用机械化换人、智能化取代人，实现金属矿高效、安全与低成本开采。绿色开采采用新技术、新材料、新方法、新工艺等进行矿山开采，全过程使用机械化设备、智能化设备，确保整个生产过程及生产环节机械智能化，大力减少劳动力和劳动强度，提高开采机械化、自动化、智能化水平。智能化是实现矿山安全高效绿色开采的必由之路[153-154]。

6.2.3 金属矿绿色开采指标

建立金属矿绿色开采评价指标体系，其目的是通过评价对比，推动矿山企业积极采用绿色开采方法、工艺与技术，以满足国家及社会对矿山绿色开采的要求。在查阅了国内外有关金属矿绿色开采的资料与评判指标后，通过全方位多角度的综合衡量，围绕金属矿开采特点，从开采技术、产排废水平、尾废处置和利用程度及矿山生态等方面综合评价矿山绿色开采程度，择优选择多指标，以此反映金属矿绿色开采的多目标决策需要，实现对金属矿绿色开采水平的合理评判。

(1)安全性指标

安全性意味着开采过程是无危险或者低危险的。事实上，金属矿开采过程中，地质环境复杂，岩层中断层、节理裂隙无处不在，外加岩层中含有瓦斯、溶洞、破碎带等，因此可能发生矿石氧化自燃、瓦斯爆炸、突水、冒顶、片帮等现象，无一不给矿山开采带来重大安全隐患，可能造成难以预料的安全事故与安全危害。绿色开采的前提条件是确保工人的身体健康与生命财产安全。衡量矿山开采安全的指标有许多。参考相关文献，结合金属矿开采特点，选择金属矿绿色开采评价的安全性指标如下：

①年重伤人数：一年中因工伤事故造成的重伤以上总人数，人/a；

②年轻伤人数：一年中因工伤事故造成的轻伤以上总人数，人/a；

③连续安全生产时间：矿山企业开采期内未发生重大安全责任事故，即无人员伤亡或重大财产损失的连续时长，月或年；

④百万工时死亡率：矿山生产期内每百万工时造成的死亡总人数，人/10^6 h；

⑤安全证照持有人员比例：矿山企业中安全证照持有人员占全员比例，%；

⑥全员安全培训率：受过安全培训的人员占全部职工的比例，%；

⑦安全生产管理人员比例：专职从事安全生产管理人员占全员比例，%；

⑧矿山正常生产时间：矿山生产期间，各大生产系统无故障、无停工与事故时间，月或年；

⑨生产规章完整性：矿山制定关于安全生产、绿色开采等相关规章的完成

度，属于定性指标；

⑩全员劳动生产率：矿山工业增加值除以同一时期全部从业人员的平均人数，万元/人或 t/人。

（2）低废高效指标

低废高效指标反映了矿山在开采过程中不产生尾废，或通过方法、技术手段与工艺充分利用并降低矿山开采过程中产生废弃物的程度。低废高效指标反映整个开采过程中各生产环节与工序的生产效率与技术水平，其主要指标有：

①采掘比：每千吨采出矿石所需掘进的采准、切割巷道米数，m/kt；

②矿石贫化率：实际采出矿石品位与原矿品位降低的百分比，%；

③采矿损失率：工业储量与采后矿量之差与工业储量的百分比，%；

④人均工效：单位时间内矿石产量与职工人数之比值，t/d 或 kt/a；

⑤采矿强度：指单位长度或面积采矿工作线年产矿石量，反映采矿技术管理水平和采场面积利用程度，t/a·m 或 t/a·m²。

（3）低耗经济指标

低耗经济指标反映绿色开采过程中材料消耗的经济性程度。按照国际上通用的能耗与水耗作为矿山资源开发的节能特性，选择的低耗经济指标如下：

①吨矿电耗：采一吨原矿平均消耗的电能，kW·h/t；

②吨矿水耗：采一吨原矿平均消耗的水量，t/t；

③开采综合能耗：采矿单位产量或单位产值所表示的综合能耗，kJ/t；

④土地复垦年经济效益：矿山企业利用和保护土地资源所取得的经济效益，万元；

⑤吨耗资源投入产出比：消耗一吨矿产资源需要投入的资金与获得的经济效益之比，比值越大，表明投资回报越好，反之则经济效益越低，无量纲。

（4）资源综合利用指标

资源数量和品位是建设绿色矿山、发展绿色矿业的基本物质保证，实现资源节约、高效、循环利用是绿色矿山建设的核心内容。矿产资源开发利用效益，可以从资源节约、合理开发和综合利用等角度进行评价，主要指标包括：

①采矿回收率：采矿过程中采出的矿石与消耗储量的百分比，%；

②选矿回收率：精矿中有用组分质量占入选矿石中该组分质量的百分比，%；

③尾矿综合利用率：尾矿利用量与尾矿产量的比值，%；

④共伴生资源综合利用率：矿山企业开发利用共伴生矿产资源及其对产生的尾矿、废石、废水、废气、废渣等的综合利用程度，采选利用的共伴生有用组分质量与动用资源储量中共伴生有用组分质量和的百分比，%；

⑤矿产资源综合利用率：共伴生矿种综合回收率的算术平均值，%；

⑥废石综合利用率：矿山开采过程中产生的废石的综合利用程度，%；

⑦矿坑水利用率：矿坑水利用的量和矿坑涌水总量的比值，%；

（5）生态环保指标

绿色、环保是金属矿绿色开采的核心内容之一，该理念贯穿于矿山开采的全过程，为此，矿山应制定相应的环保制度与管理措施等，以提高资源利用率，减少污染物排放，促进污染物有效治理，实现与环境和谐相处的绿色目标，选取的生态环保指标如下：

①土地复垦率：已恢复的土地面积与被破坏的土地面积的百分比，%；

②矿区植被覆盖率：绿化面积与可绿化面积的比值，%；

③废水排放达标率：矿山企业排放的达标废水量和产生的废水量的比值，废水的排放标准参照国家规定的等级水质标准要求，%；

④废气排放达标率：矿山企业排放的达标废气量和产生的废气量的比值，%；

⑤粉尘浓度达标率：粉尘浓度达国家标准的区域与有粉尘区域的比值，%；

⑥噪声达标率：噪声等级达国家标准的区域与噪声影响区域的比值，噪声要求达到国家规定的等级标准，该指标反映了矿山采矿噪声控制的好坏程度，%；

⑦生活垃圾排放量：主要指矿山日常生活产生的生活垃圾数量，t/a；

⑧固体废弃物排放系数：在单位时段内，矿山排放固体废弃物总量与开采矿石总量的比值，无量纲；

⑨环境管理水平：运用经济、法律、技术、行政、教育等手段，限制和控制人类损害环境、协调社会经济发展与保护环境、维护生态平衡之间关系的一系列活动的能力与水平，一般说来，社会经济发展对生态平衡的破坏和造成的环境污染，主要是由管理不善造成的，通常按很好、好、一般、不好进行划分；

⑩环保投入比重：环保资金投入占矿区生产总值的比例，反映了矿区在环境保护治理方面的投入程度，%。

（6）机械化智能化指标

随着机械设备制造工艺和技术的不断进步，应用于矿山生产的机械设备也得到了日新月异的发展。大力发展矿山机械设备是矿山绿色开采安全、高效、经济、环保的重要技术保障。机械化、数字化、智能化是矿山绿色开采发展的重点和方向。因此，选择的矿山机械化智能化指标有：

①科研投入比重：科研资金投入量占矿山投入总资金的比例，反映了矿区科研投入的程度，%；

②科技人员比重：企业中拥有技术职务或职称的科研人员占全员比例，%；

③采矿智能化水平：指矿山生产过程中所用高新技术和自动化设备台套数等大小程度，反映了矿山员工的科技重视程度与对开采现代化的态度，同时也是矿山生产设备、工艺技术先进程度的一个重要指标，通常用定性指标很高、高、一般、较差表示；

④安全管理智能化水平：指矿山安全管理中采用先进智能设备和先进监测系统的应用水平，用定性指标表示；

⑤采矿机械化程度：金属矿开采过程中凿岩爆破、出矿、支护、充填等工艺中使用先进设备的程度，可以用机械化开采的矿石量与矿山总回采量之比来表示，%；

⑥计算机应用水平：资源开采过程中，矿山使用计算机技术及其软件进行矿山设计、建设、设备操作及其日常生产活动的普及程度，用定性指标很高、高、一般、低来表示。

6.2.4　金属矿绿色开采评价指标体系的建立

将上述内容整理成表格，得到金属矿绿色开采评价指标，见表6-1。

表6-1　金属矿绿色开采评价指标

准则层	指标层	
安全性指标	年重伤人数	年轻伤人数
	连续安全生产时间	百万工时死亡率
	安全证照持有人员比例	全员安全培训率
	安全生产管理人员比例	矿山正常生产时间
	生产规章完整性	全员劳动生产率
低废高效指标	采掘比	矿石贫化率
	采矿损失率	人均工效
	采矿强度	
低耗经济指标	吨矿电耗	吨矿水耗
	开采综合能耗	土地复垦年经济效益
	吨耗资源投入产出比	
资源综合利用指标	采矿回收率	选矿回收率
	尾矿综合利用率	共伴生资源综合利用率
	矿产资源综合利用率	废石综合利用率
	矿坑水利用率	

续表6-1

准则层	指标层	
生态环保指标	土地复垦率	矿区植被覆盖率
	废水排放达标率	废气排放达标率
	粉尘浓度达标率	噪声达标率
	生活垃圾排放量	固体废弃物排放系数
	环境管理水平	环保投入比重
机械化智能化指标	科研投入比重	科技人员比重
	采矿智能化水平	安全管理智能化水平
	采矿机械化程度	计算机应用水平

构建金属矿绿色开采评价指标体系的目的，一方面是对金属矿绿色开采水平进行评价，另一方面可以为金属矿绿色开采的实施和发展提供定量化的依据。因此，我们需要一个比较详细的定量指标来反映当前金属矿绿色开采的发展状态。综合考虑实用性和可操作性，经分析比较，认为建立多层次的评价指标体系对金属矿绿色开采进行评价是比较合理的。

为了获得切合实际的评价指标，采用理论分析法，对金属矿绿色开采内涵和特征进行分析，选出具有代表性的特征指标。评价指标的筛选采用实地调研、理论分析和专家咨询相结合的方法，具体流程见图6-2。

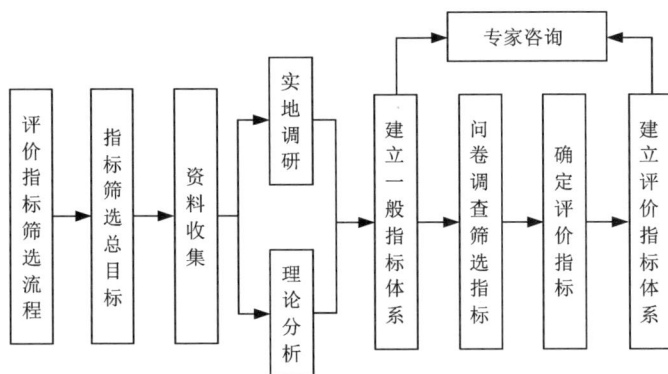

图6-2　评价指标筛选流程图

在此基础上，对指标的可获得性进行实地调研，然后设计问卷调查表，采用专家打分法，邀请相关专家对选择的评价指标打分，进而筛选出更为合适的指标；最后在初步提出的评价指标体系库中，运用专家咨询法对评价指标进行最后确认。通过上述方法，可确保评价指标的科学性和全面性。

专家咨询法的具体步骤为，首先设计金属矿山开采评价指标筛选问卷调查表，邀请多位专家进行打分，然后对问卷调查结果进行统计分析，根据变异系数公式进行计算分析，剔除不重要的指标。变异系数计算公式如下：

$$R_i = \frac{S_i}{E_i} \tag{6-1}$$

式中：S_i 为每一组数据的标准差；E_i 为每一组数据的平均值；R_i 为每一组数据的变异系数。

通过 SPSS 对获得的有效问卷进行分析，计算得到各个评价指标的变异系数，见表 6-2。

表 6-2　金属矿绿色开采评价指标变异系数统计结果

指标名称	变异系数值	指标名称	变异系数值
年重伤人数	0.1117	矿耗资源投入产出比	0.1340
年轻伤人数	0.1197	采矿回收率	0.1002
连续安全生产时间	0.1480	选矿回收率	0.0934
百万工时死亡率	0.1218	尾矿综合利用率	0.1005
安全证照持证比例	0.1158	共伴生资源综合利用率	0.1015
全员安全培训率	0.1401	矿产资源综合利用率	0.1430
安全生产管理人员比例	0.0783	废石综合利用率	0.1461
矿山正常生产时间	0.1331	矿坑水利用率	0.1896
生产规章完整性	0.2171	土地复垦率	0.0981
全员劳动生产率	0.2044	矿区植被覆盖率	0.1214
采掘比	0.2439	废水排放达标率	0.1311
矿石贫化率	0.0923	废气排放达标率	0.1459
采矿损失率	0.1246	粉尘浓度达标率	0.1231
人均工效	0.1333	噪声达标率	0.1354
采矿强度	0.0966	生活垃圾排放量	0.1234
吨矿电耗	0.1050	固体废弃物排放系数	0.1503
吨矿水耗	0.1430	环境管理水平	0.2055
开采综合能耗	0.1537	环保投入比重	0.1231
土地复垦年经济效益	0.2345	科研投入比重	0.1036
科技人员比重	0.1050	采矿智能化水平	0.1654
安全管理智能化水平	0.1503	采矿机械化程度	0.1231
计算机应用水平	0.1536		

删除变异系数大于0.15的指标，按照上述方式，于第一轮确定了32个指标，再通过专家第二轮和第三轮评审，将金属矿绿色开采评价指标精简为26个指标，最终建立了金属矿绿色开采评价指标体系，见表6-3。

表6-3　金属矿绿色开采评价指标体系

目标层	准则层	指标层
金属矿山绿色开采水平评价 D	安全性指标 A_1	年重伤人数 A_{11}
		年轻伤人数 A_{12}
		百万工时死亡率 A_{13}
		全员安全培训率 A_{14}
		安全生产管理人员比例 A_{15}
	低废高效指标 A_2	矿石贫化率 A_{21}
		采矿损失率 A_{22}
		人均工效 A_{23}
		采矿强度 A_{24}
	低耗经济指标 A_3	吨矿电耗 A_{31}
		吨矿水耗 A_{32}
	资源综合利用指标 A_4	采矿回收率 A_{41}
		选矿回收率 A_{42}
		尾矿综合利用率 A_{43}
		共伴生资源综合利用率 A_{44}
		废石综合利用率 A_{45}
	生态环保指标 A_5	土地复垦率 A_{51}
		矿区植被覆盖率 A_{52}
		废水排放达标率 A_{53}
		废气排放达标率 A_{54}
		粉尘浓度达标率 A_{55}
		噪声达标率 A_{56}
		环保投入比重 A_{57}
	机械化智能化指标 A_6	科研投入比重 A_{61}
		科技人员比重 A_{62}
		采矿机械化程度 A_{63}

6.3　金属矿绿色开采评价等级标准

6.3.1　绿色开采评价等级划分依据

在确定指标的等级标准时，参考了张金锁等[155]制定的评价指标分级标准，同时依照《中华人民共和国矿山安全生产法》（以下简称《安全生产法》）、《企业职工伤亡事故分类》（GB 6441—1986）[159]、《中华人民共和国职业病防治法》等法律法规，学习了统计数据、政策文件对指标的规定[161-167]，如《清洁生产标准　铁矿采选业》（HJ/T 294—2006）、《工业污染物产生和排放系数手册》《7 矿种"三率"最低指标公开征求意见》《国土资源部关于金矿资源合理开发利用"三率"指标要求（试行）的公告》等划分的部分指标等级标准，研究了相关学者的著作[168-174]及报告资料，针对不确定的指标分级，虚心听取专家意见与建议，由此得到了地下金属矿绿色开采评价指标的基本分级情况。

为便于给不同矿山定级，从区域、矿种、规模三个角度对评价指标进行分级，下面就区域、矿种、规模的划分进行详细介绍。

6.3.1.1　按区域划分

《中华人民共和国矿产资源法》中明确提出了国家关于矿产资源利用的方针，即国家对矿产资源的开发起主要领导作用，做到统一规划、科学开采、综合利用。为了贯彻这一方针，《产业结构调整指导目录》明确了国家鼓励与限制开采、禁止开采的矿种和矿区。据此，将矿区划分为三个区域，具体解释见表 6-4。

表 6-4　重点开采区、限制开采区和禁止开采区的说明

区域	详细解释说明	简述
重点开采区	综合考虑矿产资源开采特点、环境保护等因素，在资源储量较为丰富、开采条件优越的区域，可作为重点开采区域	可以扩大矿山生产规模，大力开采的区域
限制开采区	受经济、资源条件影响，资源可大力开采，但受安全和生态环保影响，资源要求限制开采，故因国家政策，该区域资源开采活动受限制	有计划、一定范围、步骤和规模开采的区域
禁止开采区	出于对生态环境的保护，此区域不允许进行任何破坏环境、影响生态的活动；对于已有的开发活动，立即停止，及时进行环境的治理和恢复	不允许任何人开采的区域

依据国家对开采区域的划分细则与标准,在讨论金属矿绿色开采指标的分级时,由于禁止开采区不允许进行任何形式的开采活动,因此不考虑禁止开采区的指标分级,只讨论重点开采区和限制开采区的相关指标。

6.3.1.2 按矿种划分

现行的金属矿,一般指经冶炼可以从中提取金属元素的矿产,其矿种分类有:①黑色金属矿,有铁、锰、铬、钒、钛等;②有色金属矿,有铜、锡、锌、镍、钴、钨、钼、汞等;③贵金属矿,有铂、铑、金、银等;④轻金属矿,有铝、镁等;⑤稀有金属矿,有锂、铍、稀土等。

多数金属矿产表现的共同特点是质地比较坚硬、有金属光泽等。按其物质成分、性质和用途可分为5类,即黑色金属矿产、有色金属矿产、贵金属矿产、分散元素矿产和半金属矿产[177]。

考虑到金属矿产的用途、使用范围与典型性,我们从各大类型的金属矿中选取具有代表性的矿种,对金矿、铁矿、铜矿、铅锌矿、稀土矿等分别进行绿色开采分级标准讨论。

6.3.1.3 按规模划分

依据我国现阶段采矿工业水平与矿山生产现状,矿山规模可划分为小型、中型、大型三类,其具体描述见表6-5。

表6-5 小型、中型和大型矿山对比表

矿山规模	小型矿山	中型矿山	大型矿山
规模大小	小	中	大
开采年限	≤10年	10~20年	≥20年
经营企业	集体和地方中小企业	地方国企和大型私企	大型国企和跨国公司
技术水平	较落后	行业平均水平	行业领先水平
科技创新能力	应用常规技术	应用先进技术	应用创新技术
抗风险能力	较弱	一般	较强
对地方经济重要性	一般	较重要	非常重要
绿色发展主要问题	规模小、生产年限短、技术落后,发展绿色技术动力不足	技术和管理水平不适应严格的环保要求,影响企业发展	运营保持行业领先的绿色生态化水平,减少闭坑后的影响

考虑到矿山所在区域和规模的不同，金属矿绿色开采要求也有所不同，为此，针对矿山矿种、区域和规模的不同进行组合，确定矿山分级标准为四级，分别为 A⁺、A、B、C，对应的每种类型矿山按绿色生产水平，确定为五级评判标准，即 I 级、II 级、III 级、IV 级、V 级。

6.3.2　绿色开采评价等级划分

（1）等级对应标准说明

A⁺级：限制开采区+大型矿山；

A 级：限制开采区+中型矿山、非限制开采区+大型矿山；

B 级：限制开采区+小型矿山、非限制开采区+中型矿山；

C 级：非限制开采区+小型矿山。

金矿、铁矿、铜矿、铅锌矿、稀土矿等金属矿均按照上述标准划分，其他类型的矿产统一参照各类型金属矿分级标准执行，不做具体类型标准划分。

（2）等级矿山评判标准说明

I 级代表着非常绿色，属于行业先进水平；

II 级代表着比较绿色，绿色开采水平较高；

III 级代表着一般绿色，绿色开采达到一般或普通水平；

IV 级代表着基本达到了绿色开采标准；

V 级代表着尚未达到绿色开采标准。

6.3.3　绿色开采评价等级标准

金属矿绿色开采评价标准不能一概而论，受区域、矿种、规模等多重因素影响，金属矿绿色开采的难易程度也是不同的。同一区域不同规模的金属矿绿色开采难易程度是不同的，大型矿山相比小型矿山有更多的技术优势，需要考虑模式理论提出的"小规模常规型""中等规模发展型""大规模创新型"发展路线，对不同规模金属矿绿色开采的要求自然不同；由于区域属性的限制，即便是同类型同等规模矿山，在不同区域，其绿色开采要求也是不同的；不同矿种绿色开采标准也不同，这是因为采选技术难度存在差异性。

金属矿绿色开采评价，针对各个矿种制定的差异化绿色开采评价标准，同时考虑区域、规模影响因素，参考已有的金矿、铁矿、铜矿、铅锌矿、稀土矿绿色开采评价标准，形成绿色开采评价等级标准。

6.3.3.1 金矿等级标准

金矿 A^+ 级等级划分标准见表 6-6。

表 6-6　金矿 A^+ 级等级划分标准

准则层	指标层	Ⅰ级	Ⅱ级	Ⅲ级	Ⅳ级	Ⅴ级
安全性指标	年重伤人数/(人·a⁻¹)	$x=0$	$x=1$	$x=2$	$x=3$	$x\geq4$
	年轻伤人数/(人·a⁻¹)	$x\leq1$	$2\leq x\leq4$	$5\leq x\leq7$	$8\leq x\leq9$	$x\geq10$
	百万工时死亡率/%	$x=0$	$0<x\leq0.1$	$0.1<x\leq0.3$	$0.3<x\leq0.4$	$x>0.4$
	全员安全培训率/%	$x\geq98$	$96\leq x<98$	$93\leq x<96$	$90\leq x<93$	$x<90$
	安全生产管理人员比例/%	$x\geq10$	$8.5\leq x<10$	$7\leq x<8.5$	$5.5\leq x<7$	$x<5.5$
低废高效指标	矿石贫化率/%	$x\leq4$	$4<x\leq5$	$5<x\leq6$	$6<x\leq8$	$x>8$
	采矿损失率/%	$x\leq4$	$4<x\leq7$	$7<x\leq9$	$9<x\leq12$	$x>12$
	人均工效/(t·人⁻¹)	$x\geq40$	$30\leq x<40$	$20\leq x<30$	$15\leq x<20$	$x<15$
	采矿强度/(t·m⁻²·a⁻¹)	$x\geq6000$	$4500\leq x<6000$	$3000\leq x<4500$	$2300\leq x<3000$	$x<2300$
低耗经济指标	吨矿电耗/(kW·h⁻¹·t⁻¹)	$x\leq10$	$10<x\leq15$	$15<x\leq19$	$19<x\leq23$	$x>23$
	吨矿水耗/(t·t⁻¹)	$x\leq2$	$2<x\leq2.5$	$2.5<x\leq3$	$3<x\leq3.5$	$x>3.5$
资源综合利用指标	采矿回收率/%	$x\geq96$	$95\leq x<96$	$94\leq x<95$	$92\leq x<94$	$x<92$
	选矿回收率/%	$x\geq87$	$84\leq x<87$	$81\leq x<84$	$78\leq x<81$	$x<78$
	尾矿综合利用率/%	$x\geq50$	$45\leq x<50$	$40\leq x<45$	$35\leq x<40$	$x<35$
	共伴生资源综合利用率/%	$x\geq85$	$80\leq x<85$	$75\leq x<80$	$70\leq x<75$	$x<70$
	废石综合利用率/%	$x\geq70$	$60\leq x<70$	$50\leq x<60$	$45\leq x<50$	$x<45$
生态环保指标	土地复垦率/%	$x\geq85$	$75\leq x<85$	$65\leq x<75$	$55\leq x<65$	$x<55$
	矿区植被覆盖率/%	$x\geq95$	$90\leq x<95$	$85\leq x<90$	$75\leq x<85$	$x<75$
	废水排放达标率/%	$x=100$	$98\leq x<100$	$95\leq x<98$	$92\leq x<95$	$x<92$
	废气排放达标率/%	$x=100$	$96\leq x<100$	$92\leq x<96$	$89\leq x<92$	$x<89$
	粉尘浓度达标率/%	$x=100$	$96\leq x<100$	$92\leq x<96$	$88\leq x<92$	$x<88$
	噪声达标率/%	$x=100$	$97\leq x<100$	$93\leq x<97$	$90\leq x<93$	$x<90$
	环保投入比重/%	$x\geq2.45$	$2.25\leq x<2.45$	$2\leq x<2.25$	$1.85\leq x<2$	$x<1.85$
机械化智能化指标	科研投入比重/%	$x\geq5$	$4.5\leq x<5$	$4\leq x<4.5$	$3\leq x<4$	$x<3$
	科技人员比重/%	$x\geq5$	$4.5\leq x<5$	$4\leq x<4.5$	$3.5\leq x<4$	$x<3.5$
	采矿机械化程度/%	$x\geq55$	$50\leq x<55$	$45\leq x<50$	$40\leq x<45$	$x<40$

金矿 A 级等级划分标准见表6-7。

表 6-7　金矿 A 级等级划分标准

准则层	指标层	Ⅰ级	Ⅱ级	Ⅲ级	Ⅳ级	Ⅴ级
安全性指标	年重伤人数/(人·a⁻¹)	$x=0$	$x=1$	$x=2$	$x=3$	$x\geq4$
	年轻伤人数/(人·a⁻¹)	$x\leq1$	$2\leq x\leq4$	$5\leq x\leq7$	$8\leq x\leq9$	$x\geq10$
	百万工时死亡率/%	$x=0$	$0<x\leq0.1$	$0.1<x\leq0.3$	$0.3<x\leq0.4$	$x>0.4$
	全员安全培训率/%	$x\geq98$	$96\leq x<98$	$93\leq x<96$	$90\leq x<93$	$x<90$
	安全生产管理人员比例/%	$x\geq10$	$8.5\leq x<10$	$7\leq x<8.5$	$5.5\leq x<7$	$x<5.5$
低废高效指标	矿石贫化率/%	$x\leq4$	$4<x\leq5.5$	$5.5<x\leq7$	$7<x\leq8.5$	$x>8.5$
	采矿损失率/%	$x\leq4.5$	$4.5<x\leq7$	$7<x\leq9.5$	$9.5<x\leq12.5$	$x>12.5$
	人均工效/(t·人⁻¹)	$x\geq38$	$28\leq x<38$	$18\leq x<28$	$13\leq x<18$	$x<13$
	采矿强度/(t·m⁻²·a⁻¹)	$x\geq5800$	$4300\leq x<5800$	$2800\leq x<4300$	$2000\leq x<2800$	$x<2000$
低耗经济指标	吨矿电耗/(kW·h⁻¹·t⁻¹)	$x\leq11$	$11<x\leq16$	$16<x\leq21$	$21<x\leq26$	$x>26$
	吨矿水耗/(t·t⁻¹)	$x\leq2.2$	$2.2<x\leq2.7$	$2.7<x\leq3.2$	$3.2<x\leq3.7$	$x>3.7$
资源综合利用指标	采矿回收率/%	$x\geq95$	$93\leq x<95$	$91.5\leq x<93$	$90\leq x<91.5$	$x<90$
	选矿回收率/%	$x\geq86$	$83\leq x<86$	$80\leq x<83$	$77\leq x<80$	$x<77$
	尾矿综合利用率/%	$x\geq48$	$43\leq x<48$	$38\leq x<43$	$33\leq x<38$	$x<33$
	共伴生资源综合利用率/%	$x\geq83$	$78\leq x<83$	$73\leq x<78$	$68\leq x<73$	$x<68$
	废石综合利用率/%	$x\geq68$	$58\leq x<68$	$48\leq x<58$	$44\leq x<48$	$x<44$
生态环保指标	土地复垦率/%	$x\geq80$	$70\leq x<80$	$60\leq x<70$	$50\leq x<60$	$x<50$
	矿区植被覆盖率/%	$x\geq93$	$87\leq x<93$	$80\leq x<87$	$73\leq x<80$	$x<73$
	废水排放达标率/%	$x\geq99$	$97\leq x<99$	$93\leq x<97$	$91\leq x<93$	$x<91$
	废气排放达标率/%	$x\geq99$	$95\leq x<99$	$90\leq x<95$	$87\leq x<90$	$x<87$
	粉尘浓度达标率/%	$x\geq99$	$95\leq x<99$	$91\leq x<95$	$87\leq x<91$	$x<87$
	噪声达标率/%	$x\geq99$	$96\leq x<99$	$92\leq x<96$	$89\leq x<92$	$x<89$
	环保投入比重/%	$x\geq2.4$	$2.2\leq x<2.4$	$2\leq x<2.2$	$1.8\leq x<2$	$x<1.8$
机械化智能化指标	科研投入比重/%	$x\geq4.7$	$4.2\leq x<4.7$	$3.7\leq x<4.2$	$2.7\leq x<3.7$	$x<2.7$
	科技人员比重/%	$x\geq4.5$	$4\leq x<4.5$	$3.5\leq x<4$	$3\leq x<3.5$	$x<3$
	采矿机械化程度/%	$x\geq53$	$48\leq x<53$	$43\leq x<48$	$38\leq x<43$	$x<38$

金矿 B 级等级划分标准见表 6-8。

表 6-8　金矿 B 级等级划分标准

准则层	指标层	I 级	II 级	III 级	IV 级	V 级
安全性指标	年重伤人数/(人·a^{-1})	$x=0$	$x=1$	$x=2$	$x=3$	$x \geqslant 4$
	年轻伤人数/(人·a^{-1})	$x \leqslant 1$	$2 \leqslant x \leqslant 4$	$5 \leqslant x \leqslant 7$	$8 \leqslant x \leqslant 9$	$x \geqslant 10$
	百万工时死亡率/%	$x=0$	$0 < x \leqslant 0.1$	$0.1 < x \leqslant 0.3$	$0.3 < x \leqslant 0.4$	$x > 0.4$
	全员安全培训率/%	$x \geqslant 98$	$96 \leqslant x < 98$	$93 \leqslant x < 96$	$90 \leqslant x < 93$	$x < 90$
	安全生产管理人员比例/%	$x \geqslant 10$	$8.5 \leqslant x < 10$	$7 \leqslant x < 8.5$	$5.5 \leqslant x < 7$	$x < 5.5$
低废高效指标	矿石贫化率/%	$x \leqslant 4.5$	$4.5 < x \leqslant 6$	$6 < x \leqslant 7.5$	$7.5 < x \leqslant 9$	$x > 9$
	采矿损失率/%	$x \leqslant 4.5$	$4.5 < x \leqslant 7.5$	$7.5 < x \leqslant 10$	$10 < x \leqslant 13$	$x > 13$
	人均工效/(t·人$^{-1}$)	$x \geqslant 36$	$26 \leqslant x < 36$	$16 \leqslant x < 26$	$11 \leqslant x < 16$	$x < 11$
	采矿强度/(t·m^{-2}·a^{-1})	$x \geqslant 5600$	$4100 \leqslant x < 5600$	$2600 \leqslant x < 4100$	$1800 \leqslant x < 2600$	$x < 1800$
低耗经济指标	吨矿电耗/(kW·h^{-1}·t^{-1})	$x \leqslant 12$	$12 < x \leqslant 17$	$17 < x \leqslant 22$	$22 < x \leqslant 27$	$x > 27$
	吨矿水耗/(t·t^{-1})	$x \leqslant 3$	$3 < x \leqslant 3.5$	$3.5 < x \leqslant 4$	$4 < x \leqslant 4.5$	$x > 4.5$
资源综合利用指标	采矿回收率/%	$x \geqslant 95$	$93 \leqslant x < 95$	$91 \leqslant x < 93$	$89 \leqslant x < 91$	$x < 91$
	选矿回收率/%	$x \geqslant 86$	$82 \leqslant x < 86$	$78 \leqslant x < 82$	$75 \leqslant x < 78$	$x < 75$
	尾矿综合利用率/%	$x \geqslant 46$	$41 \leqslant x < 46$	$36 \leqslant x < 41$	$31 \leqslant x < 36$	$x < 31$
	共伴生资源综合利用率/%	$x \geqslant 81$	$76 \leqslant x < 81$	$71 \leqslant x < 76$	$66 \leqslant x < 71$	$x < 66$
	废石综合利用率/%	$x \geqslant 66$	$56 \leqslant x < 66$	$46 \leqslant x < 56$	$42 \leqslant x < 46$	$x < 42$
生态环保指标	土地复垦率/%	$x \geqslant 77$	$67 \leqslant x < 77$	$57 \leqslant x < 67$	$47 \leqslant x < 57$	$x < 47$
	矿区植被覆盖率/%	$x \geqslant 90$	$85 \leqslant x < 90$	$78 \leqslant x < 85$	$72 \leqslant x < 78$	$x < 72$
	废水排放达标率/%	$x \geqslant 99$	$96 \leqslant x < 99$	$92 \leqslant x < 96$	$90 \leqslant x < 92$	$x < 90$
	废气排放达标率/%	$x \geqslant 99$	$95 \leqslant x < 99$	$90 \leqslant x < 95$	$87 \leqslant x < 90$	$x < 87$
	粉尘浓度达标率/%	$x \geqslant 98$	$94 \leqslant x < 98$	$90 \leqslant x < 94$	$86 \leqslant x < 90$	$x < 86$
	噪声达标率/%	$x \geqslant 99$	$95 \leqslant x < 99$	$91 \leqslant x < 95$	$88 \leqslant x < 91$	$x < 88$
	环保投入比重/%	$x \geqslant 2.35$	$2.15 \leqslant x < 2.35$	$1.95 \leqslant x < 2.15$	$1.75 \leqslant x < 1.95$	$x < 1.75$
机械化智能化指标	科研投入比重/%	$x \geqslant 4.5$	$4 \leqslant x < 4.5$	$3.3 \leqslant x < 4$	$2.5 \leqslant x < 3.3$	$x < 2.5$
	科技人员比重/%	$x \geqslant 4$	$3.6 \leqslant x < 4$	$3.2 \leqslant x < 3.6$	$2.8 \leqslant x < 3.2$	$x < 2.8$
	采矿机械化程度/%	$x \geqslant 51$	$46 \leqslant x < 51$	$41 \leqslant x < 46$	$36 \leqslant x < 41$	$x < 36$

金矿 C 级等级划分标准见表 6-9。

表 6-9　金矿 C 级等级划分标准

准则层	指标层	Ⅰ级	Ⅱ级	Ⅲ级	Ⅳ级	Ⅴ级
安全性指标	年重伤人数/(人·a^{-1})	$x=0$	$x=1$	$x=2$	$x=3$	$x\geq4$
	年轻伤人数/(人·a^{-1})	$x\leq1$	$2\leq x\leq4$	$5\leq x\leq7$	$8\leq x\leq9$	$x\geq10$
	百万工时死亡率/%	$x=0$	$0<x\leq0.1$	$0.1<x\leq0.3$	$0.3<x\leq0.4$	$x>0.4$
	全员安全培训率/%	$x\geq98$	$96\leq x<98$	$93\leq x<96$	$90\leq x<93$	$x<90$
	安全生产管理人员比例/%	$x\geq10$	$8.5\leq x<10$	$7\leq x<8.5$	$5.5\leq x<7$	$x<5.5$
低废高效指标	矿石贫化率/%	$x\leq5$	$5<x\leq6.5$	$6.5<x\leq8$	$8<x\leq9.5$	$x>9.5$
	采矿损失率/%	$x\leq5$	$5<x\leq8$	$8<x\leq10.5$	$10.5<x\leq13.5$	$x>13.5$
	人均工效/(t·人$^{-1}$)	$x\geq35$	$25\leq x<35$	$15\leq x<25$	$10\leq x<15$	$x<10$
	采矿强度/(t·m^{-2}·a^{-1})	$x\geq5500$	$4000\leq x<5500$	$2500\leq x<4000$	$1500\leq x<2500$	$x<1500$
低耗经济指标	吨矿电耗/(kW·h^{-1}·t^{-1})	$x\leq13$	$13<x\leq18$	$18<x\leq23$	$28<x\leq28$	$x>28$
	吨矿水耗/(t·t^{-1})	$x\leq3.2$	$3.2<x\leq3.7$	$3.7<x\leq4.2$	$4.2<x\leq4.7$	$x>4.7$
资源综合利用指标	采矿回收率/%	$x\geq94$	$92\leq x<94$	$90\leq x<92$	$88\leq x<90$	$x<88$
	选矿回收率/%	$x\geq85$	$81\leq x<85$	$77\leq x<81$	$73\leq x<77$	$x<73$
	尾矿综合利用率/%	$x\geq45$	$40\leq x<45$	$35\leq x<40$	$30\leq x<35$	$x<30$
	共伴生资源综合利用率/%	$x\geq80$	$75\leq x<80$	$70\leq x<75$	$65\leq x<70$	$x<65$
	废石综合利用率/%	$x\geq65$	$55\leq x<65$	$45\leq x<55$	$40\leq x<45$	$x<40$
生态环保指标	土地复垦率/%	$x\geq75$	$65\leq x<75$	$55\leq x<65$	$45\leq x<55$	$x<45$
	矿区植被覆盖率/%	$x\geq88$	$83\leq x<88$	$77\leq x<83$	$70\leq x<77$	$x<70$
	废水排放达标率/%	$x\geq99$	$95\leq x<99$	$92\leq x<95$	$89\leq x<92$	$x<89$
	废气排放达标率/%	$x\geq98$	$94\leq x<98$	$89\leq x<94$	$85\leq x<89$	$x<85$
	粉尘浓度达标率/%	$x\geq98$	$93\leq x<98$	$89\leq x<93$	$85\leq x<89$	$x<85$
	噪声达标率/%	$x\geq98$	$94\leq x<98$	$90\leq x<94$	$86\leq x<90$	$x<86$
	环保投入比重/%	$x\geq2.3$	$2.1\leq x<2.3$	$1.9\leq x<2.1$	$1.7\leq x<1.9$	$x<1.7$
机械化智能化指标	科研投入比重/%	$x\geq4.3$	$3.7\leq x<4.3$	$3\leq x<3.7$	$2.2\leq x<3$	$x<2.2$
	科技人员比重/%	$x\geq3.8$	$3.4\leq x<3.8$	$3\leq x<3.4$	$2.6\leq x<3$	$x<2.6$
	采矿机械化程度/%	$x\geq50$	$45\leq x<50$	$40\leq x<45$	$35\leq x<40$	$x<35$

6.3.3.2 铁矿等级标准

铁矿 A⁺级等级划分标准见表 6-10。

表 6-10 铁矿 A⁺级等级划分标准

准则层	指标层	I 级	II 级	III 级	IV 级	V 级
安全性指标	年重伤人数/(人·a^{-1})	$x=0$	$x=1$	$x=2$	$x=3$	$x \geqslant 4$
	年轻伤人数/(人·a^{-1})	$x \leqslant 1$	$2 \leqslant x \leqslant 4$	$5 \leqslant x \leqslant 7$	$8 \leqslant x \leqslant 9$	$x \geqslant 10$
	百万工时死亡率/%	$x=0$	$0 < x \leqslant 0.1$	$0.1 < x \leqslant 0.3$	$0.3 < x \leqslant 0.4$	$x > 0.4$
	全员安全培训率/%	$x \geqslant 98$	$96 \leqslant x < 98$	$93 \leqslant x < 96$	$90 \leqslant x < 93$	$x < 90$
	安全生产管理人员比例/%	$x \geqslant 10$	$8.5 \leqslant x < 10$	$7 \leqslant x < 8.5$	$5.5 \leqslant x < 7$	$x < 5.5$
低废高效指标	矿石贫化率/%	$x \leqslant 15$	$15 < x \leqslant 20$	$20 < x \leqslant 25$	$25 < x \leqslant 27$	$x > 27$
	采矿损失率/%	$x \leqslant 5$	$5 < x \leqslant 8$	$8 < x \leqslant 10$	$10 < x \leqslant 13$	$x > 13$
	人均工效/(t·$人^{-1}$)	$x \geqslant 40$	$30 \leqslant x < 40$	$20 \leqslant x < 30$	$15 \leqslant x < 20$	$x < 15$
	采矿强度/(t·m^{-2}·a^{-1})	$x \geqslant 6000$	$4500 \leqslant x < 6000$	$3000 \leqslant x < 4500$	$2300 \leqslant x < 3000$	$x < 2300$
低耗经济指标	吨矿电耗/(kW·h^{-1}·t^{-1})	$x \leqslant 15$	$15 < x \leqslant 18$	$18 < x \leqslant 20$	$20 < x \leqslant 22$	$x > 22$
	吨矿水耗/(t·t^{-1})	$x \leqslant 2$	$2 < x \leqslant 2.5$	$2.5 < x \leqslant 3$	$3 < x \leqslant 3.5$	$x > 3.5$
资源综合利用指标	采矿回收率/%	$x \geqslant 90$	$85 \leqslant x < 90$	$80 \leqslant x < 85$	$75 \leqslant x < 80$	$x < 75$
	选矿回收率/%	$x \geqslant 85$	$80 \leqslant x < 85$	$75 \leqslant x < 80$	$73 \leqslant x < 75$	$x < 73$
	尾矿综合利用率/%	$x \geqslant 50$	$45 \leqslant x < 50$	$40 \leqslant x < 45$	$35 \leqslant x < 40$	$x < 35$
	共伴生资源综合利用率/%	$x \geqslant 80$	$70 \leqslant x < 80$	$60 \leqslant x < 70$	$55 \leqslant x < 60$	$x < 55$
	废石综合利用率/%	$x \geqslant 50$	$45 \leqslant x < 50$	$40 \leqslant x < 45$	$35 \leqslant x < 40$	$x < 35$
生态环保指标	土地复垦率/%	$x \geqslant 85$	$75 \leqslant x < 85$	$65 \leqslant x < 75$	$55 \leqslant x < 65$	$x < 55$
	矿区植被覆盖率/%	$x \geqslant 95$	$90 \leqslant x < 95$	$85 \leqslant x < 90$	$75 \leqslant x < 85$	$x < 75$
	废水排放达标率/%	$x=100$	$98 \leqslant x < 100$	$94 \leqslant x < 98$	$92 \leqslant x < 94$	$x < 92$
	废气排放达标率/%	$x=100$	$96 \leqslant x < 100$	$92 \leqslant x < 96$	$89 \leqslant x < 92$	$x < 89$
	粉尘浓度达标率/%	$x=100$	$96 \leqslant x < 100$	$92 \leqslant x < 96$	$88 \leqslant x < 92$	$x < 88$
	噪声达标率/%	$x=100$	$97 \leqslant x < 100$	$94 \leqslant x < 97$	$92 \leqslant x < 94$	$x < 92$
	环保投入比重/%	$x \geqslant 2.45$	$2 \leqslant x < 2.45$	$1.8 \leqslant x < 2$	$1.65 \leqslant x < 1.8$	$x < 1.65$
机械化智能化指标	科研投入比重/%	$x \geqslant 5$	$4.5 \leqslant x < 5$	$4 \leqslant x < 4.5$	$3 \leqslant x < 4$	$x < 3$
	科技人员比重/%	$x \geqslant 5$	$4.5 \leqslant x < 5$	$4 \leqslant x < 4.5$	$3.5 \leqslant x < 4$	$x < 3.5$
	采矿机械化程度/%	$x \geqslant 55$	$50 \leqslant x < 55$	$45 \leqslant x < 50$	$40 \leqslant x < 45$	$x < 40$

铁矿 A 级等级划分标准见表 6-11。

表 6-11 铁矿 A 级等级划分标准

准则层	指标层	Ⅰ级	Ⅱ级	Ⅲ级	Ⅳ级	Ⅴ级
安全性指标	年重伤人数/(人·a⁻¹)	$x=0$	$x=1$	$x=2$	$x=3$	$x \geq 4$
	年轻伤人数/(人·a⁻¹)	$x \leq 1$	$2 \leq x \leq 4$	$5 \leq x \leq 7$	$8 \leq x \leq 9$	$x \geq 10$
	百万工时死亡率/%	$x=0$	$0 < x \leq 0.1$	$0.1 < x \leq 0.3$	$0.3 < x \leq 0.4$	$x > 0.4$
	全员安全培训率/%	$x \geq 98$	$96 \leq x < 98$	$93 \leq x < 96$	$90 \leq x < 93$	$x < 90$
	安全生产管理人员比例/%	$x \geq 10$	$8.5 \leq x < 10$	$7 \leq x < 8.5$	$5.5 \leq x < 7$	$x < 5.5$
低废高效指标	矿石贫化率/%	$x \leq 16$	$16 < x \leq 21$	$21 < x \leq 26$	$26 < x \leq 28$	$x > 28$
	采矿损失率/%	$x \leq 5.5$	$5.5 < x \leq 8.5$	$8.5 < x \leq 11$	$11 < x \leq 13.5$	$x > 13.5$
	人均工效/(t·人⁻¹)	$x \geq 38$	$28 \leq x < 38$	$18 \leq x < 28$	$13 \leq x < 18$	$x < 13$
	采矿强度/(t·m⁻²·a⁻¹)	$x \geq 5800$	$4300 \leq x < 5800$	$2800 \leq x < 4300$	$2000 \leq x < 2800$	$x < 2000$
低耗经济指标	吨矿电耗/(kW·h⁻¹·t⁻¹)	$x \leq 16$	$16 < x \leq 18$	$18 < x \leq 21$	$21 < x \leq 23$	$x > 23$
	吨矿水耗/(t·t⁻¹)	$x \leq 2.2$	$2.2 < x \leq 2.7$	$2.7 < x \leq 3.2$	$3.2 < x \leq 3.6$	$x > 3.6$
资源综合利用指标	采矿回收率/%	$x \geq 88$	$83 \leq x < 88$	$79 \leq x < 83$	$74 \leq x < 79$	$x < 74$
	选矿回收率/%	$x \geq 83$	$78 \leq x < 83$	$74 \leq x < 78$	$71 \leq x < 74$	$x < 71$
	尾矿综合利用率/%	$x \geq 48$	$43 \leq x < 48$	$38 \leq x < 43$	$33 \leq x < 38$	$x < 33$
	共伴生资源综合利用率/%	$x \geq 78$	$68 \leq x < 78$	$58 \leq x < 68$	$54 \leq x < 58$	$x < 54$
	废石综合利用率/%	$x \geq 48$	$43 \leq x < 48$	$38 \leq x < 43$	$34 \leq x < 38$	$x < 34$
生态环保指标	土地复垦率/%	$x \geq 80$	$70 \leq x < 80$	$60 \leq x < 70$	$50 \leq x < 60$	$x < 50$
	矿区植被覆盖率/%	$x \geq 93$	$87 \leq x < 93$	$80 \leq x < 87$	$73 \leq x < 80$	$x < 73$
	废水排放达标率/%	$x \geq 99$	$97 \leq x < 99$	$93 \leq x < 97$	$91 \leq x < 93$	$x < 91$
	废气排放达标率/%	$x \geq 99$	$95 \leq x < 99$	$90 \leq x < 95$	$87 \leq x < 90$	$x < 87$
	粉尘浓度达标率/%	$x \geq 99$	$95 \leq x < 99$	$91 \leq x < 95$	$87 \leq x < 91$	$x < 87$
	噪声达标率/%	$x \geq 99$	$96 \leq x < 99$	$92 \leq x < 96$	$89 \leq x < 92$	$x < 89$
	环保投入比重/%	$x \geq 2.4$	$2.2 \leq x < 2.4$	$2 \leq x < 2.2$	$1.8 \leq x < 2$	$x < 1.8$
机械化智能化指标	科研投入比重/%	$x \geq 4.7$	$4.2 \leq x < 4.7$	$3.7 \leq x < 4.2$	$2.7 \leq x < 3.7$	$x < 2.7$
	科技人员比重/%	$x \geq 4.5$	$4 \leq x < 4.5$	$3.5 \leq x < 4$	$3 \leq x < 3.5$	$x < 3$
	采矿机械化程度/%	$x \geq 53$	$48 \leq x < 53$	$43 \leq x < 48$	$38 \leq x < 43$	$x < 38$

铁矿 B 级等级划分标准见表 6-12。

表 6-12　铁矿 B 级等级划分标准

准则层	指标层	I 级	II 级	III 级	IV 级	V 级
安全性指标	年重伤人数/(人·a⁻¹)	$x=0$	$x=1$	$x=2$	$x=3$	$x\geq4$
	年轻伤人数/(人·a⁻¹)	$x\leq1$	$2\leq x\leq4$	$5\leq x\leq7$	$8\leq x\leq9$	$x\geq10$
	百万工时死亡率/%	$x=0$	$0<x\leq0.1$	$0.1<x\leq0.3$	$0.3<x\leq0.4$	$x>0.4$
	全员安全培训率/%	$x\geq98$	$96\leq x<98$	$93\leq x<96$	$90\leq x<93$	$x<90$
	安全生产管理人员比例/%	$x\geq10$	$8.5\leq x<10$	$7\leq x<8.5$	$5.5\leq x<7$	$x<5.5$
低废高效指标	矿石贫化率/%	$x\leq17$	$17<x\leq22$	$22<x\leq27$	$27<x\leq29$	$x>29$
	采矿损失率/%	$x\leq6$	$6<x\leq9$	$9<x\leq12$	$12<x\leq14$	$x>14$
	人均工效/(t·人⁻¹)	$x\geq36$	$26\leq x<36$	$16\leq x<26$	$11\leq x<16$	$x<11$
	采矿强度/(t·m⁻²·a⁻¹)	$x\geq5600$	$4100\leq x<5600$	$2600\leq x<4100$	$1800\leq x<2600$	$x<1800$
低耗经济指标	吨矿电耗/(kW·h⁻¹·t⁻¹)	$x\leq16$	$16<x\leq18$	$18<x\leq21$	$21<x\leq23$	$x>23$
	吨矿水耗/(t·t⁻¹)	$x\leq2.2$	$2.2<x\leq2.7$	$2.7<x\leq3.2$	$3.2<x\leq3.6$	$x>3.6$
资源综合利用指标	采矿回收率/%	$x\geq86$	$82\leq x<86$	$78\leq x<82$	$73\leq x<78$	$x<73$
	选矿回收率/%	$x\geq82$	$77\leq x<82$	$73\leq x<77$	$70\leq x<73$	$x<70$
	尾矿综合利用率/%	$x\geq46$	$41\leq x<46$	$36\leq x<41$	$31\leq x<36$	$x<31$
	共伴生资源综合利用率/%	$x\geq76$	$66\leq x<76$	$56\leq x<66$	$52\leq x<56$	$x<52$
	废石综合利用率/%	$x\geq46$	$41\leq x<46$	$36\leq x<41$	$33\leq x<36$	$x<33$
生态环保指标	土地复垦率/%	$x\geq77$	$67\leq x<77$	$57\leq x<67$	$47\leq x<57$	$x<47$
	矿区植被覆盖率/%	$x\geq90$	$85\leq x<90$	$78\leq x<85$	$72\leq x<78$	$x<72$
	废水排放达标率/%	$x\geq99$	$96\leq x<99$	$92\leq x<96$	$90\leq x<92$	$x<90$
	废气排放达标率/%	$x\geq99$	$95\leq x<99$	$90\leq x<95$	$87\leq x<90$	$x<87$
	粉尘浓度达标率/%	$x\geq98$	$94\leq x<98$	$90\leq x<94$	$86\leq x<90$	$x<86$
	噪声达标率/%	$x\geq99$	$95\leq x<99$	$91\leq x<95$	$88\leq x<91$	$x<88$
	环保投入比重/%	$x\geq2.35$	$2.15\leq x<2.35$	$1.95\leq x<2.15$	$1.75\leq x<1.95$	$x<1.75$
机械化智能化指标	科研投入比重/%	$x\geq4.5$	$4\leq x<4.5$	$3.3\leq x<4$	$2.5\leq x<3.3$	$x<2.5$
	科技人员比重/%	$x\geq4$	$3.6\leq x<4$	$3.2\leq x<3.6$	$2.8\leq x<3.2$	$x<2.8$
	采矿机械化程度/%	$x\geq51$	$46\leq x<51$	$41\leq x<46$	$36\leq x<41$	$x<36$

铁矿 C 级等级划分标准见表 6-13。

表 6-13　铁矿 C 级等级划分标准

准则层	指标层	Ⅰ级	Ⅱ级	Ⅲ级	Ⅳ级	Ⅴ级
安全性指标	年重伤人数/(人·a^{-1})	$x=0$	$x=1$	$x=2$	$x=3$	$x\geq4$
	年轻伤人数/(人·a^{-1})	$x\leq1$	$2\leq x\leq4$	$5\leq x\leq7$	$8\leq x\leq9$	$x\geq10$
	百万工时死亡率/%	$x=0$	$0<x\leq0.1$	$0.1<x\leq0.3$	$0.3<x\leq0.4$	$x>0.4$
	全员安全培训率/%	$x\geq98$	$96\leq x<98$	$93\leq x<96$	$90\leq x<93$	$x<90$
	安全生产管理人员比例/%	$x\geq10$	$8.5\leq x<10$	$7\leq x<8.5$	$5.5\leq x<7$	$x<5.5$
低废高效指标	矿石贫化率/%	$x\leq19$	$19<x\leq24$	$24<x\leq28$	$28<x\leq30$	$x>30$
	采矿损失率/%	$x\leq7$	$7<x\leq10$	$10<x\leq13$	$13<x\leq15$	$x>15$
	人均工效/(t·人$^{-1}$)	$x\geq35$	$25\leq x<35$	$15\leq x<25$	$10\leq x<15$	$x<10$
	采矿强度/(t·m^{-2}·a^{-1})	$x\geq5500$	$4000\leq x<5500$	$2500\leq x<4000$	$1500\leq x<2500$	$x<1500$
低耗经济指标	吨矿电耗/(kW·h^{-1}·t^{-1})	$x\leq16.5$	$16.5<x\leq18.5$	$18.5<x\leq21.5$	$21.5<x\leq23.5$	$x>23.5$
	吨矿水耗/(t·t^{-1})	$x\leq2.3$	$2.3<x\leq2.8$	$2.8<x\leq3.3$	$3.3<x\leq3.7$	$x>3.7$
资源综合利用指标	采矿回收率/%	$x\geq85$	$81\leq x<85$	$77\leq x<81$	$72\leq x<77$	$x<72$
	选矿回收率/%	$x\geq80$	$75\leq x<80$	$72\leq x<75$	$69\leq x<71$	$x<69$
	尾矿综合利用率/%	$x\geq45$	$40\leq x<45$	$35\leq x<40$	$30\leq x<35$	$x<30$
	共伴生资源综合利用率/%	$x\geq75$	$65\leq x<75$	$55\leq x<65$	$50\leq x<55$	$x<50$
	废石综合利用率/%	$x\geq45$	$40\leq x<45$	$35\leq x<40$	$32\leq x<35$	$x<32$
生态环保指标	土地复垦率/%	$x\geq75$	$65\leq x<75$	$55\leq x<65$	$45\leq x<55$	$x<45$
	矿区植被覆盖率/%	$x\geq88$	$83\leq x<88$	$77\leq x<83$	$70\leq x<77$	$x<70$
	废水排放达标率/%	$x\geq99$	$95\leq x<99$	$92\leq x<95$	$89\leq x<92$	$x<89$
	废气排放达标率/%	$x\geq98$	$94\leq x<98$	$89\leq x<94$	$85\leq x<89$	$x<85$
	粉尘浓度达标率/%	$x\geq98$	$93\leq x<98$	$89\leq x<93$	$85\leq x<89$	$x<85$
	噪声达标率/%	$x\geq98$	$94\leq x<98$	$90\leq x<94$	$86\leq x<90$	$x<86$
	环保投入比重/%	$x\geq2.3$	$2.1\leq x<2.3$	$1.9\leq x<2.1$	$1.7\leq x<1.9$	$x<1.7$
机械化智能化指标	科研投入比重/%	$x\geq4.3$	$3.7\leq x<4.3$	$3\leq x<3.7$	$2.2\leq x<3$	$x<2.2$
	科技人员比重/%	$x\geq3.8$	$3.4\leq x<3.8$	$3\leq x<3.4$	$2.6\leq x<3$	$x<2.6$
	采矿机械化程度/%	$x\geq50$	$45\leq x<50$	$40\leq x<45$	$35\leq x<40$	$x<35$

6.3.3.3 铜矿等级标准

铜矿 A^+ 级等级划分标准见表 6-14。

表 6-14 铜矿 A^+ 级等级划分标准

准则层	指标层	Ⅰ级	Ⅱ级	Ⅲ级	Ⅳ级	Ⅴ级
安全性指标	年重伤人数/(人·a⁻¹)	$x=0$	$x=1$	$x=2$	$x=3$	$x\geqslant4$
	年轻伤人数/(人·a⁻¹)	$x\leqslant1$	$2\leqslant x\leqslant4$	$5\leqslant x\leqslant7$	$8\leqslant x\leqslant9$	$x\geqslant10$
	百万工时死亡率/%	$x=0$	$0<x\leqslant0.1$	$0.1<x\leqslant0.3$	$0.3<x\leqslant0.4$	$x>0.4$
	全员安全培训率/%	$x\geqslant98$	$96\leqslant x<98$	$93\leqslant x<96$	$90\leqslant x<93$	$x<90$
	安全生产管理人员比例/%	$x\geqslant10$	$8.5\leqslant x<10$	$7\leqslant x<8.5$	$5.5\leqslant x<7$	$x<5.5$
低废高效指标	矿石贫化率/%	$x\leqslant5$	$5<x\leqslant7$	$7<x\leqslant9$	$9<x\leqslant10$	$x>10$
	采矿损失率/%	$x\leqslant5$	$5<x\leqslant8$	$8<x\leqslant10$	$10<x\leqslant13$	$x>13$
	人均工效/(t·人⁻¹)	$x\geqslant40$	$30\leqslant x<40$	$20\leqslant x<30$	$15\leqslant x<20$	$x<15$
	采矿强度/(t·m⁻²·a⁻¹)	$x\geqslant6000$	$4500\leqslant x<6000$	$3000\leqslant x<4500$	$2300\leqslant x<3000$	$x<2300$
低耗经济指标	吨矿电耗/(kW·h⁻¹·t⁻¹)	$x\leqslant10$	$10<x\leqslant14$	$14<x\leqslant18$	$18<x\leqslant22$	$x>22$
	吨矿水耗/(t·t⁻¹)	$x\leqslant2$	$2<x\leqslant2.5$	$2.5<x\leqslant3$	$3<x\leqslant3.5$	$x>3.5$
资源综合利用指标	采矿回收率/%	$x\geqslant92$	$90\leqslant x<92$	$85\leqslant x<90$	$80\leqslant x<85$	$x<80$
	选矿回收率/%	$x\geqslant85$	$80\leqslant x<85$	$75\leqslant x<80$	$70\leqslant x<75$	$x<70$
	尾矿综合利用率/%	$x\geqslant50$	$45\leqslant x<50$	$40\leqslant x<45$	$35\leqslant x<40$	$x<35$
	共伴生资源综合利用率/%	$x\geqslant80$	$70\leqslant x<80$	$60\leqslant x<70$	$55\leqslant x<60$	$x<55$
	废石综合利用率/%	$x\geqslant70$	$60\leqslant x<70$	$50\leqslant x<60$	$45\leqslant x<50$	$x<45$
生态环保指标	土地复垦率/%	$x\geqslant85$	$75\leqslant x<85$	$65\leqslant x<75$	$55\leqslant x<65$	$x<55$
	矿区植被覆盖率/%	$x\geqslant95$	$90\leqslant x<95$	$85\leqslant x<90$	$75\leqslant x<85$	$x<75$
	废水排放达标率/%	$x=100$	$98\leqslant x<100$	$94\leqslant x<98$	$92\leqslant x<94$	$x<92$
	废气排放达标率/%	$x=100$	$96\leqslant x<100$	$92\leqslant x<96$	$89\leqslant x<92$	$x<89$
	粉尘浓度达标率/%	$x=100$	$96\leqslant x<100$	$92\leqslant x<96$	$88\leqslant x<92$	$x<88$
	噪声达标率/%	$x=100$	$97\leqslant x<100$	$93\leqslant x<97$	$90\leqslant x<93$	$x<90$
	环保投入比重/%	$x\geqslant2.45$	$2.25\leqslant x<2.45$	$2\leqslant x<2.25$	$1.85\leqslant x<2$	$x<1.85$
机械化智能化指标	科研投入比重/%	$x\geqslant5$	$4.5\leqslant x<5$	$4\leqslant x<4.5$	$3\leqslant x<4$	$x<3$
	科技人员比重/%	$x\geqslant5$	$4.5\leqslant x<5$	$4\leqslant x<4.5$	$3.5\leqslant x<4$	$x<3.5$
	采矿机械化程度/%	$x\geqslant55$	$50\leqslant x<55$	$45\leqslant x<50$	$40\leqslant x<45$	$x<40$

铜矿 A 级等级划分标准见表 6-15。

表 6-15　铜矿 A 级等级划分标准

准则层	指标层	Ⅰ级	Ⅱ级	Ⅲ级	Ⅳ级	Ⅴ级
安全性指标	年重伤人数/(人·a⁻¹)	$x=0$	$x=1$	$x=2$	$x=3$	$x\geq4$
	年轻伤人数/(人·a⁻¹)	$x\leq1$	$2\leq x\leq4$	$5\leq x\leq7$	$8\leq x\leq9$	$x\geq10$
	百万工时死亡率/%	$x=0$	$0<x\leq0.1$	$0.1<x\leq0.3$	$0.3<x\leq0.4$	$x>0.4$
	全员安全培训率/%	$x\geq98$	$96\leq x<98$	$93\leq x<96$	$90\leq x<93$	$x<90$
	安全生产管理人员比例/%	$x\geq10$	$8.5\leq x<10$	$7\leq x<8.5$	$5.5\leq x<7$	$x<5.5$
低废高效指标	矿石贫化率/%	$x\leq5.5$	$5.5<x\leq7.5$	$7.5<x\leq9.5$	$9.5<x\leq11$	$x>11$
	采矿损失率/%	$x\leq6$	$6<x\leq8.5$	$8.5<x\leq11$	$11<x\leq14$	$x>14$
	人均工效/(t·人⁻¹)	$x\geq38$	$28\leq x<38$	$18\leq x<28$	$13\leq x<18$	$x<13$
	采矿强度/(t·m⁻²·a⁻¹)	$x\geq5800$	$4300\leq x<5800$	$2800\leq x<4300$	$2000\leq x<2800$	$x<2000$
低耗经济指标	吨矿电耗/(kW·h⁻¹·t⁻¹)	$x\leq11$	$11<x\leq15$	$15<x\leq19$	$19<x\leq23$	$x>23$
	吨矿水耗/(t·t⁻¹)	$x\leq2.3$	$2.3<x\leq2.8$	$2.8<x\leq3.3$	$3.3<x\leq3.8$	$x>3.8$
资源综合利用指标	采矿回收率/%	$x\geq91$	$89\leq x<91$	$84\leq x<89$	$79\leq x<84$	$x<79$
	选矿回收率/%	$x\geq83$	$78\leq x<83$	$73\leq x<78$	$68\leq x<73$	$x<68$
	尾矿综合利用率/%	$x\geq48$	$43\leq x<48$	$38\leq x<43$	$33\leq x<38$	$x<33$
	共伴生资源综合利用率/%	$x\geq78$	$68\leq x<78$	$58\leq x<68$	$53\leq x<58$	$x<53$
	废石综合利用率/%	$x\geq68$	$58\leq x<68$	$48\leq x<58$	$43\leq x<48$	$x<43$
生态环保指标	土地复垦率/%	$x\geq80$	$70\leq x<80$	$60\leq x<70$	$50\leq x<60$	$x<50$
	矿区植被覆盖率/%	$x\geq93$	$87\leq x<93$	$80\leq x<87$	$73\leq x<80$	$x<73$
	废水排放达标率/%	$x\geq99$	$97\leq x<99$	$93\leq x<97$	$91\leq x<93$	$x<91$
	废气排放达标率/%	$x\geq99$	$95\leq x<99$	$90\leq x<95$	$87\leq x<90$	$x<87$
	粉尘浓度达标率/%	$x\geq99$	$95\leq x<99$	$91\leq x<95$	$87\leq x<91$	$x<87$
	噪声达标率/%	$x\geq99$	$96\leq x<99$	$92\leq x<96$	$89\leq x<92$	$x<89$
	环保投入比重/%	$x\geq2.4$	$2.2\leq x<2.4$	$2\leq x<2.2$	$1.8\leq x<2$	$x<1.8$
机械化智能化指标	科研投入比重/%	$x\geq4.7$	$4.2\leq x<4.7$	$3.7\leq x<4.2$	$2.7\leq x<3.7$	$x<2.7$
	科技人员比重/%	$x\geq4.5$	$4\leq x<4.5$	$3.5\leq x<4$	$3\leq x<3.5$	$x<3$
	采矿机械化程度/%	$x\geq53$	$48\leq x<53$	$43\leq x<48$	$38\leq x<43$	$x<38$

铜矿 B 级等级划分标准见表 6-16。

表 6-16 铜矿 B 级等级划分标准

准则层	指标层	I 级	II 级	III 级	IV 级	V 级
安全性指标	年重伤人数/(人·a⁻¹)	$x=0$	$x=1$	$x=2$	$x=3$	$x\geqslant4$
	年轻伤人数/(人·a⁻¹)	$x\leqslant1$	$2\leqslant x\leqslant4$	$5\leqslant x\leqslant7$	$8\leqslant x\leqslant9$	$x\geqslant10$
	百万工时死亡率/%	$x=0$	$0<x\leqslant0.1$	$0.1<x\leqslant0.3$	$0.3<x\leqslant0.4$	$x>0.4$
	全员安全培训率/%	$x\geqslant98$	$96\leqslant x<98$	$93\leqslant x<96$	$90\leqslant x<93$	$x<90$
	安全生产管理人员比例/%	$x\geqslant10$	$8.5\leqslant x<10$	$7\leqslant x<8.5$	$5.5\leqslant x<7$	$x<5.5$
低废高效指标	矿石贫化率/%	$x\leqslant6$	$6<x\leqslant8.5$	$8<x\leqslant10$	$10<x\leqslant11.5$	$x>11.5$
	采矿损失率/%	$x\leqslant6.5$	$6.5<x\leqslant9$	$9<x\leqslant12$	$12<x\leqslant14.5$	$x>14.5$
	人均工效/(t·人⁻¹)	$x\geqslant36$	$26\leqslant x<36$	$16\leqslant x<26$	$11\leqslant x<16$	$x<11$
	采矿强度/(t·m⁻²·a⁻¹)	$x\geqslant5600$	$4100\leqslant x<5600$	$2600\leqslant x<4100$	$1800\leqslant x<2600$	$x<1800$
低耗经济指标	吨矿电耗/(kW·h⁻¹·t⁻¹)	$x\leqslant12$	$12<x\leqslant16$	$16<x\leqslant20$	$20<x\leqslant24$	$x>24$
	吨矿水耗/(t·t⁻¹)	$x\leqslant2.5$	$2.5<x\leqslant3.0$	$3<x\leqslant3.5$	$3.5<x\leqslant4$	$x>4.0$
资源综合利用指标	采矿回收率/%	$x\geqslant89$	$86\leqslant x<89$	$82\leqslant x<86$	$77\leqslant x<82$	$x<77$
	选矿回收率/%	$x\geqslant82$	$77\leqslant x<82$	$72\leqslant x<77$	$67\leqslant x<72$	$x<67$
	尾矿综合利用率/%	$x\geqslant46$	$41\leqslant x<46$	$36\leqslant x<41$	$31\leqslant x<36$	$x<30$
	共伴生资源综合利用率/%	$x\geqslant76$	$66\leqslant x<76$	$56\leqslant x<66$	$51\leqslant x<56$	$x<51$
	废石综合利用率/%	$x\geqslant66$	$56\leqslant x<66$	$46\leqslant x<56$	$42\leqslant x<46$	$x<42$
生态环保指标	土地复垦率/%	$x\geqslant77$	$67\leqslant x<77$	$57\leqslant x<67$	$47\leqslant x<57$	$x<47$
	矿区植被覆盖率/%	$x\geqslant90$	$85\leqslant x<90$	$78\leqslant x<85$	$72\leqslant x<78$	$x<72$
	废水排放达标率/%	$x\geqslant99$	$96\leqslant x<99$	$92\leqslant x<96$	$90\leqslant x<92$	$x<90$
	废气排放达标率/%	$x\geqslant99$	$95\leqslant x<99$	$90\leqslant x<95$	$87\leqslant x<90$	$x<87$
	粉尘浓度达标率/%	$x\geqslant98$	$94\leqslant x<98$	$90\leqslant x<94$	$86\leqslant x<90$	$x<86$
	噪声达标率/%	$x\geqslant99$	$95\leqslant x<99$	$91\leqslant x<95$	$88\leqslant x<91$	$x<88$
	环保投入比重/%	$x\geqslant2.35$	$2.15\leqslant x<2.35$	$1.95\leqslant x<2.15$	$1.75\leqslant x<1.95$	$x<1.75$
机械化智能化指标	科研投入比重/%	$x\geqslant4.5$	$4\leqslant x<4.5$	$3.3\leqslant x<4$	$2.5\leqslant x<3.3$	$x<2.5$
	科技人员比重/%	$x\geqslant4$	$3.6\leqslant x<4$	$3.2\leqslant x<3.6$	$2.8\leqslant x<3.2$	$x<2.8$
	采矿机械化程度/%	$x\geqslant51$	$46\leqslant x<51$	$41\leqslant x<46$	$36\leqslant x<41$	$x<36$

铜矿 C 级等级划分标准见表 6-17。

表 6-17　铜矿 C 级等级划分标准

准则层	指标层	Ⅰ级	Ⅱ级	Ⅲ级	Ⅳ级	Ⅴ级
安全性指标	年重伤人数/(人·a^{-1})	$x=0$	$x=1$	$x=2$	$x=3$	$x\geq4$
	年轻伤人数/(人·a^{-1})	$x\leq1$	$2\leq x\leq4$	$5\leq x\leq7$	$8\leq x\leq9$	$x\geq10$
	百万工时死亡率/%	$x=0$	$0<x\leq0.1$	$0.1<x\leq0.3$	$0.3<x\leq0.4$	$x>0.4$
	全员安全培训率/%	$x\geq98$	$96\leq x<98$	$93\leq x<96$	$90\leq x<93$	$x<90$
	安全生产管理人员比例/%	$x\geq10$	$8.5\leq x<10$	$7\leq x<8.5$	$5.5\leq x<7$	$x<5.5$
低废高效指标	矿石贫化率/%	$x\leq6.5$	$6.5<x\leq9$	$9<x\leq10.5$	$10.5<x\leq12$	$x>12$
	采矿损失率/%	$x\leq7$	$7<x\leq10$	$10<x\leq13$	$13<x\leq15$	$x>15$
	人均工效/(t·人$^{-1}$)	$x\geq35$	$25\leq x<35$	$15\leq x<25$	$10\leq x<15$	$x<10$
	采矿强度/(t·m^{-2}·a^{-1})	$x\geq5500$	$4000\leq x<5500$	$2500\leq x<4000$	$1500\leq x<2500$	$x<1500$
低耗经济指标	吨矿电耗/(kW·h^{-1}·t^{-1})	$x\leq13$	$13<x\leq17$	$17<x\leq21$	$21<x\leq25$	$x>25$
	吨矿水耗/(t·t^{-1})	$x\leq3$	$3<x\leq3.5$	$3.5<x\leq4$	$4<x\leq4.5$	$x>4.5$
资源综合利用指标	采矿回收率/%	$x\geq87$	$84\leq x<87$	$80\leq x<84$	$76\leq x<80$	$x<76$
	选矿回收率/%	$x\geq80$	$75\leq x<80$	$70\leq x<75$	$65\leq x<70$	$x<65$
	尾矿综合利用率/%	$x\geq45$	$40\leq x<45$	$35\leq x<40$	$30\leq x<35$	$x<30$
	共伴生资源综合利用率/%	$x\geq75$	$65\leq x<75$	$55\leq x<65$	$50\leq x<55$	$x<50$
	废石综合利用率/%	$x\geq65$	$55\leq x<65$	$45\leq x<55$	$40\leq x<45$	$x<40$
生态环保指标	土地复垦率/%	$x\geq75$	$65\leq x<75$	$55\leq x<65$	$45\leq x<55$	$x<45$
	矿区植被覆盖率/%	$x\geq88$	$83\leq x<88$	$77\leq x<83$	$70\leq x<77$	$x<70$
	废水排放达标率/%	$x\geq99$	$95\leq x<99$	$92\leq x<95$	$89\leq x<92$	$x<89$
	废气排放达标率/%	$x\geq98$	$94\leq x<98$	$89\leq x<94$	$85\leq x<89$	$x<85$
	粉尘浓度达标率/%	$x\geq98$	$93\leq x<98$	$89\leq x<93$	$85\leq x<89$	$x<85$
	噪声达标率/%	$x\geq98$	$94\leq x<98$	$90\leq x<94$	$86\leq x<90$	$x<86$
	环保投入比重/%	$x\geq2.3$	$2.1\leq x<2.3$	$1.9\leq x<2.1$	$1.7\leq x<1.9$	$x<1.7$
机械化智能化指标	科研投入比重/%	$x\geq4.3$	$3.7\leq x<4.3$	$3\leq x<3.7$	$2.2\leq x<3$	$x<2.2$
	科技人员比重/%	$x\geq3.8$	$3.4\leq x<3.8$	$3\leq x<3.4$	$2.6\leq x<3$	$x<2.6$
	采矿机械化程度/%	$x\geq50$	$45\leq x<50$	$40\leq x<45$	$35\leq x<40$	$x<35$

6.3.3.4 铅锌矿等级标准

铅锌矿 A⁺级等级划分标准见表 6-18。

表 6-18　铅锌矿 A⁺级等级划分标准

准则层	指标层	Ⅰ级	Ⅱ级	Ⅲ级	Ⅳ级	Ⅴ级
安全性指标	年重伤人数/（人·a^{-1}）	$x=0$	$x=1$	$x=2$	$x=3$	$x\geqslant4$
	年轻伤人数/（人·a^{-1}）	$x\leqslant1$	$2\leqslant x\leqslant4$	$5\leqslant x\leqslant7$	$8\leqslant x\leqslant9$	$x\geqslant10$
	百万工时死亡率/%	$x=0$	$0<x\leqslant0.1$	$0.1<x\leqslant0.3$	$0.3<x\leqslant0.4$	$x>0.4$
	全员安全培训率/%	$x\geqslant98$	$96\leqslant x<98$	$93\leqslant x<96$	$90\leqslant x<93$	$x<90$
	安全生产管理人员比例/%	$x\geqslant10$	$8.5\leqslant x<10$	$7\leqslant x<8.5$	$5.5\leqslant x<7$	$x<5.5$
低废高效指标	矿石贫化率/%	$x\leqslant8$	$8<x\leqslant12$	$12<x\leqslant15$	$15<x\leqslant20$	$x>20$
	采矿损失率/%	$x\leqslant5$	$5<x\leqslant8$	$8<x\leqslant10$	$10<x\leqslant13$	$x>13$
	人均工效/（t·$人^{-1}$）	$x\geqslant40$	$30\leqslant x<40$	$20\leqslant x<30$	$15\leqslant x<20$	$x<15$
	采矿强度/（t·m^{-2}·a^{-1}）	$x\geqslant6000$	$4500\leqslant x<6000$	$3000\leqslant x<4500$	$2300\leqslant x<3000$	$x<2300$
低耗经济指标	吨矿电耗/（kW·h^{-1}·t^{-1}）	$x\leqslant10$	$10<x\leqslant15$	$15<x\leqslant18$	$18<x\leqslant23$	$x>23$
	吨矿水耗/（t·t^{-1}）	$x\leqslant2$	$2<x\leqslant2.5$	$2.5<x\leqslant3$	$3<x\leqslant3.5$	$x>3.5$
资源综合利用指标	采矿回收率/%	$x\geqslant92$	$88\leqslant x<92$	$85\leqslant x<88$	$80\leqslant x<85$	$x<80$
	选矿回收率/%	$x\geqslant90$	$85\leqslant x<90$	$80\leqslant x<85$	$75\leqslant x<80$	$x<75$
	尾矿综合利用率/%	$x\geqslant50$	$45\leqslant x<50$	$40\leqslant x<45$	$35\leqslant x<40$	$x<35$
	共伴生资源综合利用率/%	$x\geqslant80$	$70\leqslant x<80$	$60\leqslant x<70$	$55\leqslant x<60$	$x<55$
	废石综合利用率/%	$x\geqslant70$	$60\leqslant x<70$	$50\leqslant x<60$	$45\leqslant x<50$	$x<45$
生态环保指标	土地复垦率/%	$x\geqslant85$	$75\leqslant x<85$	$65\leqslant x<75$	$55\leqslant x<65$	$x<55$
	矿区植被覆盖率/%	$x\geqslant95$	$90\leqslant x<95$	$80\leqslant x<90$	$70\leqslant x<80$	$x<70$
	废水排达标率/%	$x=100$	$98\leqslant x<100$	$95\leqslant x<98$	$92\leqslant x<95$	$x<92$
	废达排标率/%	$x=100$	$96\leqslant x<100$	$92\leqslant x<96$	$89\leqslant x<92$	$x<89$
	粉尘浓度达标率/%	$x=100$	$96\leqslant x<100$	$92\leqslant x<96$	$88\leqslant x<92$	$x<88$
	噪声达标率/%	$x=100$	$97\leqslant x<100$	$93\leqslant x<97$	$90\leqslant x<93$	$x<90$
	环保投入比重/%	$x\geqslant2.45$	$2.25\leqslant x<2.45$	$2\leqslant x<2.25$	$1.85\leqslant x<2$	$x<1.85$
机械化智能化指标	科研投入比重/%	$x\geqslant5$	$4.5\leqslant x<5$	$4\leqslant x<4.5$	$3\leqslant x<4$	$x<3$
	科技人员比重/%	$x\geqslant5$	$4.5\leqslant x<5$	$4\leqslant x<4.5$	$3.5\leqslant x<4$	$x<3.5$
	采矿机械化程度/%	$x\geqslant55$	$50\leqslant x<55$	$45\leqslant x<50$	$40\leqslant x<45$	$x<40$

铅锌矿 A 级等级划分标准见表 6-19。

表 6-19　铅锌矿 A 级等级划分标准

准则层	指标层	Ⅰ级	Ⅱ级	Ⅲ级	Ⅳ级	Ⅴ级
安全性指标	年重伤人数/(人·a^{-1})	$x=0$	$x=1$	$x=2$	$x=3$	$x\geq4$
	年轻伤人数/(人·a^{-1})	$x\leq1$	$2\leq x\leq4$	$5\leq x\leq7$	$8\leq x\leq9$	$x\geq10$
	百万工时死亡率/%	$x=0$	$0<x\leq0.1$	$0.1<x\leq0.3$	$0.3<x\leq0.4$	$x>0.4$
	全员安全培训率/%	$x\geq98$	$96\leq x<98$	$93\leq x<96$	$90\leq x<93$	$x<90$
	安全生产管理人员比例/%	$x\geq10$	$8.5\leq x<10$	$7\leq x<8.5$	$5.5\leq x<7$	$x<5.5$
低废高效指标	矿石贫化率/%	$x\leq9$	$9<x\leq13$	$13<x\leq17$	$17<x\leq21$	$x>21$
	采矿损失率/%	$x\leq6$	$6<x\leq9$	$9<x\leq12$	$12<x\leq15$	$x>15$
	人均工效/(t·人$^{-1}$)	$x\geq38$	$28\leq x<38$	$18\leq x<28$	$13\leq x<18$	$x<13$
	采矿强度/(t·m^{-2}·a^{-1})	$x\geq5800$	$4300\leq x<5800$	$2800\leq x<4300$	$2000\leq x<2800$	$x<2000$
低耗经济指标	吨矿电耗/(kW·h^{-1}·t^{-1})	$x\leq12$	$12<x\leq16$	$16<x\leq20$	$20<x\leq24$	$x>24$
	吨矿水耗/(t·t^{-1})	$x\leq2.8$	$2.3<x\leq2.8$	$2.8<x\leq3.3$	$3.3<x\leq3.7$	$x>3.7$
资源综合利用指标	采矿回收率/%	$x\geq90$	$87\leq x<90$	$83\leq x<87$	$79\leq x<83$	$x<79$
	选矿回收率/%	$x\geq88$	$83\leq x<88$	$78\leq x<83$	$73\leq x<78$	$x<73$
	尾矿综合利用率/%	$x\geq48$	$43\leq x<484$	$38\leq x<43$	$33\leq x<38$	$x<33$
	共伴生资源综合利用率/%	$x\geq78$	$68\leq x<78$	$58\leq x<68$	$53\leq x<58$	$x<53$
	废石综合利用率/%	$x\geq67$	$57\leq x<67$	$47\leq x<57$	$44\leq x<47$	$x<44$
生态环保指标	土地复垦率/%	$x\geq80$	$70\leq x<80$	$60\leq x<70$	$50\leq x<60$	$x<50$
	矿区植被覆盖率/%	$x\geq93$	$87\leq x<93$	$80\leq x<87$	$73\leq x<80$	$x<73$
	废水排放达标率/%	$x\geq99$	$97\leq x<99$	$93\leq x<97$	$90\leq x<93$	$x<90$
	废气排放达标率/%	$x\geq99$	$95\leq x<99$	$90\leq x<95$	$87\leq x<90$	$x<87$
	粉尘浓度达标率/%	$x\geq99$	$95\leq x<99$	$91\leq x<95$	$87\leq x<91$	$x<87$
	噪声达标率/%	$x\geq99$	$96\leq x<99$	$92\leq x<96$	$89\leq x<92$	$x<89$
	环保投入比重/%	$x\geq2.4$	$2.2\leq x<2.4$	$2\leq x<2.2$	$1.8\leq x<2$	$x<1.8$
机械化智能化指标	科研投入比重/%	$x\geq4.7$	$4.2\leq x<4.7$	$3.7\leq x<4.2$	$2.7\leq x<3.7$	$x<2.7$
	科技人员比重/%	$x\geq4.5$	$4\leq x<4.5$	$3.5\leq x<4$	$3\leq x<3.5$	$x<3$
	采矿机械化程度/%	$x\geq53$	$48\leq x<53$	$43\leq x<48$	$38\leq x<43$	$x<38$

铅锌矿 B 级等级划分标准见表 6-20。

表 6-20　铅锌矿 B 级等级划分标准

准则层	指标层	Ⅰ级	Ⅱ级	Ⅲ级	Ⅳ级	Ⅴ级
安全性指标	年重伤人数/(人·a⁻¹)	$x=0$	$x=1$	$x=2$	$x=3$	$x\geq4$
	年轻伤人数/(人·a⁻¹)	$x\leq1$	$2\leq x\leq4$	$5\leq x\leq7$	$8\leq x\leq9$	$x\geq10$
	百万工时死亡率/%	$x=0$	$0<x\leq0.1$	$0.1<x\leq0.3$	$0.3<x\leq0.4$	$x>0.4$
	全员安全培训率/%	$x\geq98$	$96\leq x<98$	$93\leq x<96$	$90\leq x<93$	$x<90$
	安全生产管理人员比例/%	$x\geq10$	$8.5\leq x<10$	$7\leq x<8.5$	$5.5\leq x<7$	$x<5.5$
低废高效指标	矿石贫化率/%	$x\leq10$	$10<x\leq14$	$14<x\leq18$	$18<x\leq22$	$x>22$
	采矿损失率/%	$x\leq7$	$7<x\leq10$	$10<x\leq13.5$	$13.5<x\leq16$	$x>16$
	人均工效/(t·人⁻¹)	$x\geq36$	$26\leq x<36$	$16\leq x<26$	$11\leq x<16$	$x<11$
	采矿强度/(t·m⁻²·a⁻¹)	$x\geq5600$	$4100\leq x<5600$	$2600\leq x<4100$	$1800\leq x<2600$	$x<1800$
低耗经济指标	吨矿电耗/(kW·h⁻¹·t⁻¹)	$x\leq13$	$13<x\leq17$	$17<x\leq21$	$21<x\leq25$	$x>25$
	吨矿水耗/(t·t⁻¹)	$x\leq3$	$3<x\leq3.3$	$3.3<x\leq3.6$	$3.6<x\leq3.9$	$x>3.9$
资源综合利用指标	采矿回收率/%	$x\geq88$	$85\leq x<88$	$81\leq x<85$	$78\leq x<81$	$x<78$
	选矿回收率/%	$x\geq85$	$81\leq x<85$	$76\leq x<81$	$71\leq x<76$	$x<71$
	尾矿综合利用率/%	$x\geq46$	$41\leq x<46$	$36\leq x<41$	$31\leq x<36$	$x<31$
	共伴生资源综合利用率/%	$x\geq76$	$66\leq x<76$	$56\leq x<66$	$52\leq x<56$	$x<52$
	废石综合利用率/%	$x\geq65$	$55\leq x<65$	$45\leq x<55$	$40\leq x<45$	$x<40$
生态环保指标	土地复垦率/%	$x\geq77$	$67\leq x<77$	$57\leq x<67$	$47\leq x<57$	$x<47$
	矿区植被覆盖率/%	$x\geq90$	$85\leq x<90$	$78\leq x<85$	$72\leq x<78$	$x<72$
	废水排放达标率/%	$x\geq99$	$96\leq x<99$	$92\leq x<96$	$89\leq x<92$	$x<89$
	废气排放达标率/%	$x\geq99$	$95\leq x<99$	$90\leq x<95$	$87\leq x<90$	$x<87$
	粉尘浓度达标率/%	$x\geq98$	$94\leq x<98$	$90\leq x<94$	$86\leq x<90$	$x<86$
	噪声达标率/%	$x\geq99$	$95\leq x<99$	$91\leq x<95$	$88\leq x<91$	$x<88$
	环保投入比重/%	$x\geq2.35$	$2.15\leq x<2.35$	$1.95\leq x<2.15$	$1.75\leq x<1.95$	$x<1.75$
机械化智能化指标	科研投入比重/%	$x\geq4.5$	$4\leq x<4.5$	$3.3\leq x<4$	$2.5\leq x<3.3$	$x<2.5$
	科技人员比重/%	$x\geq4$	$3.6\leq x<4$	$3.2\leq x<3.6$	$2.8\leq x<3.2$	$x<2.8$
	采矿机械化程度/%	$x\geq51$	$46\leq x<51$	$41\leq x<46$	$36\leq x<41$	$x<36$

铅锌矿 C 级等级划分标准见表 6-21。

表 6-21　铅锌矿 C 级等级划分标准

准则层	指标层	Ⅰ级	Ⅱ级	Ⅲ级	Ⅳ级	Ⅴ级
安全性指标	年重伤人数/(人·a^{-1})	$x=0$	$x=1$	$x=2$	$x=3$	$x\geq4$
	年轻伤人数/(人·a^{-1})	$x\leq1$	$2\leq x\leq4$	$5\leq x\leq7$	$8\leq x\leq9$	$x\geq10$
	百万工时死亡率/%	$x=0$	$0<x\leq0.1$	$0.1<x\leq0.3$	$0.3<x\leq0.4$	$x>0.4$
	全员安全培训率/%	$x\geq98$	$96\leq x<98$	$93\leq x<96$	$90\leq x<93$	$x<90$
	安全生产管理人员比例/%	$x\geq10$	$8.5\leq x<10$	$7\leq x<8.5$	$5.5\leq x<7$	$x<5.5$
低废高效指标	矿石贫化率/%	$x\leq11$	$11<x\leq15$	$15<x\leq19$	$19<x\leq23$	$x>23$
	采矿损失率/%	$x\leq7.5$	$7.5<x\leq11$	$11<x\leq14$	$14<x\leq16.5$	$x>16.5$
	人均工效/(t·人$^{-1}$)	$x\geq35$	$25\leq x<35$	$15\leq x<25$	$10\leq x<15$	$x<10$
	采矿强度/(t·m^{-2}·a^{-1})	$x\geq5500$	$4000\leq x<5500$	$2500\leq x<4000$	$1500\leq x<2500$	$x<1500$
低耗经济指标	吨矿电耗/(kW·h^{-1}·t^{-1})	$x\leq14$	$14<x\leq18$	$18<x\leq22$	$22<x\leq26$	$x>26$
	吨矿水耗/(t·t^{-1})	$x\leq3.2$	$3.2<x\leq3.5$	$3.5<x\leq3.8$	$3.8<x\leq4$	$x>4$
资源综合利用指标	采矿回收率/%	$x\geq86$	$82\leq x<86$	$79\leq x<82$	$76\leq x<79$	$x<76$
	选矿回收率/%	$x\geq83$	$78\leq x<83$	$73\leq x<78$	$69\leq x<73$	$x<69$
	尾矿综合利用率/%	$x\geq45$	$40\leq x<45$	$35\leq x<40$	$30\leq x<35$	$x<30$
	共伴生资源综合利用率/%	$x\geq75$	$65\leq x<75$	$55\leq x<65$	$50\leq x<55$	$x<50$
	废石综合利用率/%	$x\geq63$	$53\leq x<63$	$43\leq x<53$	$38\leq x<43$	$x<38$
生态环保指标	土地复垦率/%	$x\geq75$	$65\leq x<75$	$55\leq x<65$	$45\leq x<55$	$x<45$
	矿区植被覆盖率/%	$x\geq88$	$83\leq x<88$	$77\leq x<83$	$70\leq x<77$	$x<70$
	废水排放达标率/%	$x\geq98$	$95\leq x<98$	$92\leq x<95$	$87\leq x<92$	$x<87$
	废气排放达标率/%	$x\geq98$	$94\leq x<98$	$89\leq x<94$	$85\leq x<89$	$x<85$
	粉尘浓度达标率/%	$x\geq98$	$93\leq x<98$	$89\leq x<93$	$85\leq x<89$	$x<85$
	噪声达标率/%	$x\geq98$	$94\leq x<98$	$90\leq x<94$	$86\leq x<90$	$x<86$
	环保投入比重/%	$x\geq2.3$	$2.1\leq x<2.3$	$1.9\leq x<2.1$	$1.7\leq x<1.9$	$x<1.7$
机械化智能化指标	科研投入比重/%	$x\geq4.3$	$3.7\leq x<4.3$	$3\leq x<3.7$	$2.3\leq x<3$	$x<2.3$
	科技人员比重/%	$x\geq3.8$	$3.4\leq x<3.8$	$3\leq x<3.4$	$2.6\leq x<3$	$x<2.6$
	采矿机械化程度/%	$x\geq50$	$45\leq x<50$	$40\leq x<45$	$35\leq x<40$	$x<35$

6.3.3.5 稀土矿等级标准

稀土矿 A^+ 级等级划分标准见表 6-22。

表 6-22 稀土矿 A^+ 级等级划分标准

准则层	指标层	Ⅰ级	Ⅱ级	Ⅲ级	Ⅳ级	Ⅴ级
安全性指标	年重伤人数/(人·a^{-1})	$x=0$	$x=1$	$x=2$	$x=3$	$x \geqslant 4$
	年轻伤人数/(人·a^{-1})	$x \leqslant 1$	$2 \leqslant x \leqslant 4$	$5 \leqslant x \leqslant 7$	$8 \leqslant x \leqslant 9$	$x \geqslant 10$
	百万工时死亡率/%	$x=0$	$0<x \leqslant 0.1$	$0.1<x \leqslant 0.3$	$0.3<x \leqslant 0.4$	$x>0.4$
	全员安全培训率/%	$x \geqslant 98$	$96 \leqslant x<98$	$93 \leqslant x<96$	$90 \leqslant x<93$	$x<90$
	安全生产管理人员比例/%	$x \geqslant 10$	$8.5 \leqslant x<10$	$7 \leqslant x<8.5$	$5.5 \leqslant x<7$	$x<5.5$
低废高效指标	矿石贫化率/%	$x \leqslant 10$	$10<x \leqslant 15$	$15<x \leqslant 20$	$20<x \leqslant 25$	$x>25$
	采矿损失率/%	$x \leqslant 5$	$5<x \leqslant 8$	$8<x \leqslant 10$	$10<x \leqslant 13$	$x>13$
	人均工效/(t·人$^{-1}$)	$x \geqslant 40$	$30 \leqslant x<40$	$20 \leqslant x<30$	$15 \leqslant x<20$	$x<15$
	采矿强度/(t·m^{-2}·a^{-1})	$x \geqslant 6000$	$4500 \leqslant x<6000$	$3000 \leqslant x<4500$	$2300 \leqslant x<3000$	$x<2300$
低耗经济指标	吨矿电耗/(kW·h^{-1}·t^{-1})	$x \leqslant 10$	$10<x \leqslant 15$	$15<x \leqslant 19$	$19<x \leqslant 23$	$x>23$
	吨矿水耗/(t·t^{-1})	$x \leqslant 2$	$2<x \leqslant 2.5$	$2.5<x \leqslant 3$	$3<x \leqslant 3.5$	$x>3.5$
资源综合利用指标	采矿回收率/%	$x \geqslant 90$	$85 \leqslant x<90$	$80 \leqslant x<85$	$75 \leqslant x<80$	$x<75$
	选矿回收率/%	$x \geqslant 90$	$85 \leqslant x<90$	$80 \leqslant x<85$	$75 \leqslant x<80$	$x<75$
	尾矿综合利用率/%	$x \geqslant 50$	$45 \leqslant x<50$	$40 \leqslant x<45$	$35 \leqslant x<40$	$x<35$
	共伴生资源综合利用率/%	$x \geqslant 80$	$70 \leqslant x<80$	$60 \leqslant x<70$	$55 \leqslant x<60$	$x<55$
	废石综合利用率/%	$x \geqslant 70$	$60 \leqslant x<70$	$50 \leqslant x<60$	$45 \leqslant x<50$	$x<45$
生态环保指标	土地复垦率/%	$x \geqslant 85$	$75 \leqslant x<85$	$65 \leqslant x<75$	$55 \leqslant x<65$	$x<55$
	矿区植被覆盖率/%	$x \geqslant 95$	$90 \leqslant x<95$	$85 \leqslant x<90$	$75 \leqslant x<85$	$x<75$
	废水排放达标率/%	$x=100$	$98 \leqslant x<100$	$94 \leqslant x<98$	$91 \leqslant x<94$	$x<91$
	废气排放达标率/%	$x=100$	$96 \leqslant x<100$	$92 \leqslant x<96$	$89 \leqslant x<92$	$x<89$
	粉尘浓度达标率/%	$x=100$	$96 \leqslant x<100$	$92 \leqslant x<96$	$88 \leqslant x<92$	$x<88$
	噪声达标率/%	$x=100$	$97 \leqslant x<100$	$93 \leqslant x<97$	$90 \leqslant x<93$	$x<90$
	环保投入比重/%	$x \geqslant 2.45$	$2.25 \leqslant x<2.45$	$2 \leqslant x<2.25$	$1.85 \leqslant x<2$	$x<1.85$
机械化智能化指标	科研投入比重/%	$x \geqslant 5$	$4.5 \leqslant x<5$	$4 \leqslant x<4.5$	$3 \leqslant x<4$	$x<3$
	科技人员比重/%	$x \geqslant 5$	$4.5 \leqslant x<5$	$4 \leqslant x<4.5$	$3.5 \leqslant x<4$	$x<3.5$
	采矿机械化程度/%	$x \geqslant 55$	$50 \leqslant x<55$	$45 \leqslant x<50$	$40 \leqslant x<45$	$x<40$

稀土矿 A 级等级划分标准见表 6-23。

表 6-23　稀土矿 A 级等级划分标准

准则层	指标层	Ⅰ级	Ⅱ级	Ⅲ级	Ⅳ级	Ⅴ级
安全性指标	年重伤人数/(人·a^{-1})	$x=0$	$x=1$	$x=2$	$x=3$	$x\geqslant4$
	年轻伤人数/(人·a^{-1})	$x\leqslant1$	$2\leqslant x\leqslant4$	$5\leqslant x\leqslant7$	$8\leqslant x\leqslant9$	$x\geqslant10$
	百万工时死亡率/%	$x=0$	$0<x\leqslant0.1$	$0.1<x\leqslant0.3$	$0.3<x\leqslant0.4$	$x>0.4$
	全员安全培训率/%	$x\geqslant98$	$96\leqslant x<98$	$93\leqslant x<96$	$90\leqslant x<93$	$x<90$
	安全生产管理人员比例/%	$x\geqslant10$	$8.5\leqslant x<10$	$7\leqslant x<8.5$	$5.5\leqslant x<7$	$x<5.5$
低废高效指标	矿石贫化率/%	$x\leqslant11$	$11<x\leqslant15$	$15<x\leqslant19$	$19<x\leqslant23$	$x>23$
	采矿损失率/%	$x\leqslant7.5$	$7.5<x\leqslant11$	$11<x\leqslant14$	$14<x\leqslant16.5$	$x>16.5$
	人均工效/(t·人$^{-1}$)	$x\geqslant35$	$25\leqslant x<35$	$15\leqslant x<25$	$10\leqslant x<15$	$x<10$
	采矿强度/(t·m^{-2}·a^{-1})	$x\geqslant5500$	$4000\leqslant x<5500$	$2500\leqslant x<4000$	$1500\leqslant x<2500$	$x<1500$
低耗经济指标	吨矿电耗/(kW·h^{-1}·t^{-1})	$x\leqslant14$	$14<x\leqslant18$	$18<x\leqslant22$	$22<x\leqslant26$	$x>26$
	吨矿水耗/(t·t^{-1})	$x\leqslant3.2$	$3.2<x\leqslant3.5$	$3.5<x\leqslant3.8$	$3.8<x\leqslant4.0$	$x>4.0$
资源综合利用指标	采矿回收率/%	$x\geqslant86$	$82\leqslant x<86$	$79\leqslant x<82$	$76\leqslant x<79$	$x<76$
	选矿回收率/%	$x\geqslant83$	$78\leqslant x<83$	$73\leqslant x<78$	$69\leqslant x<73$	$x<69$
	尾矿综合利用率/%	$x\geqslant48$	$43\leqslant x<48$	$38\leqslant x<43$	$33\leqslant x<38$	$x<33$
	共伴生资源综合利用率/%	$x\geqslant75$	$65\leqslant x<75$	$55\leqslant x<65$	$50\leqslant x<55$	$x<50$
	废石综合利用率/%	$x\geqslant63$	$53\leqslant x<63$	$43\leqslant x<53$	$38\leqslant x<43$	$x<38$
生态环保指标	土地复垦率/%	$x\geqslant75$	$65\leqslant x<75$	$55\leqslant x<65$	$45\leqslant x<55$	$x<45$
	矿区植被覆盖率/%	$x\geqslant88$	$83\leqslant x<88$	$77\leqslant x<83$	$70\leqslant x<77$	$x<70$
	废水排放达标率/%	$x\geqslant98$	$95\leqslant x<98$	$92\leqslant x<95$	$87\leqslant x<92$	$x<87$
	废气排放达标率/%	$x\geqslant98$	$94\leqslant x<98$	$89\leqslant x<94$	$85\leqslant x<89$	$x<85$
	粉尘浓度达标率/%	$x\geqslant98$	$93\leqslant x<98$	$89\leqslant x<93$	$85\leqslant x<89$	$x<85$
	噪声达标率/%	$x\geqslant98$	$94\leqslant x<98$	$90\leqslant x<94$	$86\leqslant x<90$	$x<86$
	环保投入比重/%	$x\geqslant2.3$	$2.1\leqslant x<2.3$	$1.9\leqslant x<2.1$	$1.7\leqslant x<1.9$	$x<1.7$
机械化智能化指标	科研投入比重/%	$x\geqslant4.3$	$3.7\leqslant x<4.3$	$3\leqslant x<3.7$	$2.3\leqslant x<3$	$x<2.3$
	科技人员比重/%	$x\geqslant3.8$	$3.4\leqslant x<3.8$	$3\leqslant x<3.4$	$2.6\leqslant x<3$	$x<2.6$
	采矿机械化程度/%	$x\geqslant50$	$45\leqslant x<50$	$40\leqslant x<45$	$35\leqslant x<40$	$x<35$

稀土矿 B 级等级划分标准见表 6-24。

表 6-24　稀土矿 B 级等级划分标准

准则层	指标层	Ⅰ级	Ⅱ级	Ⅲ级	Ⅳ级	Ⅴ级
安全性指标	年重伤人数/(人·a^{-1})	$x=0$	$x=1$	$x=2$	$x=3$	$x\geqslant4$
	年轻伤人数/(人·a^{-1})	$x\leqslant1$	$2\leqslant x\leqslant4$	$5\leqslant x\leqslant7$	$8\leqslant x\leqslant9$	$x\geqslant10$
	百万工时死亡率/%	$x=0$	$0<x\leqslant0.1$	$0.1<x\leqslant0.3$	$0.3<x\leqslant0.4$	$x>0.4$
	全员安全培训率/%	$x\geqslant98$	$96\leqslant x<98$	$93\leqslant x<96$	$90\leqslant x<93$	$x<90$
	安全生产管理人员比例/%	$x\geqslant10$	$8.5\leqslant x<10$	$7\leqslant x<8.5$	$5.5\leqslant x<7$	$x<5.5$
低废高效指标	矿石贫化率/%	$x\leqslant11$	$11<x\leqslant15$	$15<x\leqslant19$	$19<x\leqslant23$	$x>23$
	采矿损失率/%	$x\leqslant7.5$	$7.5<x\leqslant11$	$11<x\leqslant14$	$14<x\leqslant16.5$	$x>16.5$
	人均工效/(t·人$^{-1}$)	$x\geqslant35$	$25\leqslant x<35$	$15\leqslant x<25$	$10\leqslant x<15$	$x<10$
	采矿强度/(t·m^{-2}·a^{-1})	$x\geqslant5500$	$4000\leqslant x<5500$	$2500\leqslant x<4000$	$1500\leqslant x<2500$	$x<1500$
低耗经济指标	吨矿电耗/(kW·h^{-1}·t^{-1})	$x\leqslant14$	$14<x\leqslant18$	$18<x\leqslant22$	$22<x\leqslant26$	$x>26$
	吨矿水耗/(t·t^{-1})	$x\leqslant3.2$	$3.2<x\leqslant3.5$	$3.5<x\leqslant3.8$	$3.8<x\leqslant4.0$	$x>4.0$
资源综合利用指标	采矿回收率/%	$x\geqslant86$	$82\leqslant x<86$	$79\leqslant x<82$	$76\leqslant x<79$	$x<76$
	选矿回收率/%	$x\geqslant83$	$78\leqslant x<83$	$73\leqslant x<78$	$69\leqslant x<73$	$x<69$
	尾矿综合利用率/%	$x\geqslant46$	$41\leqslant x<46$	$36\leqslant x<41$	$31\leqslant x<36$	$x<31$
	共伴生资源综合利用率/%	$x\geqslant75$	$65\leqslant x<75$	$55\leqslant x<65$	$50\leqslant x<55$	$x<50$
	废石综合利用率/%	$x\geqslant63$	$53\leqslant x<63$	$43\leqslant x<53$	$38\leqslant x<43$	$x<38$
生态环保指标	土地复垦率/%	$x\geqslant75$	$65\leqslant x<75$	$55\leqslant x<65$	$45\leqslant x<55$	$x<45$
	矿区植被覆盖率/%	$x\geqslant88$	$83\leqslant x<88$	$77\leqslant x<83$	$70\leqslant x<77$	$x<70$
	废水排放达标率/%	$x\geqslant98$	$95\leqslant x<98$	$92\leqslant x<95$	$87\leqslant x<92$	$x<87$
	废气排放达标率/%	$x\geqslant98$	$94\leqslant x<98$	$89\leqslant x<94$	$85\leqslant x<89$	$x<85$
	粉尘浓度达标率/%	$x\geqslant98$	$93\leqslant x<98$	$89\leqslant x<93$	$85\leqslant x<89$	$x<85$
	噪声达标率/%	$x\geqslant98$	$94\leqslant x<98$	$90\leqslant x<94$	$86\leqslant x<90$	$x<86$
	环保投入比重/%	$x\geqslant2.3$	$2.1\leqslant x<2.3$	$1.9\leqslant x<2.1$	$1.7\leqslant x<1.9$	$x<1.7$
机械化智能化指标	科研投入比重/%	$x\geqslant4.3$	$3.7\leqslant x<4.3$	$3\leqslant x<3.7$	$2.3\leqslant x<3$	$x<2.3$
	科技人员比重/%	$x\geqslant3.8$	$3.4\leqslant x<3.8$	$3\leqslant x<3.4$	$2.6\leqslant x<3$	$x<2.6$
	采矿机械化程度/%	$x\geqslant50$	$45\leqslant x<50$	$40\leqslant x<45$	$35\leqslant x<40$	$x<35$

稀土矿 C 级等级划分标准见表 6-25。

表 6-25　稀土矿 C 级等级划分标准

准则层	指标层	Ⅰ级	Ⅱ级	Ⅲ级	Ⅳ级	Ⅴ级
安全性指标	年重伤人数/(人·a⁻¹)	$x=0$	$x=1$	$x=2$	$x=3$	$x\geqslant4$
	年轻伤人数/(人·a⁻¹)	$x\leqslant1$	$2\leqslant x\leqslant4$	$5\leqslant x\leqslant7$	$8\leqslant x\leqslant9$	$x\geqslant10$
	百万工时死亡率/%	$x=0$	$0<x\leqslant0.1$	$0.1<x\leqslant0.3$	$0.3<x\leqslant0.4$	$x>0.4$
	全员安全培训率/%	$x\geqslant98$	$96\leqslant x<98$	$93\leqslant x<96$	$90\leqslant x<93$	$x<90$
	安全生产管理人员比例/%	$x\geqslant10$	$8.5\leqslant x<10$	$7\leqslant x<8.5$	$5.5\leqslant x<7$	$x<5.5$
低废高效指标	矿石贫化率/%	$x\leqslant11$	$11<x\leqslant15$	$15<x\leqslant19$	$19<x\leqslant23$	$x>23$
	采矿损失率/%	$x\leqslant7.5$	$7.5<x\leqslant11$	$11<x\leqslant14$	$14<x\leqslant16.5$	$x>16.5$
	人均工效/(t·人⁻¹)	$x\geqslant35$	$25\leqslant x<35$	$15\leqslant x<25$	$10\leqslant x<15$	$x<10$
	采矿强度/(t·m⁻²·a⁻¹)	$x\geqslant5500$	$4000\leqslant x<5500$	$2500\leqslant x<4000$	$1500\leqslant x<2500$	$x<1500$
低耗经济指标	吨矿电耗/(kW·h⁻¹·t⁻¹)	$x\leqslant14$	$14<x\leqslant18$	$18<x\leqslant22$	$22<x\leqslant26$	$x>26$
	吨矿水耗/(t·t⁻¹)	$x\leqslant3.2$	$3.2<x\leqslant3.5$	$3.5<x\leqslant3.8$	$3.8<x\leqslant4$	$x>4$
资源综合利用指标	采矿回收率/%	$x\geqslant86$	$82\leqslant x<86$	$79\leqslant x<82$	$76\leqslant x<79$	$x<76$
	选矿回收率/%	$x\geqslant83$	$78\leqslant x<83$	$73\leqslant x<78$	$69\leqslant x<73$	$x<69$
	尾矿综合利用率/%	$x\geqslant45$	$40\leqslant x<45$	$35\leqslant x<40$	$30\leqslant x<35$	$x<30$
	共伴生资源综合利用率/%	$x\geqslant75$	$65\leqslant x<75$	$55\leqslant x<65$	$50\leqslant x<55$	$x<50$
	废石综合利用率/%	$x\geqslant63$	$53\leqslant x<63$	$43\leqslant x<53$	$38\leqslant x<43$	$x<38$
生态环保指标	土地复垦率/%	$x\geqslant75$	$65\leqslant x<75$	$55\leqslant x<65$	$45\leqslant x<55$	$x<45$
	矿区植被覆盖率/%	$x\geqslant88$	$83\leqslant x<88$	$77\leqslant x<83$	$70\leqslant x<77$	$x<70$
	废水排放达标率/%	$x\geqslant98$	$95\leqslant x<98$	$92\leqslant x<95$	$87\leqslant x<92$	$x<87$
	废气排放达标率/%	$x\geqslant98$	$94\leqslant x<98$	$89\leqslant x<94$	$85\leqslant x<89$	$x<85$
	粉尘浓度达标率/%	$x\geqslant98$	$93\leqslant x<98$	$89\leqslant x<93$	$85\leqslant x<89$	$x<85$
	噪声达标率/%	$x\geqslant98$	$94\leqslant x<98$	$90\leqslant x<94$	$86\leqslant x<90$	$x<86$
	环保投入比重/%	$x\geqslant2.3$	$2.1\leqslant x<2.3$	$1.9\leqslant x<2.1$	$1.7\leqslant x<1.9$	$x<1.7$
机械化智能化指标	科研投入比重/%	$x\geqslant4.3$	$3.7\leqslant x<4.3$	$3\leqslant x<3.7$	$2.3\leqslant x<3$	$x<2.3$
	科技人员比重/%	$x\geqslant3.8$	$3.4\leqslant x<3.8$	$3\leqslant x<3.4$	$2.6\leqslant x<3$	$x<2.6$
	采矿机械化程度/%	$x\geqslant50$	$45\leqslant x<50$	$40\leqslant x<45$	$35\leqslant x<40$	$x<35$

6.3.3.6 其他类型矿等级标准

其他类型矿等级划分标准见表 6-26。

表 6-26 其他类型矿等级划分标准

准则层	指标层	Ⅰ级	Ⅱ级	Ⅲ级	Ⅳ级	Ⅴ级
安全性指标	年重伤人数/(人·a^{-1})	$x=0$	$x=1$	$x=2$	$x=3$	$x \geqslant 4$
	年轻伤人数/(人·a^{-1})	$x \leqslant 1$	$2 \leqslant x \leqslant 4$	$5 \leqslant x \leqslant 7$	$8 \leqslant x \leqslant 9$	$x \geqslant 10$
	百万工时死亡率/%	$x=0$	$0 < x \leqslant 0.1$	$0.1 < x \leqslant 0.3$	$0.3 < x \leqslant 0.4$	$x > 0.4$
	全员安全培训率/%	$x \geqslant 98$	$96 \leqslant x < 98$	$93 \leqslant x < 96$	$90 \leqslant x < 93$	$x < 90$
	安全生产管理人员比例/%	$x \geqslant 10$	$8.5 \leqslant x < 10$	$7 \leqslant x < 8.5$	$5.5 \leqslant x < 7$	$x < 5.5$
低废高效指标	矿石贫化率/%	$x \leqslant 4.5$	$4.5 < x \leqslant 5.5$	$5.5 < x \leqslant 7$	$7 < x \leqslant 8.5$	$x > 8.5$
	采矿损失率/%	$x \leqslant 4.5$	$4.5 < x \leqslant 7.5$	$7.5 < x \leqslant 10$	$10 < x \leqslant 13$	$x > 13$
	人均工效/(t·人$^{-1}$)	$x \geqslant 38$	$28 \leqslant x < 38$	$18 \leqslant x < 28$	$13 \leqslant x < 18$	$x < 13$
	采矿强度/(t·m^{-2}·a^{-1})	$x \geqslant 5800$	$4300 \leqslant x < 5800$	$2800 \leqslant x < 4300$	$2000 \leqslant x < 2800$	$x < 2000$
低耗经济指标	吨矿电耗/(kW·h^{-1}·t^{-1})	$x \leqslant 11$	$11 < x \leqslant 16$	$16 < x \leqslant 20$	$20 < x \leqslant 25$	$x > 25$
	吨矿水耗/(t·t^{-1})	$x \leqslant 2.5$	$2.5 < x \leqslant 3$	$3 < x \leqslant 3.5$	$3.5 < x \leqslant 4$	$x > 4$
资源综合利用指标	采矿回收率/%	$x \geqslant 94.5$	$92.5 \leqslant x < 94.5$	$90.5 \leqslant x < 92.5$	$88.5 \leqslant x < 90.5$	$x < 88.5$
	选矿回收率/%	$x \geqslant 86$	$83 \leqslant x < 86$	$80 \leqslant x < 83$	$76 \leqslant x < 80$	$x < 76$
	尾矿综合利用率/%	$x \geqslant 50$	$45 \leqslant x < 50$	$40 \leqslant x < 45$	$35 \leqslant x < 40$	$x < 35$
	共伴生资源综合利用率/%	$x \geqslant 83$	$78 \leqslant x < 83$	$73 \leqslant x < 78$	$68 \leqslant x < 73$	$x < 68$
	废石综合利用率/%	$x \geqslant 68$	$58 \leqslant x < 68$	$48 \leqslant x < 58$	$43 \leqslant x < 48$	$x < 43$
生态环保指标	土地复垦率/%	$x \geqslant 80$	$70 \leqslant x < 80$	$60 \leqslant x < 70$	$50 \leqslant x < 60$	$x < 50$
	矿区植被覆盖率/%	$x \geqslant 93$	$88 \leqslant x < 93$	$83 \leqslant x < 88$	$78 \leqslant x < 83$	$x < 78$
	废水排放达标率/%	$x = 100$	$96 \leqslant x < 100$	$92 \leqslant x < 96$	$89 \leqslant x < 92$	$x < 89$
	废气排放达标率/%	$x = 100$	$96 \leqslant x < 100$	$92 \leqslant x < 96$	$89 \leqslant x < 92$	$x < 89$
	粉尘浓度达标率/%	$x = 100$	$95 \leqslant x < 100$	$90 \leqslant x < 95$	$86 \leqslant x < 90$	$x < 86$
	噪声达标率/%	$x = 100$	$96 \leqslant x < 100$	$91 \leqslant x < 96$	$88 \leqslant x < 91$	$x < 88$
	环保投入比重/%	$x \geqslant 2.4$	$2.2 \leqslant x < 2.4$	$2.0 \leqslant x < 2.2$	$1.8 \leqslant x < 2$	$x < 1.8$
机械化智能化指标	科研投入比重/%	$x \geqslant 4.8$	$4.3 \leqslant x < 4.8$	$4 \leqslant x < 4.3$	$3.6 \leqslant x < 4$	$x < 3.6$
	科技人员比重/%	$x \geqslant 4.3$	$4 \leqslant x < 4.3$	$3.6 \leqslant x < 4$	$3.2 \leqslant x < 3.6$	$x < 3.2$
	采矿机械化程度/%	$x \geqslant 53$	$48 \leqslant x < 53$	$43 \leqslant x < 48$	$40 \leqslant x < 43$	$x < 40$

6.4　金属矿绿色开采评价方法

6.4.1　赋权方法选择

6.4.1.1　赋权方法介绍及优选

根据赋权方法的主客观性，可以将赋权方法分为三大类：第一类是偏主观的主观赋权法；第二类是客观赋权法；第三类是主客观综合考虑的组合赋权法。查阅文献资料，对常用赋权方法进行优缺点对比，见表6-27。

表6-27　赋权方法优缺点对比表

种类	名称	类型	评估复杂度	优点	缺点
主观赋权法	专家打分法[66]	主观	简单	观点权重相同，实施方便，具有广泛性	花费时间长，主观性强
	层次分析法[178]	主观	较复杂	系统性的分析方法，所需定量数据信息较少	不适用于因素众多、规模较大问题，一致性要求难以满足
	三角模糊数层次分析法[179]	主观	复杂	通过精确的数字手段处理模糊评价对象，做出较科学、合理、贴近实际的量化评价	计算复杂，对指标权重的确定主观性较强
	G1法[180]	主观	较简单	无须一致性检验，在指标数量较多的情况下，计算量相对较小，计算简便	主观性较强，精确性较低
	PSO-AHP法[181-182]	主观	较简单	保持原始信息，判断矩阵一致性较好，求解连续函数优化问题有优势	容易产生早熟收敛（处理复杂的多峰搜索问题），局部寻优能力较差
	最小平方法[183-185]	主观	简单	无须进行一致性检验	使用频率不高，操作性不强
	超标倍数法[186-187]	主观	简单	根据其作用大小分别赋予不同权重，体现了超标因子的作用	主观因素突出，计算较为复杂
	主成分分析法[188-189]	主观	较简单	可消除评价指标之间的影响，可减少指标选择的工作量	当主成分因子负荷的符号有正负时，综合评价函数意义不明确

续表6-27

种类	名称	类型	评估复杂度	优点	缺点
客观赋权法	熵权法[190-191]	客观	较复杂	相对主观赋值法,其精度较高,客观性更强,可与其他方法组合使用	计算量较大,不适合因素众多、规模较大的问题
	变异系数法[192-193]	客观	较简单	赋权结果具有很高的可区分度	有考虑各赋权指标对其紧邻上级指标的重要程度,可论证性较差
组合赋权法	乘法加成法[194-195]	综合	简单	多种方法综合,计算简单方便	具有"倍增效应"
	线性加权法	综合	简单	计算方便,多种方法综合	偏好系数不好确定,主观性较强
	博弈论法[196-197]	综合	较复杂	均衡和协调的思想,可用于组合赋权方法	不同权重间的均衡难以把握,无法提供唯一解

在几种主观赋权法中,由于专家打分法、层次分析法及其变形方法(包括三角模糊数层次分析法、PSO-AHP法)计算较为复杂,花费时间长,不太适合本项目构建的评价指标体系。G1法、最小平方法、超标倍数法、主成分分析法中,G1法不需要进行一致性检验计算,在指标数量较多的情况下,计算量相对较小,计算简便,具有独特的优势,故主观赋权法中选择G1法。

从表6-27可知,客观赋权法有两种,分别为熵权法与变异系数法,两者均是根据指标的离散程度进行赋权的。变异系数法在进行指标赋权时,必须考虑指标对上层指标的关联度,其评价结果的区分度比较高,有利于评价结果的分析,但可论证性能差;熵权法评价结果较客观,准确度较高,能与其他方法一起使用,包容性强。因此在客观赋权方法中,选择熵权法更为合适。

由表6-27可知,在三大类赋权方法中,组合赋权法既能弥补主观赋权过多依赖专家、忽视指标自身的缺点,又能弥补客观赋权法往往只看数字或统计数据之间的联系,没有考虑到指标之间联系的弊端。综合衡量三种方法的优缺点,为了提高绿色开采评价的准确性和科学性,最合适的指标权重确定的方法是组合赋权法。组合赋权法有三种,分别为乘法加成法、线性加权法与博弈论法。其中,乘法加成法会使指标权重大的变得更大、小的变得更小,这种"倍增效应"不仅不会使组合赋权法变得科学合理,而且有可能导致组合赋权法比其他方法更"离谱";线性加权法中加权参数的确定没有具体标准,因而主观性较强;博弈论法相比乘法加成法和线性加权法计算更科学,能兼顾指标的各方面信息,提高赋权的准确性和科学性,体现出全面协调的思想,因此选择博弈论法进行组合赋权。

综上，针对金属矿绿色开采指标赋权时，我们选择 G1 法和熵权法相结合的博弈论法进行赋权。

6.4.1.2　G1 法主观赋权

G1 法是由我国学者郭亚军提出的一种算法简单、使用广泛且较为新颖的主观赋权法。其指标权重的确定是通过评判专家对评价指标的重要度进行排序以及相邻指标间的相对性评价来实现的，它具有以下特性[69]：一是与传统的 AHP 法相比，无须建立评价指标的比较矩阵，省去了比较矩阵的一致性验证；二是同一层级评价指标个数没有限制；三是计算权重简便，分配的权重可信度高。G1 法的具体计算步骤如下[198-199]。

（1）确定评价指标之间顺序关系

如果模型中存在一系列评价指标，如 Z_1，Z_2，L，Z_{m-1}，Z_m，选择实践经验丰富的专家组，对模型中的评价指标，根据重要度排序，选出重要性最大的指标记为 Z_1^*，次重要的记为 Z_2^*，依次类推，得到 m 次评价指标记为 Z_m^*，排列后的指标顺序为：$Z_m^* < Z_{m-1}^* < L < Z_2^* < Z_1^*$。上述关系中，$Z_j^* < Z_r^*$ 表明评价指标 Z_j^* 相较于评价指标 Z_r^* 重要性降低，即评价指标 Z_r^* 的重要度不低于评价指标 Z_j^*。

（2）评价指标重要度赋值

两个相邻指标 Z_m^* 和 Z_{m-1}^* 之间的相对重要程度用 A_k 表示，其计算方法如下：

$$A_k = \frac{\psi_{j-1}}{\psi_j} \tag{6-2}$$

式中：ψ_j 为第 j 个指标的权重；ψ_{j-1} 为第 $j-1$ 个指标的权重。

评价指标计算前，评价指标权重 ψ_j 是未知数，而 A_k 是由专家组根据指标之间的重要度评分获得，因此，对评价指标重要度 A_k 赋值，见表 6-28。

表 6-28　评价指标重要 A_k 赋值表

A_k	赋值说明
1.0	评价指标 Z_m^* 和评价指标 Z_{m+1}^* 具有同等重要度
1.1	评价指标 Z_m^* 与评价指标 Z_{m+1}^* 处于稍微重要和同样重要之间
1.2	评价指标 Z_m^* 相对评价指标 Z_{m+1}^* 稍微重要
1.3	评价指标 Z_m^* 与评价指标 Z_{m+1}^* 处于比较重要和稍微重要之间
1.4	评价指标 Z_m^* 相对评价指标 Z_{m+1}^* 比较重要
1.5	评价指标 Z_m^* 与评价指标 Z_{m+1}^* 处于非常重要和比较重要之间

续表6-28

A_k	赋值说明
1.6	评价指标 Z_m^* 相对评价指标 Z_{m+1}^* 非常重要
1.7	评价指标 Z_m^* 与评价指标 Z_{m+1}^* 处于极度重要和非常重要之间
1.8	评价指标 Z_m^* 相对评价指标 Z_{m+1}^* 极度重要

（3）计算评价指标权重

当专家确定评价指标序关系并做出指标间的重要性对比后，得到 A_k，计算评价指标 ψ_n 的权重：

$$\psi_n = 1 \Big/ \left(1 + \sum_{n=2}^{m} \prod_{i=n}^{m} r_i\right) \qquad (6-3)$$

剩余的评价指标 $Z_j^*(j=1, 2, L, m-1)$ 权重，通过下式计算得到：

$$\psi_{n-1} = A_k \psi_n \qquad (6-4)$$

6.4.1.3 熵权法客观赋权

熵由克劳修斯于1854年提出，它是热力学基本概念之一，用于描述热运动过程中的一个不可逆现象，表示系统的紊乱程度，是系统无序状态的量度。熵权法[80-88]是一种根据各项指标观测值所提供的信息大小，即信息熵来确定指标权重的客观赋权法。根据熵的特性，通过计算熵值判断某个指标的离散程度，离散度越大，该指标对综合评价的影响就越大，其权重也就越大。通过计算各指标熵值和熵权，确定各指标的权重，熵权法的具体计算步骤如下。

（1）数据归一化处理

正指标的归一化，采用式（6-5）：

$$x_{ij} = \frac{a_{ij} - \min a_{ij}}{\max a_{ij} - \min a_{ij}} \qquad (6-5)$$

逆指标的归一化，采用式（6-6）：

$$x_{ij} = \frac{\max a_{ij} - a_{ij}}{\max a_{ij} - \min a_{ij}} \qquad (6-6)$$

式中：a_{ij} 表示第 $i(i=1, 2, L, m)$ 个对象的第 $j(j=1, 2, L, n)$ 个指标值；$\max a_{ij}$ 和 $\min a_{ij}$ 是各个对象第 j 个指标对应量值的最大值和最小值。

经指标归一化后，得到归一化矩阵：

$$X_{mn} = \begin{bmatrix} x_{11} & x_{12} & L & x_{1n} \\ x_{21} & x_{22} & L & x_{2n^{\cdot}} \\ M & M & M & M \\ X_{m1} & X_{m2} & L & X_{mn} \end{bmatrix} \quad (6-7)$$

式中：x_{ij} 表示归一化后的指标值。

（2）计算熵值

熵值的计算公式为：

$$P_{ij} = \frac{x_{ij}}{\sum\limits_{i=1}^{m} x_{ij}} \quad (6-8)$$

$$e_j = -k \times \sum_{i=1}^{m} P_{ij} \times \ln(P_{ij}) \quad (6-9)$$

式中：$k = \dfrac{1}{\ln(m)}$；x_{ij} 表示第 j 个对象在第 i 个指标上的标准值；e_j 表示第 $j(j=1,$ 2，L，n) 个指标的熵值。

（3）计算熵权

熵权的计算方法为：

$$w_j = \frac{-1 - e_j}{n - \sum\limits_{j=1}^{n} e_j} \quad (6-10)$$

式中：$0 \leqslant w_j \leqslant 1$，$\sum\limits_{j=1}^{n} w_j = 1$，$w_j$ 表示第 $j(j=1,2,L,n)$ 个指标的权重。

6.4.1.4　博弈论法组合赋权

博弈论法计算的基本思想是[85-86] 先各自对评价指标进行主客观赋权，通过计算找出不同权重之间的一致和并折中，达到偏差最小。博弈论法兼顾了指标的各方面信息，能提高赋权的准确性和科学性，实现利益最大化。其具体计算步骤如下。

（1）构建初始权重向量集

用 m 种组合赋权法进行评价指标赋权，得到初始权重的向量集 u_k：

$$u_k = \{u_{k1}, u_{k2}, L, u_{kn}\}, \ k=1, 2, L, m \quad (6-11)$$

（2）获得向量的线性组合

设 m 个不同向量的任意线性组合为：

$$u = \sum_{k=1}^{m} a_k u_k^{\mathrm{T}} \quad (6-12)$$

式中：$a_k > 0$；$\boldsymbol{u} = \sum\limits_{k=1}^{m} a_k = 1$，$\boldsymbol{u}$ 为权重向量；a_k 为计算出的线性组合系数。

（3）优化线性组合系数

对 m 个线性组合系数 a_k 进行优化，达到 u 与各个 u_k 的离差为最小的目的，即

$$\min \| \sum_{j=1}^{m} a_j u_j - u_i \|, \quad i = 1, 2, L, m \tag{6-13}$$

对上式进行一阶求导，求解最优答案。上式可转化为如下方程组，求解出 α_1，α_2，L，α_m 值。

$$\begin{bmatrix} u_1 u_1^T & u_1 u_2^T & L & u_1 u_m^T \\ u_2 u_1^T & u_2 u_1^T & L & u_2 u_m^T \\ M & M & M & M \\ u_m u_1^T & u_m u_2^T & L & u_m u_m^T \end{bmatrix} \begin{bmatrix} \alpha_1 \\ \alpha_2 \\ M \\ \alpha_m \end{bmatrix} = \begin{bmatrix} u_1 u_1^T \\ u_2 u_2^T \\ M \\ u_m u_m^T \end{bmatrix} \tag{6-14}$$

（4）归一化处理

由于求解出的 α_1，α_2，L，α_m 的总和不一定等于1，需要进行归一化处理，其计算公式为：

$$\alpha'_k = \frac{|\alpha_m|}{\sum\limits_{i=1}^{m} |a_k|} \tag{6-15}$$

（5）计算综合权重

通过计算，得到归一化线性组合系数，结合主客观权重值，计算出综合权重：

$$u' = \sum_{i=1}^{m} \alpha'_k u_k^T \tag{6-16}$$

6.4.2 评价方法选择

6.4.2.1 评价方法介绍及优选

当前有关金属矿绿色开采评价方法的研究较为欠缺，未见一种科学合理的评价方法。通过借鉴绿色矿山建设、煤矿开采以及其他相近行业的评价方法，对其加以分析和整理，择优选取出一种或多种科学合理的评价方法，将其运用于金属矿绿色开采评价中。经大量相关文献检索，我国煤矿及绿色矿山建设中曾使用过的评价方法有11种，通过对评价方法主/客观度、评估复杂度、优点缺点进行对比，其结果列于表6-29。

表 6-29　我国矿山绿色开采评价方法优缺点对比

评价方法	主/客观度	评估复杂度	优点	缺点
模糊综合评价法[200]	主观	较复杂	能考虑多种因素	计算复杂,权重主观性强
灰色多层次综合评判法[201-202]	较客观	较复杂	将定性、定量结合,计算结果客观可靠,可直接利用客观数据计算,无须归一化处理	计算过程较烦琐
聚类分析法[203]	较客观	较简单	使用范围广,包容性强,评价结果直观	对指标的种类要求一致,量纲必须相同,不适用于多指标
可拓优度法[204]	较客观	一般	适用于任何评价体系,无须人工干预,评价结果较客观	对权重的矢量确定较为困难
多目标决策法[205]	较客观	一般	众多可供选择方案中,根据多个标准(多目标)选择,获得最优方案	决策标准难以掌握
云理论[206-207]	较客观	较复杂	对于定性、定量指标共存的系统,具有较好适用性	相较定性指标,定量指标处理较差
物元分析法[208-209]	较客观	较复杂	能有效减少定量指标的计算量	评价方法中"元"的确定比较困难
DEA 模型法[210-211]	客观	较复杂	该评价方法适用于效率的研究,对指标的量纲没有要求,计算中所需要的权重不受外界因素干扰	决策中 DMU 必须有足够的数量,无法衡量产出为负的状况
鱼群算法和神经网络[212]	较客观	复杂	适合求解内部机制复杂的问题,能快速找到全局最优解	在计算过程中,将所有信息都变为数字和数学推理过程,导致信息的丢失
TOPSIS 法[213]	较客观	较简单	计算相对简单,评价结果呈现形式非常直观;对指标没有过多要求,包容性强	计算中需要求解正负理想解,但由于规范矩阵的计算比较复杂、费时,不好确定

续表6-29

评价方法	主/客观度	评估复杂度	优点	缺点
因子分析法[214]	较客观	较为简单	能保留决策的原始信息，进行信息的重新整合，找到有共同影响的因子进行分析，因子的命名比较清晰	采用最小二乘法计算因子的得分，此方法具有局限性，不一定适用全部指标

为了科学且有效地评价金属矿绿色开采水平，找到一种适用且合理的评价方法至关重要。灰色关联分析法[215-216]可以在数据和资料等信息不足的情况下，快速准确地找出各个因素之间的关联性，即灰色关联度。

因此，采用灰色关联分析法对表6-29中介绍的11种评价方法进行优选，求出的关联度越大，表明该因素对参考因素的影响越显著，相关性越强，反之则相关性越弱，其计算的步骤如下。

(1)求解参考序列和比较序列

如果在一个系统中，有 a 个评价对象，b 个评价指标，则参考序列为：

$$X_0 = \{x_0(k) | k = 1, 2, L, b\} \tag{6-17}$$

那么可以得到的比较序列为：

$$X_i = \{x_i(k) | i = 1, 2, L, 1; k = 1, 2, L, b\} \tag{6-18}$$

(2)计算关联系数

评价指标 x_i 和参考指标 x_0 在 k 时刻的关联系数为：

$$\xi_i(k) = \frac{\min\limits_{i=1,2,L,a} \min\limits_{k=1,2,L,b} |x_0(k) - x_i(k)| + \rho \max\limits_{i=1,2,L,a} \max\limits_{k=1,2,L,b} |x_0(k) - x_i(k)|}{|x_0(k) - x_i(k)| + \rho \max\limits_{i=1,2,L,a} \max\limits_{k=1,2,L,b} |x_0(k) - x_i(k)|}$$

$$\tag{6-19}$$

式中：$\xi_i(k)$ 为关联系数；$\min\limits_{i=1,2,L,a} \min\limits_{k=1,2,L,b} |x_0(k) - x_i(k)|$ 为参考序列和比较序列之差，先取最小值，再取绝对值；$\max\limits_{i=1,2,L,a} \max\limits_{k=1,2,L,b} |x_0(k) - x_i(k)|$ 为参考序列和比较序列之差，取其中的最大值，再取绝对值；ρ 为分辨系数，在 $(0, 1)$ 中取值。

(3)计算灰色关联度

$$\gamma_i = \gamma(x_0, x_i) = \frac{1}{n} \sum_{k=1}^{n} \xi_i(k) \tag{6-20}$$

(4)因素排序

计算出每个影响因素的灰色关联度后，按从大到小顺序进行排序，灰色关联度越大，表明该评价方法与绿色开采评价相关性越强，越适用于金属矿绿色开采评价，越小则表示越不适用于金属矿绿色开采评价。

采用专家访谈法获取各个评价方法的适用度，邀请多位经验丰富的金属矿开采领域专家，结合表 6-29 中各评价方法的优缺点，对 11 种评价方法按照适用性进行打分，分值范围为 1~9 分，分值越高表明该方法越适用于金属矿绿色开采评价，打分结果见表 6-30。

表 6-30　专家打分结果

评价方法	专家序号								
	1#	2#	3#	4#	5#	6#	7#	8#	9#
模糊综合评价法	5	7	8	4	7	5	5	6	7
灰色多层次综合评判法	4	5	4	6	3	5	3	4	5
聚类分析法	3	4	6	3	5	4	2	3	4
可拓优度法	5	4	5	3	4	6	6	4	6
多目标决策法	5	6	5	4	6	3	4	6	4
云理论	5	7	6	4	5	7	6	3	5
物元分析法	8	2	3	4	4	4	4	5	7
DEA 模型法	3	5	4	6	3	3	5	4	4
鱼群算法和神经网络	5	3	2	7	6	4	5	6	7
TOPSIS 法	5	8	4	7	5	8	5	6	7
因子分析法	7	4	8	4	6	7	8	7	6

根据式(6-15)~式(6-21)，运用 matlab 软件运算，得到各评价方法灰色关联度结果见表 6-31。

表 6-31　各评价方法灰色关联度结果

评价方法	灰色关联度	排序
TOPSIS 法	0.5833	1
因子分析法	0.5785	2
模糊综合评价法	0.5686	3
云理论	0.5124	4
鱼群算法和神经网络	0.4974	5
物元分析法	0.4926	6
可拓优度法	0.4706	7
多目标决策法	0.4706	8

续表6-31

评价方法	灰色关联度	排序
灰色多层次综合评判法	0.4438	9
DEA 模型法	0.4327	10
聚类分析法	0.4180	11

从表6-31可见，11种评价方法的优先顺序依次为：TOPSIS法、因子分析法、模糊综合评价法、云理论、鱼群算法和神经网络、物元分析法、可拓优度法、多目标决策法、灰色多层次综合评判法、DEA模型法、聚类分析法。TOPSIS法的灰色关联度最大，优先度最高，这意味着TOPSIS法比较适用于金属矿绿色开采评价。因此，选择TOPSIS法进行金属矿绿色开采评价。

6.4.2.2 TOPSIS 法介绍

TOPSIS法[102]又称接近理想点法，也就是说，在评价计算时，先求解问题的正负理想解，然后通过计算找到最优方案。最优方案的判断标准是离正理想解距离最近，离负理想解距离最远。

TOPSIS法的基本思路是找出正理想方案和负理想方案，然后根据各方案与正、负理想方案之间的距离来判断对评价方案的满意度。TOPSIS法具体计算步骤如下。

（1）构造规范化决策矩阵 R

对于效益型指标，得到的数据无须处理。

对于成本型指标，需要用下式计算：

$$x'_{ij} = \frac{1}{x_{ij}} \tag{6-21}$$

式中：x_{ij} 为初始数据中的指标值；x'_{ij} 为转化的指标值。

然后将指标归一化：

$$r_{ij} = \frac{x'_{ij}}{\sqrt{x_{ij} \sum_{i=1}^{m} x_{ij}^2}} \tag{6-22}$$

得到决策矩阵：

$$R = (r_{ij})_{m \times n} = \begin{bmatrix} r_{11} & r_{12} & L & r_{1n} \\ r_{21} & r_{22} & L & r_{2n} \\ M & M & M & M \\ r_{m1} & r_{m2} & L & r_{mn} \end{bmatrix} \tag{6-23}$$

（2）构造加权规范化决策矩阵 V

$$V = R \times W = \begin{bmatrix} w_1r_{11} & w_2r_{12} & L & w_nr_{1n} \\ w_1r_{21} & w_2r_{22} & L & w_nr_{2n} \\ M & M & M & M \\ w_1r_{m1} & w_2r_{m2} & L & w_nr_{mn} \end{bmatrix} \tag{6-24}$$

式中：W 为前面通过博弈论法计算出的指标权重。

（3）确定正理想解 A^+ 和负理想解 A^-

对于效益型指标来说，正理想解为向量中的最大值，负理想解为向量中的最小值；对于成本型指标而言，正理想解为向量中的最小值，负理想解为向量中的最大值。A^+、A^- 的表示方式如下：

$$\begin{aligned} A^- &= \{ (\max v_{ij}) \mid m \in J_1,\ (\min v_{ij}) \mid m \in J_2 \} \\ A^+ &= \{ (\min v_{ij}) \mid m \in J_1,\ (\max v_{ij}) \mid m \in J_2 \} \end{aligned} \tag{6-25}$$

式中：J_1 为效益型指标的数值；J_2 为成本型指标的数值。

（4）计算正理想解距离 D^+ 和负理想解距离 D^-

正、负理想解距离 D^+、D^- 计算方法为：

$$\begin{aligned} D^+ &= \sqrt{\sum_{j=1}^{n} (v_{ij} - A^+)^2} \\ D^- &= \sqrt{\sum_{j=1}^{n} (v_{ij} - A^-)^2} \end{aligned} \tag{6-26}$$

（5）计算相对接近度 C

$$C = \frac{D^-}{D^+ + D^-} \tag{6-27}$$

（6）排序

根据 C 值大小对各评价指标进行排序。通常情况下，C 属于 0~1，越接近 1，表示该评价指标越接近最优水平，可见 C 值越接近 1 越好，C 值等于 1 时是选择研究的目标。

（7）模型建立

评判对象的综合评价向量 Q 的计算方法为：

$$Q = W \times C \tag{6-28}$$

式中：W 为准则层的权重；C 为 TOPSIS 法中相对贴近度。

6.4.3　案例分析

某金矿在开采过程中积极推进土地复垦和生态修复，推动生态矿业发展，实现了金属矿开采的绿色高质量发展。通过多次现场调研，获得了该矿绿色开采指标，见表6-32。

表6-32 某金矿绿色开采评价指标汇总一览表

准则层	指标层	计算方法	取值
安全性 指标 A_1	年重伤人数 A_{11}/(人·a⁻¹)	每年重伤人数	0
	年轻伤人数 A_{12}/(人·a⁻¹)	每年轻伤人数	6
	百万工时死亡率 A_{13}/%	死亡人数/实际工时数×10⁶×100%	0
	全员安全培训率 A_{14}/%	受过安全培训的人数/全部职工数×100%	100
	安全生产管理人员 比例 A_{15}/%	安全管理人员/生产作业人员×100%	2.2
低废高效 指标 A_2	矿石贫化率 A_{21}/%	(原矿地质品位-采出矿石品位)/原矿地质品位	3.47
	采矿损失率 A_{22}/%	(工业储量-实际采矿石量)/工业储量	6.90
	人均工效 A_{23}/(t·人⁻¹)	每月矿石总产量/全部职工数	118.85
	采矿强度 A_{24}/(t·m⁻²·a⁻¹)	工作面全年采出矿石量/回采各采场面积之和	8.34
低耗经济 指标 A_3	吨矿电耗 A_{31}/(kW·h·t⁻¹)	消耗电能/采出原矿质量	22.11
	吨矿水耗 A_{32}/(t·t⁻¹)	消耗水量/采出原矿质量	2
资源综合 利用指标 A_4	开采回收率 A_{41}/%	矿石/采区拥有的矿石储量×100%	93.10
	选矿回收率 A_{42}/%	精矿中的有用组分/入选矿石中有用组×100%	94.96
	尾矿综合利用率 A_{43}/%	年尾矿利用量/年尾矿生产总量×100%	65.14
	共伴生资源 综合利用率 A_{44}/%	共伴生有用组分的质量 /动用资源储量中伴生有用组分质量和×100%	100
	废石综合利用率 A_{45}/%	年利用的废石量/年产生的废石总量×100%	100
生态 环保 指标 A_5	土地复垦率 A_{51}/%	已恢复土地面积/被破坏土地面积×100%	100
	矿区植被覆盖率 A_{52}/%	绿化面积/可绿化面积×100%	100
	废水排放达标率 A_{53}/%	排放的达标废水量/产生的废水量×100%	100
	废气排放达标率 A_{54}/%	排放的达标废气量/产生的废气量×100%	100
	粉尘浓度达标率 A_{55}/%	粉尘达标区域/粉尘区域×100%	100
	噪声达标率 A_{56}/%	噪声控制达标范围/矿区噪声区域×100%	100
	环保投入比重 A_{57}/%	环保投入/矿区生产总值×100%	5.93
机械 智能化 指标 A_6	科研投入比重 A_{61}/%	科研资金投入/矿山投入总资金×100%	2
	科技人员比重 A_{62}/%	科研人员/全部职工人数×100%	6.1
	采矿机械化程度 A_{63}/%	机械化采矿工作面的产量/回采产量×100%	46.84

依据评价方法，得到某金矿绿色开采评价指标权重计算结果，见表 6-33。

表 6-33　某金矿绿色开采评价指标权益计算结果

准则层	权重	指标层	G1 法权重	熵权法权重	博弈论法权重
安全性指标 A_1	0.2336	A_{11}	0.0482	0.0749	0.0578
		A_{12}	0.0302	0.0516	0.0379
		A_{13}	0.032	0.0185	0.0272
		A_{14}	0.0437	0.0516	0.0466
		A_{15}	0.0571	0.0516	0.0552
低废高效指标 A_2	0.1168	A_{21}	0.0426	0.0185	0.034
		A_{22}	0.0401	0.0185	0.0324
		A_{23}	0.0295	0.0185	0.0256
		A_{24}	0.0296	0.0185	0.0256
低耗经济指标 A_3	0.0888	A_{31}	0.0565	0.0525	0.0551
		A_{32}	0.0547	0.0525	0.0539
资源综合利用指标 A_4	0.1717	A_{41}	0.0299	0.0314	0.0305
		A_{42}	0.0322	0.0314	0.0319
		A_{43}	0.022	0.0314	0.0254
		A_{44}	0.023	0.0314	0.026
		A_{45}	0.0385	0.0314	0.036
生态环保指标 A_5	0.2708	A_{51}	0.044	0.0346	0.0406
		A_{52}	0.0497	0.0346	0.0443
		A_{53}	0.0277	0.0346	0.0302
		A_{54}	0.0284	0.0346	0.0306
		A_{55}	0.0252	0.0346	0.0286
		A_{56}	0.0243	0.0346	0.028
		A_{57}	0.0354	0.0346	0.0351
机械智能化指标 A_6	0.1183	A_{61}	0.0547	0.0581	0.056
		A_{62}	0.0532	0.0581	0.055
		A_{63}	0.0475	0.0581	0.0506

某金矿绿色开采指标权重分布见图 6-3，在准则层中生态环保指标和安全性指标较为重要，低耗经济指标和机械智能化指标权重分布较高。

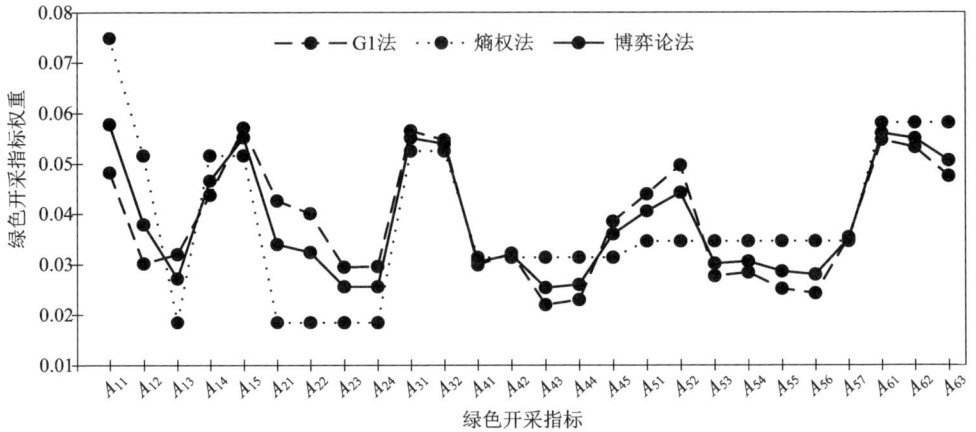

图 6-3　绿色开采指标权重分布

根据金矿等级标准和表 6-33 中某金矿绿色开采指标的实际数据，邀请专家打分，得到的计算结果如下。

（1）安全性指标

根据表 6-32，建立安全性指标的初始判断矩阵 F：

$$F_1 = \begin{bmatrix} 90 & 80 & 70 & 60 & 96 \\ 85 & 70 & 55 & 40 & 85 \\ 90 & 70 & 70 & 60 & 80 \\ 90 & 60 & 50 & 30 & 99 \\ 80 & 70 & 40 & 20 & 80 \end{bmatrix}$$

由此可得加权矩阵 V_1：

$$V_1 = \begin{bmatrix} 0.0839 & 0.0944 & 0.1079 & 0.1258 & 0.0786 \\ 0.0673 & 0.0481 & 0.0612 & 0.0841 & 0.0396 \\ 0.0547 & 0.0703 & 0.0703 & 0.0820 & 0.0615 \\ 0.1179 & 0.0786 & 0.0655 & 0.0393 & 0.1310 \\ 0.1586 & 0.1387 & 0.0793 & 0.0396 & 0.1586 \end{bmatrix}$$

获得正、负理想解 A_1^+、A_1^- 及样本正、负理想解距离 D_1^+、D_1^-。

$$A_1^+ = \begin{bmatrix} 0.0786 & 0.0400 & 0.0547 & 0.1310 & 0.1583 \end{bmatrix}^T$$

$$A_1^- = \begin{bmatrix} 0.1258 & 0.0849 & 0.0820 & 0.0393 & 0.0396 \end{bmatrix}^T$$

$$D_1^+ = \begin{bmatrix} 0.0311 & 0.0608 & 0.1102 & 0.1830 & 0.0068 \end{bmatrix}^T$$

$$\boldsymbol{D}_1^- = [0.1520 \quad 0.1174 \quad 0.0570 \quad 0.0000 \quad 0.1649]^\mathrm{T}$$

由式(6-28)可以计算得到样本贴近度：

$$\boldsymbol{C}_1 = [0.8301 \quad 0.6588 \quad 0.3408 \quad 0.0000 \quad 0.9602]^\mathrm{T}$$

（2）低废高效指标

根据表 6-32，建立低废高效生产指标的初始判断矩阵 $\boldsymbol{F}_2$：

$$\boldsymbol{F}_2 = \begin{bmatrix} 90 & 80 & 60 & 70 & 95 \\ 85 & 60 & 50 & 40 & 85 \\ 75 & 60 & 40 & 50 & 90 \\ 70 & 55 & 40 & 30 & 80 \end{bmatrix}$$

由此可得加权矩阵 $\boldsymbol{V}_2$：

$$\boldsymbol{V}_2 = \begin{bmatrix} 0.1013 & 0.1139 & 0.1519 & 0.1302 & 0.0959 \\ 0.0770 & 0.1380 & 0.1635 & 0.1635 & 0.0770 \\ 0.1204 & 0.0963 & 0.0642 & 0.0802 & 0.1444 \\ 0.1130 & 0.0888 & 0.0646 & 0.0484 & 0.1291 \end{bmatrix}$$

获得正、负理想解 $\boldsymbol{A}_2^+$、$\boldsymbol{A}_2^-$ 及样本正、负理想解距离 $\boldsymbol{D}_2^+$、$\boldsymbol{D}_2^-$：

$$\boldsymbol{A}_2^+ = [0.0959 \quad 0.0770 \quad 0.1444 \quad 0.1291]^\mathrm{T}$$

$$\boldsymbol{A}_2^- = [0.1519 \quad 0.1635 \quad 0.0652 \quad 0.0484]^\mathrm{T}$$

$$\boldsymbol{D}_2^+ = [0.0295 \quad 0.0847 \quad 0.1457 \quad 0.1389 \quad 0.0000]^\mathrm{T}$$

$$\boldsymbol{D}_2^- = [0.1318 \quad 0.0719 \quad 0.0161 \quad 0.0270 \quad 0.1535]^\mathrm{T}$$

由式(6-28)可以计算得到样本贴近度：

$$\boldsymbol{C}_2 = [0.8173 \quad 0.4592 \quad 0.0997 \quad 0.1627 \quad 1.0000]^\mathrm{T}$$

（3）低耗经济指标

根据表 6-32，建立低耗生产指标的初始判断矩阵 $\boldsymbol{F}_3$：

$$\boldsymbol{F}_3 = \begin{bmatrix} 95 & 85 & 70 & 60 & 90 \\ 70 & 55 & 50 & 40 & 70 \end{bmatrix}$$

由此可得加权矩阵 $\boldsymbol{V}_3$：

$$\boldsymbol{V}_3 = \begin{bmatrix} 0.1876 & 0.2097 & 0.2546 & 0.2971 & 0.1980 \\ 0.1629 & 0.2074 & 0.2281 & 0.2845 & 0.1629 \end{bmatrix}$$

获得正、负理想解 $\boldsymbol{A}_3^+$、$\boldsymbol{A}_3^-$ 及样本正、负理想解距离 $\boldsymbol{D}_3^+$、$\boldsymbol{D}_3^-$：

$$\boldsymbol{A}_3^+ = [0.1876 \quad 0.1629]$$

$$\boldsymbol{A}_3^- = [0.2971 \quad 0.2851]$$

$$\boldsymbol{D}_3^+ = [0.0000 \quad 0.0496 \quad 0.0935 \quad 0.1640 \quad 0.0104]^\mathrm{T}$$

$$\boldsymbol{D}_3^- = [0.1640 \quad 0.1170 \quad 0.0711 \quad 0.0000 \quad 0.1573]^\mathrm{T}$$

由式(6-28)可计算得到样本贴近度:
$$C_3 = \begin{bmatrix} 1.0000 & 0.7021 & 0.4320 & 0.0000 & 0.9378 \end{bmatrix}^T$$

(4)资源综合利用指标

根据表6-32,建立资源综合利用指标的初始判断矩阵 F_4:

$$F_4 = \begin{bmatrix} 88 & 70 & 60 & 50 & 85 \\ 90 & 60 & 80 & 50 & 95 \\ 85 & 70 & 60 & 45 & 90 \\ 80 & 75 & 55 & 45 & 78 \\ 90 & 70 & 50 & 30 & 92 \end{bmatrix}$$

由此可得到加权矩阵 V_4:

$$V_4 = \begin{bmatrix} 0.1197 & 0.0953 & 0.0816 & 0.0680 & 0.1157 \\ 0.1098 & 0.0732 & 0.0976 & 0.0610 & 0.1159 \\ 0.0858 & 0.0706 & 0.0606 & 0.0451 & 0.0908 \\ 0.1229 & 0.1152 & 0.0845 & 0.0691 & 0.1198 \\ 0.0997 & 0.0776 & 0.0554 & 0.0332 & 0.1019 \end{bmatrix}$$

获得正、负理想解 A_4^+、A_4^- 及样本正、负理想解距离 D_4^+、D_4^-:

$$A_4^+ = \begin{bmatrix} 0.1197 & 0.1159 & 0.0908 & 0.1229 & 0.1019 \end{bmatrix}^T$$
$$A_4^- = \begin{bmatrix} 0.0680 & 0.0610 & 0.0454 & 0.0691 & 0.0332 \end{bmatrix}^T$$
$$D_4^+ = \begin{bmatrix} 0.0082 & 0.0590 & 0.0796 & 0.1239 & 0.0051 \end{bmatrix}^T$$
$$D_4^- = \begin{bmatrix} 0.1183 & 0.0794 & 0.0498 & 0.0000 & 0.1210 \end{bmatrix}^T$$

由式(6-28)可计算得到样本贴近度:
$$C_4 = \begin{bmatrix} 0.9350 & 0.5594 & 0.3847 & 0.0000 & 0.9595 \end{bmatrix}^T$$

(5)生态环保指标

根据表6-32,建立生态环保化指标的初始判断矩阵 F_5:

$$F_5 = \begin{bmatrix} 90 & 92 & 85 & 60 & 90 \\ 90 & 88 & 70 & 50 & 95 \\ 80 & 70 & 50 & 40 & 80 \\ 80 & 75 & 35 & 50 & 95 \\ 80 & 60 & 30 & 45 & 90 \\ 80 & 90 & 50 & 30 & 92 \\ 76 & 68 & 45 & 20 & 80 \end{bmatrix}^T$$

由此可得到加权矩阵 V_5:

$$V_5 = \begin{bmatrix} 0.0843 & 0.0862 & 0.0797 & 0.0562 & 0.0843 \\ 0.0927 & 0.0906 & 0.0721 & 0.0515 & 0.1030 \\ 0.0632 & 0.0553 & 0.0395 & 0.0316 & 0.0632 \\ 0.0601 & 0.0563 & 0.0263 & 0.0376 & 0.0714 \\ 0.0610 & 0.0458 & 0.0229 & 0.0343 & 0.0687 \\ 0.0539 & 0.0606 & 0.0337 & 0.0135 & 0.0620 \\ 0.0997 & 0.0892 & 0.0590 & 0.0262 & 0.1049 \end{bmatrix}^T$$

获得正、负理想解 A_5^+、A_5^- 及样本正、负理想解距离 D_5^+、D_5^-：

$$A_5^+ = \begin{bmatrix} 0.0866 & 0.1094 & 0.0601 & 0.0749 & 0.0624 & 0.0554 & 0.0949 \end{bmatrix}^T$$

$$A_5^- = \begin{bmatrix} 0.0547 & 0.0547 & 0.0301 & 0.0276 & 0.0243 & 0.0121 & 0.0237 \end{bmatrix}^T$$

$$D_5^+ = \begin{bmatrix} 0.0196 & 0.0349 & 0.0926 & 0.1237 & 0.0000 \end{bmatrix}^T$$

$$D_5^- = \begin{bmatrix} 0.1145 & 0.1030 & 0.0502 & 0.0161 & 0.1308 \end{bmatrix}^T$$

由式(6-28)可计算得到样本贴近度：

$$C_5 = \begin{bmatrix} 8538 & 0.7469 & 0.3515 & 0.1149 & 1.0000 \end{bmatrix}^T$$

(6)机械智能化指标

根据表 6-32，建立机械化智能化指标的初始判断矩阵 F_6：

$$F_6 = \begin{bmatrix} 85 & 80 & 75 & 60 & 88 \\ 90 & 80 & 70 & 50 & 80 \\ 80 & 75 & 50 & 55 & 82 \end{bmatrix}^T$$

由此可得到加权矩阵 V_6：

$$V_6 = \begin{bmatrix} 0.1802 & 0.1638 & 0.1536 & 0.1331 & 0.1843 \\ 0.1700 & 0.1521 & 0.1342 & 0.0984 & 0.1646 \\ 0.1526 & 0.1441 & 0.1102 & 0.1187 & 0.1526 \end{bmatrix}^T$$

获得正、负理想解 A_6^+、A_6^- 及样本正负理想解距离 D_6^+、D_6^-：

$$A_6^+ = \begin{bmatrix} 0.1854 & 0.1678 & 0.1700 \end{bmatrix}^T$$

$$A_6^- = \begin{bmatrix} 0.1258 & 0.0987 & 0.0944 \end{bmatrix}^T$$

$$D_6^+ = \begin{bmatrix} 0.0041 & 0.0285 & 0.0634 & 0.0943 & 0.0054 \end{bmatrix}^T$$

$$D_6^- = \begin{bmatrix} 0.0956 & 0.0705 & 0.0412 & 0.0085 & 0.0938 \end{bmatrix}^T$$

由公式(6-28)可计算得到样本贴近度：

$$C_6 = \begin{bmatrix} 0.9589 & 0.7123 & 0.3940 & 0.0825 & 0.9459 \end{bmatrix}^T$$

(7)模型评价

由准则层权重值 $W^* = \begin{bmatrix} 0.2336 & 0.1168 & 0.0888 & 0.1717 & 0.2708 & 0.1183 \end{bmatrix}^T$，基于 TOPSIS 法已经算得的准则层指标的贴近度矩阵 C^*：

$$C^* = \begin{bmatrix} 0.8301 & 0.6588 & 0.3408 & 0.0000 & 0.9602 \\ 0.7173 & 0.4592 & 0.0997 & 0.1627 & 1.0000 \\ 1.0000 & 0.7021 & 0.4320 & 0.0000 & 0.9378 \\ 0.9350 & 0.5594 & 0.3847 & 0.0000 & 0.9595 \\ 0.8538 & 0.7469 & 0.3515 & 0.1149 & 1.0000 \\ 0.9589 & 0.7123 & 0.3940 & 0.0825 & 0.9459 \end{bmatrix}^T$$

由 W^* 和 C^* 可计算得到某金矿绿色开采综合评价向量 Q^*：

$$Q^* = W^* \times C^* = \begin{bmatrix} 0.8637 & 0.6468 & 0.3340 & 0.0599 & 0.9643 \end{bmatrix}^T$$

根据综合评价向量 $Q*$ 得到绿色开采的量化分级标准，见表 6-33。某金矿绿色开采综合评价的样本值 $Q = 0.9643$，由表 6-33 可知，某金矿绿色开采处于行业领先水平，其绿色开采等级属于 I 级。

表 6-33 某金矿绿色开采评价等级标准

绿色等级	量化结果	得分
I 级	$Q > 0.8637$	95
II 级	$0.6468 < Q \leqslant 0.8637$	85
III 级	$0.3340 < Q \leqslant 0.6468$	75
IV 级	$0.0599 < Q \leqslant 0.3340$	65
V 级	$Q \leqslant 0.0599$	55

第 7 章

金属矿绿色开采实践

　　金属矿绿色开采是建设绿色矿山、发展绿色矿业的重要环节，是在科学发展观、生态文明建设、"两山理论"指导下的积极探索实践。理论与实践具有辩证统一的关系，理论指导实践，实践反哺理论，离开了实践，理论就如同无源之水、无本之木。金属矿绿色开采理论与实践同样具有辩证统一的关系，金属矿绿色开采理论来源于金属矿绿色开采实践，金属矿绿色开采实践也不断推动金属矿绿色开采理论创新。在新的时代背景下，需要坚持发展的眼光，根据时代变化和实践发展，不断深化认识、总结绿色开采经验，坚持理论指导和实践探索的辩证统一，实现金属矿绿色开采理论创新和实践创新的良性互动。

　　守护矿山"绿"底色，补益生态金银山，只有适应生态文明建设要求，不断推动绿色开采实践、建设绿色矿山、发展绿色矿业，才能有效推动矿产资源开发利用与生态环境保护协调发展。金属矿绿色开采实践案例研究尤为重要，介绍行业内具有代表性的金属矿绿色开采产业开发技术集成示范工作，结合金属矿山工程背景，总结不同类型金属矿山安全高效采矿、资源综合利用、生态环境保护方面的经验，分析金属矿绿色开采效果，有助于形成良好的示范带头作用，有助于将生态优先、绿色发展理念运用于矿山生产建设全过程，可以起到示范带头作用，可以为同类金属矿绿色开采实践提供可借鉴的经验。

7.1　三山岛金矿绿色开采实践

7.1.1　工程背景

　　三山岛金矿是国家黄金工业"七五"期间重点建设项目，是机械化程度较高的地下黄金矿山之一，是世界首座海底金属资源的矿山，也是全国唯一一海底采矿的金矿。三山岛开采深度已经达到 1050 m，是我国目前仅有的 16 座深度超过 1000 m 的金属矿山之一。目前，其使用的主要采矿方法有上向点柱充填采矿法、上向水平分层充填采矿法、上向进路充填采矿法、机械化蜂窝充填采矿法。

针对该矿品位低(矿体的开采品位 2 g/t)、尾砂产率高(近乎 100%)、生产规模大(330 万 t/a)、开采深度 1000 m 以下和其他难采的特点,采用了全程多向创新的绿色开采模式,所谓全程即矿山开采的全过程,多向即多方向全方位资源综合利用技术,创新即使用绿色开采创新技术。基于该模式,矿山从安全高效采矿技术、资源综合利用技术、生态环境保护技术出发,在矿山设计、系统建设、生产组织与施工等方面,全程围绕绿色开采的技术路线,经过几年的不断改进和广大工程技术人员及工人的共同努力,最终实现了矿山的绿色开采。

7.1.2 三山岛金矿绿色开采工程实施过程

7.1.2.1 安全高效采矿

三山岛金矿实现了机械化蜂窝分段充填采矿法、机械化上向点柱充填采矿法、机械化上向水平分层充填采矿法、机械化上向进路充填采矿法等工业技术示范,同时,应用了多项金属矿绿色开采辅助与配套技术,如高效提升运输技术、通风降温技术、微震监测技术等。

(1)机械化蜂窝分段充填采矿法

三山岛金矿机械化蜂窝分段充填法采场布置形式见图 7-1,采场呈菱形,矿房沿走向长 30 m,单个采场高 20 m,宽 15 m。在矿体垂高上划分分段,分段高 15 m,依矿体的厚度不同,每层划分两个至多个采场,采场按菱形布置,上下两层采场交错,构成形式上的蜂窝状结构。

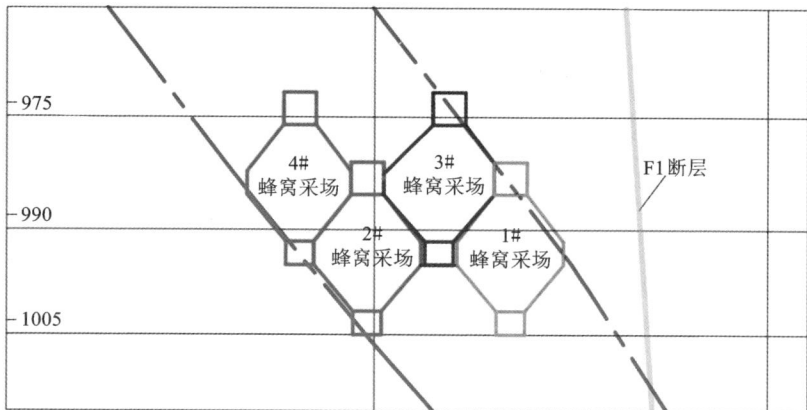

图 7-1 机械化蜂窝分段充填采矿法采场布置形式

机械化蜂窝分段充填采矿法主要涉及开拓、采准、切割工程,回采工艺流程由凿岩爆破、通风、撬毛、支护、出矿、充填等多项工序组成,采用扇形中深孔回采,选用 SandvikDL411 顶锤式中深孔台车凿岩,炮眼深 5.0~18.0 m,凿岩效率不低于 50 m/台班。进行凿岩时,确定凿岩中心点。巷道断面高 3.3 m,设计凿岩中心高为 1.4 m。进行扇形孔凿岩时,凿岩中心为巷道中心线,距离巷道孔口 1.6 m。严格按照设计角度和深度进行凿岩爆破。

采准工程施工完毕后,拉切割槽,提供采场回采的爆破自由面,切割槽设计爆破参数为:炮孔直径为 60 mm,排距 1.2 m,孔底距 1.2~1.8 m,炮孔深度 5~14 m,炮孔填塞长度 1.5~3 m。待采场切割拉槽完成后,开展回采爆破。在下部中深孔出矿巷道内布置上向扇形回采炮孔。依据菱形采场的采场几何形态以及现场岩体力学条件,设计爆破孔网参数:炮孔直径为 60 mm,抵抗线排距为 1.6 m,炮孔深度为 8~15 m,采用 1.5~3.0 m 间隔填塞;矿房的孔底距为 2.0~2.1 m,炮孔布置为前后排炮孔交错布置;1#矿房、2#矿房左边孔角和右边孔角均为 61°/66°,3#矿房的左边孔角为 65°/70°,右边孔角为 59°/63°。

采场爆破后,借助全矿主风压进行通风。新鲜风流通过分段平巷进入分层联络道,净化采场空气后,废气通过充填回风天井,从上中段回风道排出。对于通风困难的工作面,采用局扇压入式通风。

机械化蜂窝分段充填采矿法在采场回采结束后,根据矿体和围岩稳固情况确定支护形式。对不稳固地段采用超前卸压技术和膨胀增强锚网锚杆联合支护。考虑到岩石的破碎情况,锚杆可选用水泥砂浆锚杆、环氧树脂锚杆或管缝式锚杆,锚杆长度 2 m 左右,网度为 (0.8~1.5) m×(0.8~1.5) m。机械化蜂窝分段充填采矿法采用铲运机+坑内卡车联合出矿,铲运机型号为 SandvikLH410,额定载重量可达 10 t,斗容 4~5.5 m³;坑内卡车型号为 MT2200,载重量达到 22 t。

机械化蜂窝分段充填采矿法示范采场充填采用"高位放料、底部渗流、顶部排水、间断放砂"的工艺,即从蜂窝状采场顶部巷道(第二分段凿岩巷)进行充填,充填设计分两种方式:一种是用废石+全尾砂胶结料充填;另一种是用全尾砂胶结充填。对于第一分段采场,先用灰砂比 1:4 全尾矿胶结充填,充填高度 2.0 m;然后依靠铲运机将本中段或相邻中段的采掘废石倒运至采空区,废石充填高度 4.0~5.0 m 后,用灰砂比 1:10 的全尾砂胶结充填;如此循环,直至距采空区快接近最终充填位置 0.5~1.0 m 时,改用灰砂比 1:4 的全尾砂胶结充填浇面。如果没有足够的废石,底部 2.0 m 及浇面层采用灰砂比 1:4 的全尾砂胶结充填,其余用灰砂比 1:10 的全尾砂胶结充填。充填管路自通风充填联巷经联络巷下放到采场,在采场走向两侧联络巷内均可布置充填管路进行充填。

(2)机械化上向点柱充填采矿法

机械化上向点柱充填采矿法适用于水平厚度大于 15 m 的矿体,即三山岛金矿千米以深区域,水平厚度大于 15 m 的矿体。机械化上向点柱充填采矿法见

Ⅲ—Ⅲ

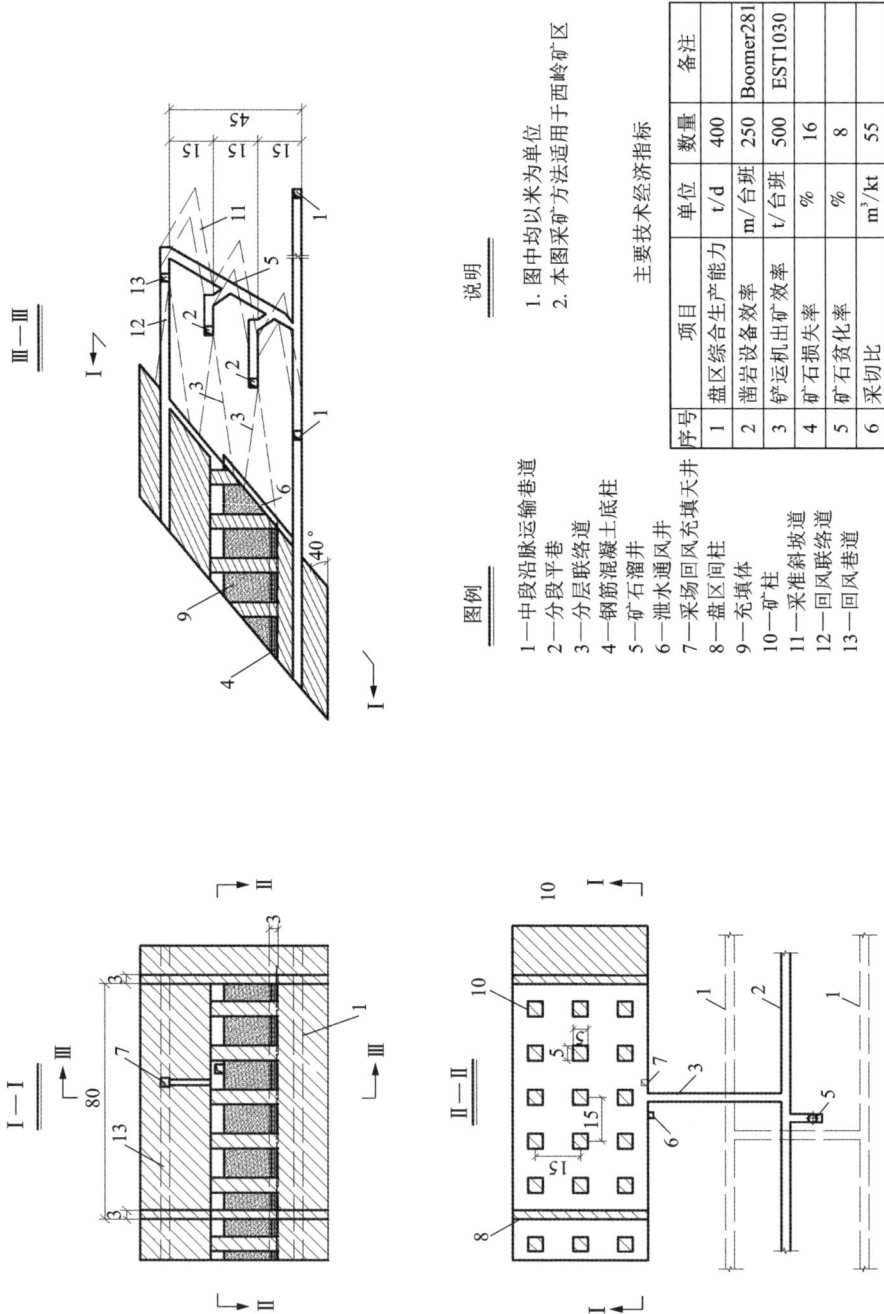

图例

1—中段沿脉运输巷道
2—分段平巷
3—分层联络道
4—钢筋混凝土底柱
5—矿石溜井
6—泄水通风井
7—采场回风充填天井
8—盘区间柱
9—充填体
10—矿柱
11—采准斜坡道
12—回风联络道
13—回风巷道

说明

1. 图中均以米为单位
2. 本图采矿方法适用于西岭矿区

主要技术经济指标

序号	项目	单位	数量	备注
1	盘区综合生产能力	t/d	400	
2	凿岩设备效率	m/台班	250	Boomer281
3	铲运机出矿效率	t/台班	500	EST1030
4	矿石损失率	%	16	
5	矿石贫化率	%	8	
6	采切比	m³/kt	55	

Ⅰ—Ⅰ

Ⅱ—Ⅱ

图7-2 机械化上向点柱充填采矿法

图 7-2。采场沿走向布置，采场长 80 m，采场高 80~100 m，分段高 13.3~15 m，采场宽为矿体厚。每条分段巷道承担 4~5 个分层的回采工作。在采场中布置点柱作永久支护，点柱尺寸 5 m×5 m，矿柱中心距 15 m。采场之间留 3 m 间柱，不留顶底柱。

机械化上向点柱充填采矿法的采准工程主要有分段平巷、分层联络道、矿石溜井、废石溜井、采场回风充填天井、天井联络道和拉底平巷。机械化上向点柱充填采矿法采准工程照片见图 7-3。

(a) 分段平巷

(b) 分层联络道

(c) 采场回风充填天井

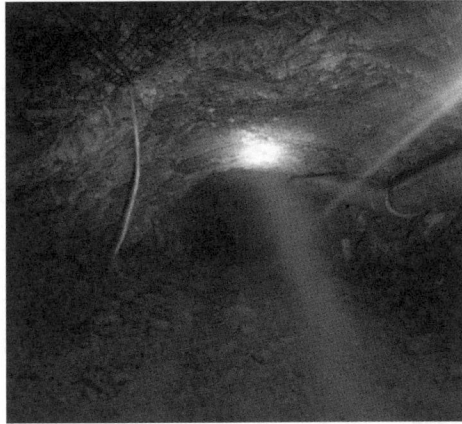
(d) 拉底平巷

图 7-3 机械化上向点柱充填采矿法采准工程照片

扫一扫，看彩图

采场第一分层回采结束后,浇筑人工假底。凿岩采用 Boomer281 或 M14 单臂凿岩台车,炮孔水平布置,剪式升降台车辅助装药。爆破用非电导爆雷管起爆,分段微差爆破。爆破通风后即进行撬毛作业,用锚杆、金属网或长锚索支护。采场爆破后所需新风由各中段经中段进风井进入分段平巷,通过分层联络道进入采场。污风由采场回风充填天井排至上中段回风巷。

机械化上向点柱充填采矿法在必要时对不稳固地段采用锚杆、金属网或长锚索支护。锚杆长度 2 m 左右,网度(0.8~1.5)m×(0.8~1.5)m。长锚索长 9~16 m,网度 3 m×2.5 m。机械化上向点柱充填采矿法出矿采用 ST-1020 柴油铲运机(斗容 4.6 m³)出矿。采场矿石由铲运机运到各分段矿石溜井,经溜井下放到中段,装入 2 m³ 矿车,经 10 t 架线电机车运到主矿石溜井内。

机械化上向点柱充填采矿法采用分层充填方式,下部采用高浓度全尾非胶结充填,上部 0.3~0.5 m 采用灰砂比 1:5 的水泥尾砂胶结充填,形成浇面层。分层充填前需要架设顺路泄水井,并在分层联络道内安装充填挡墙。充填管通过采场回风充填天井下放到充填采场。

(3)机械化上向水平分层充填采矿法

机械化上向水平分层充填采矿法采场结构参数见图 7-4,该采矿法适用于水平厚度大于 5 m、小于 15 m 的矿体。采场沿走向布置,长度为 80 m,宽为矿体厚度。中段高度 45 m,分段高度 15 m。采场分层高度 3 m,每条分段平巷承担 5 个分层的回采工作,采场第一分层控顶高度为 4.5 m,采完后充填 3 m,留 1.5 m 作为下步分层回采的爆破补偿空间。采场不留底柱,每一阶段留设 3 m 高顶柱,采场内间隔 80 m 留设 3 m 宽间柱。

机械化上向水平分层充填采矿法的采准工程主要有分段平巷、分层联络道、矿石溜井、废石溜井、采场回风充填天井、通风泄水井、溜井联络道和拉底平巷等。三山岛金矿机械化上向水平分层充填采矿法采准工程照片见图 7-5。

凿岩用 Boomer281 单臂凿岩台车,炮孔水平布置,炮孔直径 ϕ42 mm,炮孔深度 3.5 m,炮孔网度 0.8 m×1.0 m。炸药采用 2#岩石乳化炸药,非电导爆系统起爆。

采场爆破后所需新风由中段平巷经采准斜坡道进入分段平巷,通过分层联络道进入采场。污风由采场回风充填天井排至上中段回风巷。机械化上向水平分层充填采矿法在每分层回采结束后,根据矿体和围岩稳固情况确定支护形式。对不稳固地段可采用锚杆或长锚索联合支护,锚杆长度 2 m 左右,网度(0.8~1.5)m×(0.8~1.5)m。长锚索长 9~16 m,网度 3 m×2.5 m。

机械化上向水平分层充填采矿法采用分层充填方式,采场第一个分层浇筑人工假底后,采用灰砂比 1:6 胶结充填,充填料浆浓度 70%以上,辅以掘进废石采场充填,减少废石提升量。

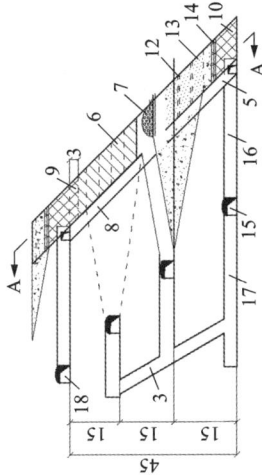

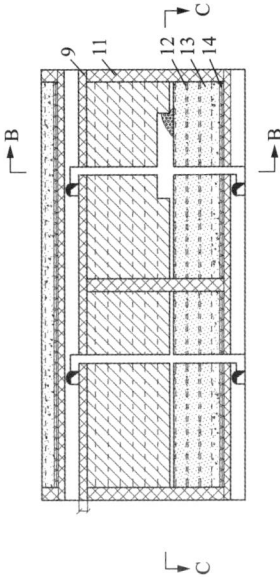

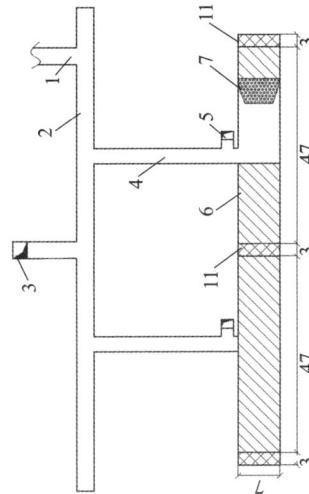

说明

1. 图中均以米为单位
2. 本图采矿方法适用于西岭矿区

主要技术经济指标

序号	项目	单位	数量	备注
1	盘区综合生产能力	t/d	400	
2	凿岩设备效率	m/台班	250	Boomer281
3	铲运机出矿效率	t/台班	500	EST1030
4	矿石损失率	%	16	
5	矿石贫化率	%	8	
6	采切比	m³/kt	55	

图例

1—分段巷联络道　2—分段平巷
3—溜石矿井　4—采场联络道
5—通风泄水井　6—矿体
7—矿石　8—回风天井
9—顶柱　10—胶结充填底
11—间柱　12—胶结充填体
13—尾砂充填体　14—人工假底
15—中段平巷　16—穿脉
17—中段出矿横巷　18—上中段平巷

图7-4　机械化上向水平分层充填采矿法

203

(a) 分段平巷   (b) 分层联络道   (c) 采场回风充填天井   (d) 拉底巷道

图 7-5 上向水平分层充填采矿法采准工程照片

（4）机械化上向进路充填采矿法

机械化上向进路充填采矿法及采场结构参数见图 7-6，适用于厚度大于 5 m 的破碎矿体。机械化上向进路充填采矿法采场沿矿体走向布置，采场长度为 80 m，2 个采场之间留设宽 4 m 的间柱。采场宽为矿体厚度。中段高度 45 m，分段高度 15 m。每条分段巷道承担 5 个分层的回采工作。

机械化上向进路充填采矿法采准工程主要有分段平巷、分层联络道、矿石溜井、废石溜井、充填回风井、通风泄水井和溜井联络道等。

上向进路充填采矿法采场凿岩用 Boomer281 单臂凿岩台车，炮孔水平布置，炮孔直径 42 mm，炮孔深度 3.5 m，炮孔网度 0.8 m×1.0 m。炸药采用 2#乳化岩石炸药非电导爆系统起爆。采场爆破后所需新风由中段进风井、盘区斜坡道进入分段平巷，通过分层联络道进入采场。污风由采场充填回风井排至上中段回风巷。

机械化上向进路充填采矿法在每分层回采结束后，根据矿体和围岩稳固情况确定支护形式。对不稳固地段，采用锚杆或金属网联合支护，防止岩层冒落。锚杆长度 2 m 左右，网度（0.8~1.5）m×（0.8~1.5）m。

机械化上向进路充填采矿法采用 EST1030 电动铲运机（载重 10 t）出矿。矿石由铲运机运到各分段矿石溜井。采用分层接顶充填方式，第一分层进路浇筑人工假底后，用灰砂比 1:6 的水泥尾砂充填料胶结充填，充填料浆浓度 70% 以上。进路采用高浓度的全尾砂充填料浆，分层充填，最后一次充填接顶。

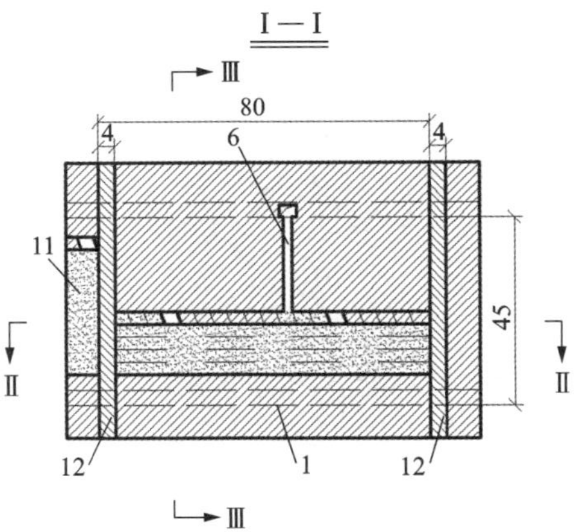

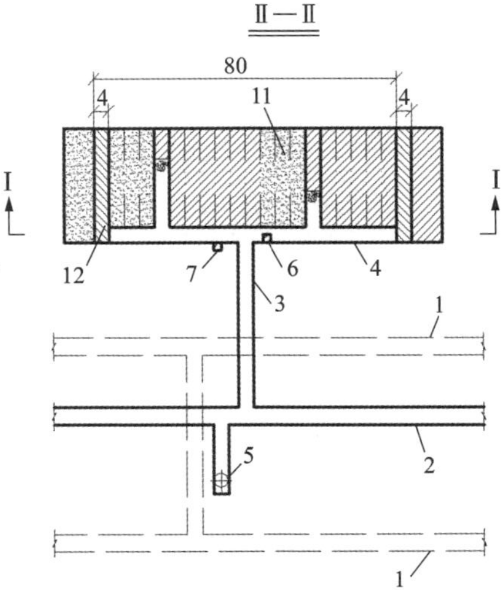

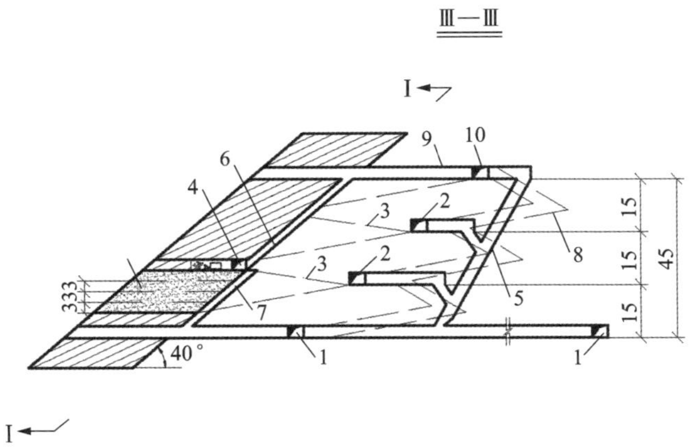

Ⅲ—Ⅲ

说明

1. 图中均以米为单位
2. 本图采矿方法适用于西岭矿区

主要技术经济指标

序号	项目	单位	数量	备注
1	盘区综合生产能力	t/d	400	
2	凿岩设备效率	m/台班	250	Boomer281
3	铲运机出矿效率	t/台班	500	EST1030
4	矿石损失率	%	16	
5	矿石贫化率	%	8	
6	采切比	m³/kt	45	

图例

1—中段沿脉运输巷道
2—分段平巷
3—分层联络道
4—分层平巷
5—矿石溜井
6—充填回风井
7—通风泄水井
8—采准斜坡道
9—回风联络道
10—回风巷道
11—充填体
12—间柱

图7-6　机械化上向进路充填采矿法

Ⅰ—Ⅰ

Ⅱ—Ⅱ

（5）其他高效开采辅助系统

①高效提升运输系统

为了充分体现绿色开采中高效、安全、先进的特点，三山岛金矿依据矿山的生产要求与实际特点，在提升运输系统的各个环节中，选择使用了一些高效的方法与系统，以配合先进的开采方法，提高生产能力，降低开采成本。

三山岛金矿采用竖井+斜坡道联合开拓方式，通达地表的提升竖井有 3 条，分别位于新立矿区 55#线、61#线与 71#线，其中井口位于 71#线的混合井提升能力最大，8000 t/d 以上。混合井井口坐标为 $X=39767.409$，$Y=94543.870$，井口标高 $Z=+5.650$ m，井底标高 $Z=-784.000$ m，井深 789.650 m，井筒净直径 $\phi6.0$ m。混合井承担三山岛金矿主要矿石、废石的提升。混合井内设 2 套提升系统，矿石、废石采用双箕斗提升，人员材料采用罐笼平衡锤系统提升。箕斗为 15 m³ 底卸式箕斗，罐笼为 1190 mm×930 mm 单层罐笼。

对于深部矿体开采，三山岛金矿采用盲竖井+辅助斜坡道联合开拓。盲竖井为混合井，坐标为 $X=40820.000$，$Y=95630.000$，井筒上口标高 $Z=-600$ m，井底标高 $Z=-1240$ m，井深 640 m，断面净直径 5.5 m，内设 1 套混合提升系统，箕斗罐笼互为平衡锤。箕斗承担矿石、废石提升，罐笼负责人员和材料的提升。箕斗为 6.3 m³ 底卸式箕斗，罐笼为 3600 mm×1600 mm 双层罐笼、刚性罐道。

为提高提升效率，减少提升过程中的人工操作耽误的时间，三山岛金矿对竖井提升系统进行了技术改造，研发了提升机集控的自动化系统，针对传统提升机电气控制系统出现的过卷、超速等问题，在分析当前基于 PLC 的电气控制系统所存在问题的基础上，根据提升机在实际生产中的控制要求，对其主控制程序和调速系统进行改造，进而实现对提升机准确、稳定的控制，以及竖井提升的自动对罐、精准对罐和快速动作，三山岛金矿竖井提升系统见图 7-7。

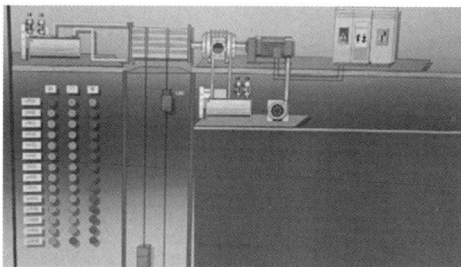

(a) 提升机集控自动化系统　　　　(b) 竖井提升系统

图 7-7　三山岛金矿竖井提升系统

②斜坡道运输系统

为了实现矿山人员、设备材料的快速运输，三山岛金矿井下开采除了设置高效的竖井提升系统,还建有以西山矿区主斜坡道为中心的井下无轨辅助斜坡道运输系统,使三山岛金矿各分段、各中段采场实现了互通,确保了人员、设备、材料等及时到达工作面,及时对井下采场通入新鲜空气,充填管道输送料浆也可及时进行采空区的充填。西山主斜坡道净断面(三心拱)为 4.3 m×3.4 m,平均坡度为 10%深度已经达到−1140 m 中段,长度约 11400 m,每隔 300~400 m 设置 1 条错车道,无轨设备可在中段巷道或分段巷道与斜坡道的交叉点处错车。

斜坡道按喷射砼支护考虑,支护厚度 100 mm,实际施工时应根据岩石稳固情况,对支护型式进行调整。其他辅助斜坡道或盘区斜坡道净断面为(三心拱)为 3.6 m×3.1 m,平均坡度为 12%,与各中段和分段平巷相互连通,以便无轨设备在各中段和分段之间方便运行。三山岛井下无轨运输系统满足井下人员运输、材料输送与设备调度与维修的要求,可为铲运机矿石铲装、坑内卡车装矿、运输及废石充填输送提供服务。

③坑内有轨运输系统

三山岛金矿有轨运输系统包括新立矿区井下有轨运输系统和西山矿区有轨运输系统以及废石转运有轨运输系统。矿区坑内有轨运输系统均选用 7 t 电机车牵引 2 m³ 底侧卸式矿车和 0.7 m³ 翻转式矿车运输矿石和废石,在底侧卸式矿车卸载站旁侧设翻转式矿车卸矿口。

为提高出矿能力,在出矿溜井底部安装有 600 t/h 出矿能力的振动放矿机,负责向 2 m³ 底侧卸式矿车卸矿。ZK7-6/250C 型架线式电机车双机牵引 15 辆 2 m³ 底侧卸式矿车,ZK7-6/250C 型架线式电机车双机牵引 10 辆 0.7 m³ 翻转式矿车,装矿完毕后,矿石运输到主溜井卸载。矿石或废石通过盲混合井提升到地表。

坑内运输线路均采用 22 kg/m 钢轨,600 mm 轨距。道岔采用 622−5−15 道岔。线路最小转弯半径 15 m。各中段均设 2 个矿石卸载站和 1 个废石卸载站。

④矿井通风及降温系统

三山岛金矿采用多级机站分区通风系统。

新立矿区采用中央进风两翼回风的多级机站通风方式,各需风中段、分段采用辅扇调节所需风量。新鲜风流经混合井、副井和措施井进入,经各中段石门、中段巷道,进入分段平巷、采场等用风点。污风经回风天井回到专用回风巷道,最后由东、西风井(−165 m 以下为倒段风井接力)排出地表。东、西风井在−165 m 石门设通风主扇,在各中段回风段、各分段进风段设辅扇调节风量。

西山矿区新鲜风流经盲混合井进入,经各中段石门、中段巷道,进入分段平巷、采场等用风点,污风经回风天井回到专用回风巷道,最后由倒段风井排至回风井。装卸矿、废石产生的粉尘经卸矿硐室回风天井排至原通风系统回风井。

考虑到三山岛金矿千米以深采场复杂的地质条件与高温环境,三山岛金矿采用井下自动通风降温系统,见图 7-8。该系统可以实时监测井下作业面温度,自动控制压风系统实现井下降温,保证井下作业面温度达到国家安全环境标准,以保障工人作业的环境与生命健康安全,达到绿色开采的环境质量要求。

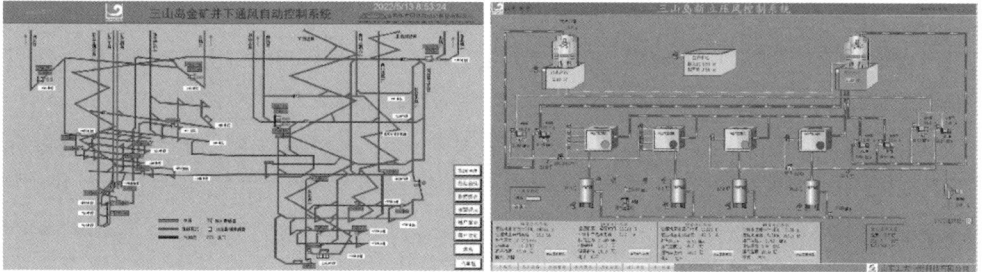

(a)三山岛金矿井下通风自动控制系统   (b)三山岛金矿压风控制系统

图 7-8　矿山井下通风及降温系统

⑤微震监测系统

针对三山岛金矿深部开采高应力作业环境,岩层应力释放快,微震事件发生多,岩层破裂与顶板冒落常发的现象,三山岛金矿在开采范围内布置了微震监测系统,系统由传感器、微震采集仪、时间同步系统、光纤数据通信系统和地面数据综合处理分析系统组成,见图 7-9。

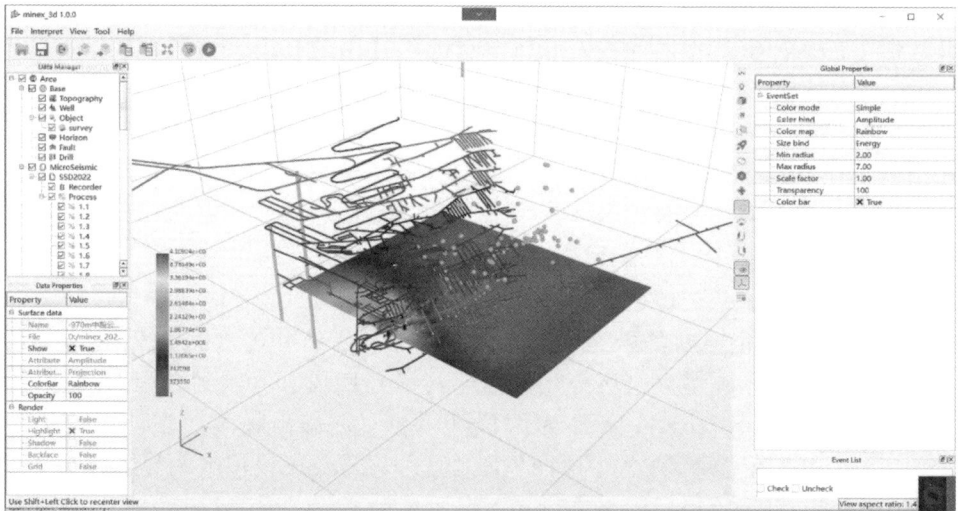

图 7-9　井下微震监测系统

通过微震系统的使用，外加矿区地应力测量的数据，结合矿山胶东北区域应力观测与岩爆预测的研究，对三山岛金矿深部开采的受力特征及岩爆有了较好的认识，能够提前采取措施，预防生产过程中的岩爆事故与地压灾害。

7.1.2.2　资源综合利用

三山岛金矿在绿色开采过程中制订了废石综合利用与尾砂充填、堆存与生态改良的生产计划，矿山针对尾废环境污染的问题，围绕矿山开采产生的尾废，采用不同尾废利用与处置方式，实现无废低害的绿色开采方式，见图 7-10。

对于三山岛金矿的废石，提出了用于井下人工假底与采空区充填，或提升地表破碎用于建材的处理方式。对于选矿尾砂，开展了全尾砂充填工业示范，建设了全尾砂充填系统，研发了与其配套的浓密、输送和降压等技术。此外，还开展了全尾砂的固化堆存工业实验，用膏体或似膏体将尾砂泵送到尾矿库，将其无害化堆存；开展了全尾砂绿化植被工业实验，通过尾砂基质的改良，培养金矿尾砂适生植物，从而恢复矿山的生态与环境。

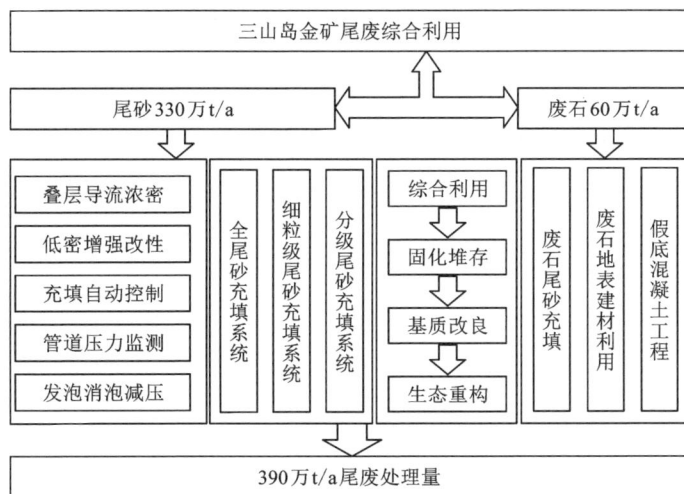

图 7-10　三山岛金矿尾废利用技术集成示意图

三山岛金矿井下大量废石出窿后，堆存在地表，不仅占据矿山工业广场，挤压其他工业设施场地，而且影响环境景观，导致资源浪费，形成安全环保压力。为此，三山岛金矿对矿山老选厂进行了改造，做到既能满足临时选矿的要求，又能用于井下废石的处理加工，充分利用老选厂工业场地、破碎设施，将井下废石制备成有工业利用价值的建筑材料，化害为利，可以实现固废资源的二次回收。

三山岛金矿废石综合利用分为三部分，首先用于制作建材用人工砂石，然后用于构筑人工假底，最后用于废石充填。

（1）废石综合利用

三山岛金矿井下废石，依据建筑商用要求，必须破碎筛分，加工制成粒径为 5~25 mm 的石块和细度模数为 2.8 的人工砂，以用于作为 C60 混凝土的粗细骨料。三山岛金矿西山矿区石料加工破碎机见图 7-11。

图 7-11　三山岛金矿西山矿区石料加工破碎机

鉴于三山岛金矿井下废石的物质成分与良好的强度特性，可以作为混凝土的主要原料，经过与石灰石粗骨料和河沙配制的混凝土对比分析，发现其配制的混凝土具有明显的耐久性能与更高的强度。三山岛金矿利用现有厂房作为废石粗碎系统，给料利用临时给矿系统经由 C110 颚式破碎机粗碎后进入破碎厂房，破碎最终产品通过 6# 皮带输送到水洗筛分系统。

人工假底构筑工艺相对复杂、要求高，直接影响着其强度和稳定性，必须按照设计步骤按质按量完成。其主要作业工序包括清理底板、铺设碎矿垫层和塑料薄膜、铺设底筋网、制备并浇筑混凝土。进路回采结束后进行人工平场，将进路或分层道底板残留碎矿扒平，使底板平整，铺设 200~300 mm 厚碎矿垫层，再铺盖两层塑料薄膜。

在塑料薄膜上放置砖块或碎石块，再铺设底筋网，将底筋网架高 0.1~0.2 m，从而使其完全被打底料浆包裹，增加整体强度。底筋网主筋直径为 12 mm，网度为 1000 mm×900 mm（横向×纵向）；副筋直径为 8 mm，网度为 500 mm×300 mm（横向×纵向）。横筋在下，纵筋在上，相交处用 11#（3 mm）铁丝缠绕加固，底筋网中纵向主筋距相邻进路边界均为 0.5 m。主筋沿进路方向延长搭接长度不小于 350 mm，副筋沿进路方向延长搭接长度不小于 150 mm，底筋布置结构见图 7-12。

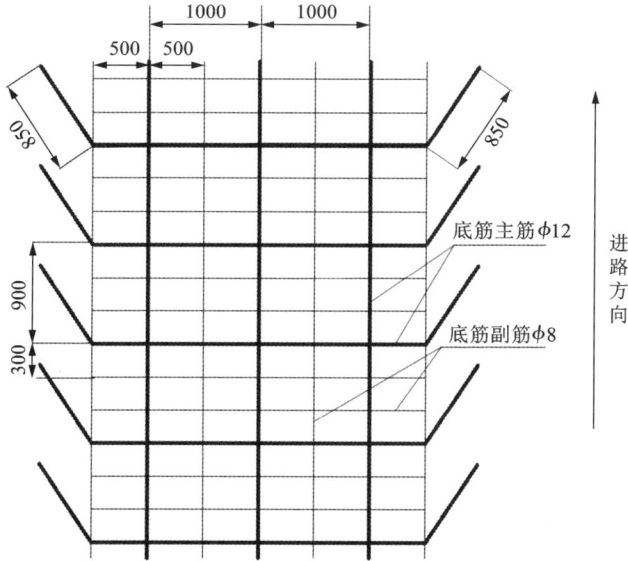

图 7-12 人工假底-底筋布置结构(单位:mm)

一步进路回采时两帮为矿体,将底筋网中横向主筋两端分别加长 0.85 m,并贴侧帮竖立,见图 7-13;二步进路回采时两帮为充填体,将一步进路假底预留的竖立横向主筋全部揭露出来,并将其拉直,用 11#铁丝缠绕搭接,搭接长度不小于 350 mm,见图 7-14。

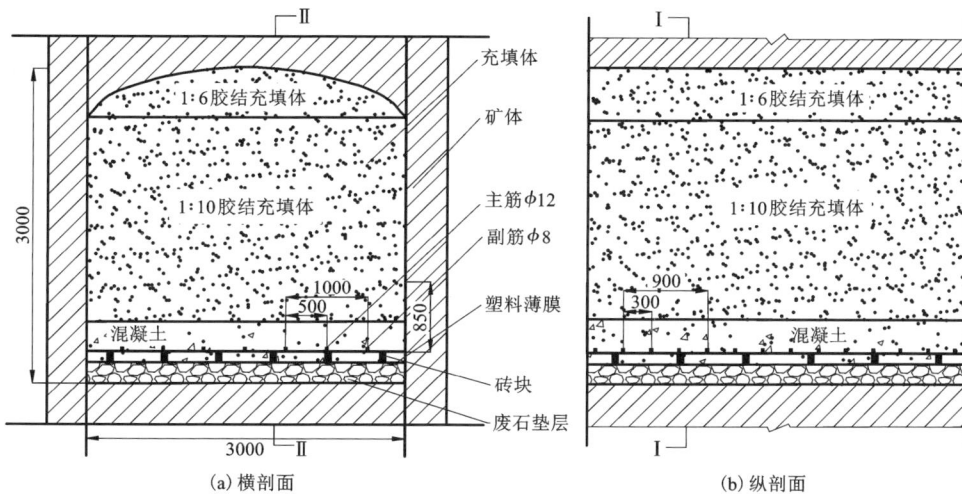

图 7-13 一步进路-假底铺设剖面(单位:mm)

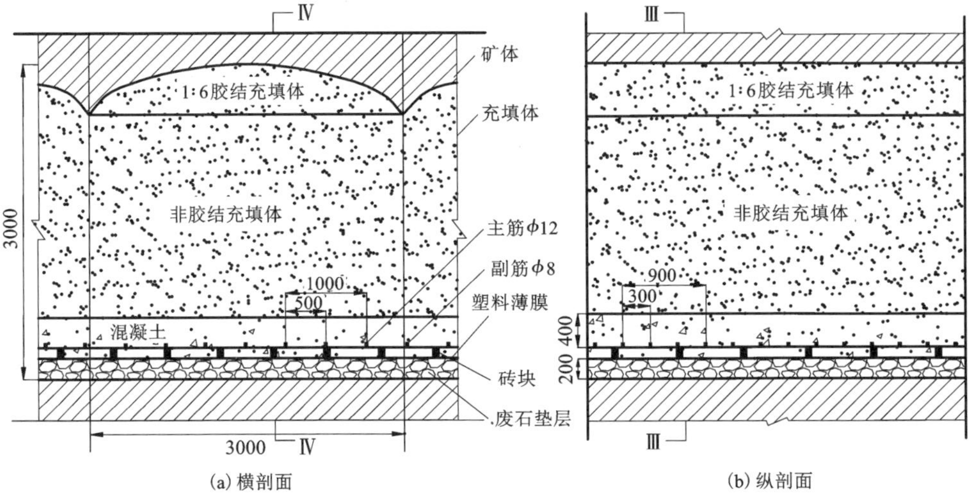

图 7-14   二步进路-假底铺设剖面(单位：mm)

浇筑混凝土厚度为 0.4 m，每立方米混凝土加水、水泥、砂、碎石分别为 200 kg、250 kg、750 kg、1250 kg。碎石来源为矿山井下采掘的废石，为此，要求选用的碎石块度相对均匀，粒径为 20~40 mm，碎石在进搅拌机斗前应先进行冲洗；或用井下移动式碎石器进行专门处理。水泥标号为 425#，使用中粗砂。边浇筑混凝土边架高底筋，且采用振捣棒捣实，浇筑完成后应有专人洒水，养护时间不得小于 14 d。假底下进路开采后顶板较为稳定，假底表面塑料布脱落，钢筋包裹较为完整，混凝土完整性较好，整体稳定，保证了采场作业安全。

废石用于矿山井下充填，能够很好地解决矿石提升运力不足和井下充填成本增加的问题。废石充填工艺即为将深井开拓、采准、切割等环节产生的废石直接回填到采空区，能够节省废石提升成本，提高了矿山的生产能力；同时，废石和尾砂胶结料浆混合后形成的充填体相对于尾砂胶结充填体具有较高的强度。

三山岛金矿井下废石充填采用将废石与胶结尾砂混合使用的尾废协同充填工艺，由于井下爆破产生的废石块度小于 350 mm，因此用于回填时一般不经筛分以全粒径的自然级配废石料直接作为充填料，和分级尾砂或全尾砂胶结充填料混合后充填至采空区。

废石充填时，废石转运是重要的环节。由于三山岛金矿采用多采场盘区平行作业，采准和切割产生的废石，当作为充填用废石料时，就近转运到待充采场。运输方式依废石与充填采场位置而定，当处于同一中段时，采用铲运机直接转运回填；当不在同一中段时，则使用卡车经盘区斜坡道转运。

废石胶结充填在满足充填工艺与技术要求的前提下，应尽可能做到废石回填

与尾砂胶结充填紧密结合，简化工艺流程，提高效率，降低成本。三山岛金矿废石回填一般用于厚大矿体的充填，采空区主要由机械化蜂窝分段充填采矿法和上向分层充填采矿法形成，针对形成空区的形态，尾废协同充填的工艺流程有所不同。

对于机械化蜂窝分段充填采矿法形成的采空区，尾废协同充填工艺流程见图 7-15。依据充填设计要求，采场下半部充填体强度在 3 MPa 以上；上半部充填体强度为 1.5 MPa。因此采场下半部采用废石+全尾砂胶结料浆充填方式，见图 7-16(a)；采场下半部采用全尾砂胶结料浆充填，见图 7-16(b)。

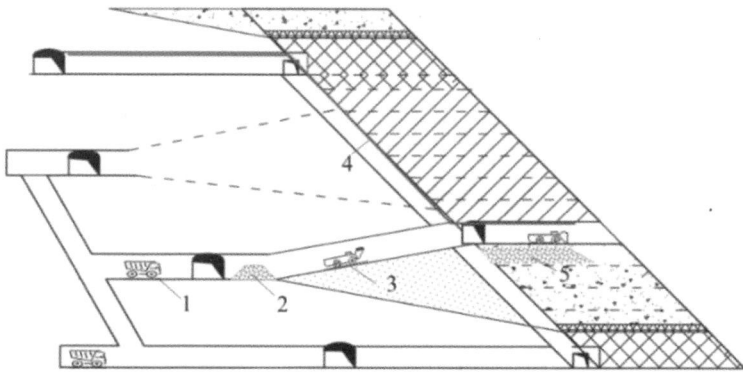

1—废石转运卡车；2—废石堆；3—铲运机；4—尾砂充填管；5—充填体。

图 7-15　机械化蜂窝分段充填采矿法尾废协同充填工艺流程

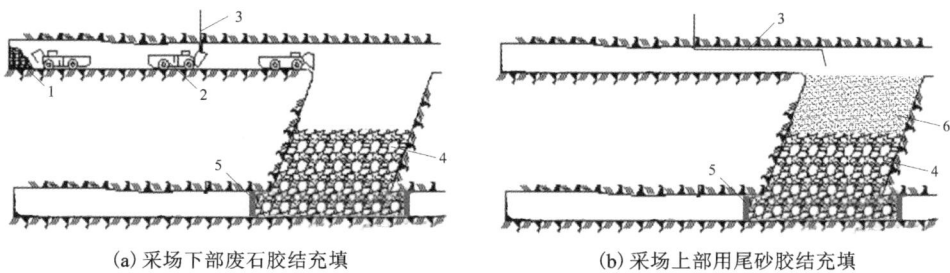

(a)采场下部废石胶结充填　　　　(b)采场上部用尾砂胶结充填

1—废石；2—铲运机；3—充填管；4—废石胶结充填体；5—充填挡墙；6—尾砂胶结充填。

图 7-16　机械化蜂窝分段充填采矿法尾废协同充填工艺流程

对于上向分层充填采矿法形成的采空区，分层高度一般在 3.0 m 左右，下部 2.6 m 采用废石和非胶结尾砂混合充填，上部 0.4 m 浇面层采用胶结充填，采用灰砂比 1:4，充填料浆浓度为 72%。分层充填前需要架设顺路泄水井，并在分层联络道内设置挡墙,封闭充填分层,充填管道通过采场回风充填井下到充填分层。

(2)尾砂充填利用

三山岛金矿尾砂充填分为全尾砂充填、分级尾砂充填。

三山岛金矿全尾砂充填管网布置见图 7-17。管道从地表钻孔开始,经 -135 m 中段→-240 m 中段→-307 m 中段→-435 m 中段→-555 m 中段→ -645 m 中段→-690 m 中段→-960 m 中段,最终到达-1005 m 中段示范采场。

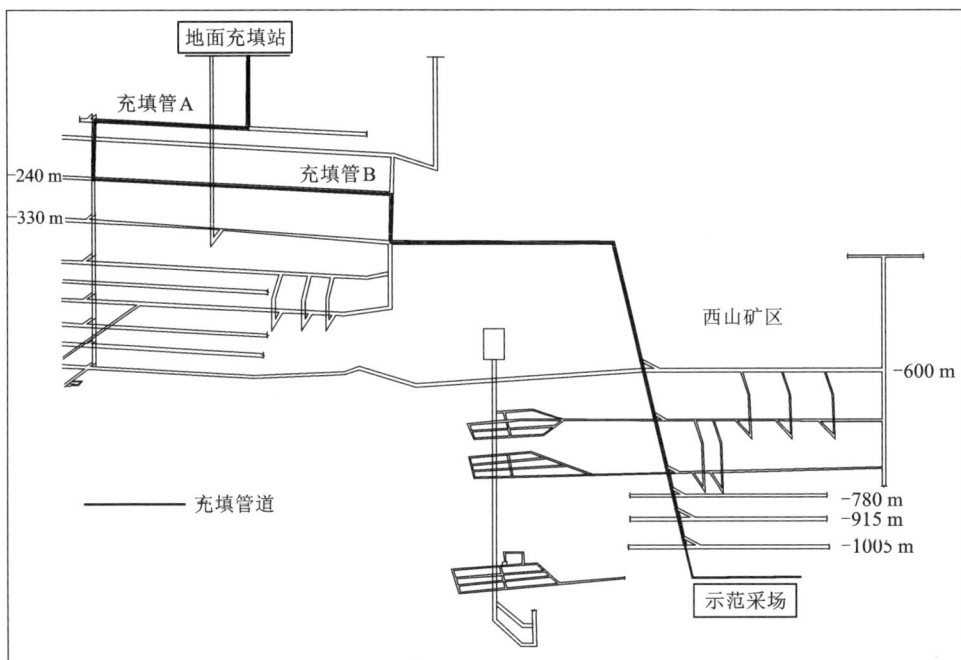

图 7-17　全尾砂充填网络布置与输送管道图(单位: m)

全尾砂胶结充填料浆主要输送到机械化蜂窝分段充填采矿技术示范采场充填。在满足机械化蜂窝分段充填采矿技术示范采场充填需求的情况下,多余的全尾砂胶结料浆也可以通过充填管道输送到应用机械化上向水平分层充填采矿法和机械化上向进路充填采矿法的采场。

全尾砂胶结充填示范的配套技术为"充填管网在线监测及调控技术"。从新建充填站到-1005 m 示范采场,管道总长约 3700 m,充填管道上安装监测传感器,用于测量管道内压力、流量和浓度。信号采集和传输采用分站至主机的传感器模式,在管路中设置 17 个信号采集分站,每个分站点单独设置一个控制箱,控制箱 220VAC 供电，井下供电电源由井下邻近巷道的架线电缆提供。

分级尾砂胶结充填系统是进行固废利用与处置的重要组成部分，三山岛金矿充填站分级尾砂胶结充填系统建于 2001 年，拥有 6 个 1000 m³ 立式砂仓，1 个 100 m³ 水泥仓，2 个 120 m³ 水泥仓和 1 个高浓度搅拌槽，见图 7-18。

图 7-18　三山岛金矿充填站分级尾砂胶结充填系统

三山岛金矿选厂尾砂泵送至砂仓，经砂仓顶部的离心分级机分选后，粒度大于 0.0055 mm 的粗砂落入立式砂仓内，脱水储存；细砂则经泵送排入露天坑尾矿库。分级尾砂胶结充填系统的充填料浆制备能力可以达到 5000~6000 m³/d，分级尾砂胶结充填系统，其料浆浓度为 68%~73%。年均尾砂利用量最高可达 200 万 t，能够满足 330 万 t/a 开采能力要求的约 165 万 t/a 充填能力的需求。

三山岛金矿采用尾砂胶结充填和分级尾砂充填两种充填方式。胶结充填时，水泥与尾砂比例为 1:8~1:12，浇面层灰砂比为 1:4。分级充填时，中段首采层采用灰砂比 1:4 的分级尾砂胶结充填的打底，充填高度为 2.0 m，然后选用灰砂比 1:8~1:10 的胶结充填，浇面层为 0.5 m，灰砂比 1:4，充填体强度为 1~2 MPa。

7.1.2.3　生态环境保护

"积极承担生态环保责任，严守生态保护红线，努力以最小的生态扰动量获取最大的资源量，大力发展循环经济、低碳经济和清洁生产，使每一座矿山都花常开、树常绿、水常清"是山东黄金集团的生态环境保护理念。三山岛金矿深化落实这种理念，采用绿色开采新方案、新技术、新工艺，在生态环境保护方面做出了大量尝试和取得了重要突破，建成了国家级绿色矿山，以及世界一流的示范矿山。

三山岛金矿坚持源头治理与生态环保双管齐下，打造立体化园林式矿山（见图 7-19），对矿石仓、原料仓进行全封闭式管理，对运输道路进行硬化，并安排人员进行洒水、冲刷、清扫，使路面见本色、无积尘，进一步净化空气质量。坚持资源高效开采与循环利用，充分利用微生物污水净化技术，每日处理污水达100 m³，处理后的污水不仅能用于矿区降尘、车辆冲洗、植被浇灌，还能产生生物肥料用于绿化。截至目前，三山岛金矿已经完成了西山矿区道路两侧及蓄水池周边约 15000 m² 绿化景观建设，进一步提高了矿山生态环境整体水平。

图 7-19　三山岛金矿园林式矿山

　　在采矿方面，三山岛金矿根据矿体赋存条件，因地制宜采用不同的采矿方法，最大限度地减少了采矿活动对矿床岩体稳定造成的影响，避免了地质灾害的发生，同时依托技术的进步和采矿设备的提升来降低采矿过程中的损失率和贫化率；在选矿方面，三山岛金矿结合金矿选矿工艺流程，通过技术升级改造来提高工艺系统技术指标，降低单位产品能耗，提高选矿回收率。选矿生产废水进入尾矿库澄清后，全部用泵输送回选矿车间循环使用，达到了选矿过程中选矿废水的"零排放"，年节约生产用水 400 万 m³，通过尾矿再选提高了选矿回收率。

　　在生态重构方面，三山岛金矿通过金矿全尾砂基质改良工业试验。工业试验地点为即将闭坑的尾矿库，试验场地面积为 150 m²，见图 7-20，以粒度小于

图 7-20　金矿全尾砂基质改良和生态重构

0.0055 mm 的尾砂为原料，播撒改良剂后形成改良尾砂。按照试验场地建设要求平整改良尾砂层，在平整后的场地上种植筛选后的适生植物，使试验场地植被覆盖率达到 91%，为黄金尾矿基质改良和生态重构提供了参考。

三山岛金矿采用先进的尾矿充填工艺技术，研发应用全尾砂胶结充填技术，不仅降低能耗、节约生产成本，而且有效地节约了尾矿库的土地占用面积。在井下建设砂石制备站，将井下空区回填剩余废石一部分用于井下砂石制备，一部分提升至地表进行废石销售，废石综合利用率达到 100%，最大限度地进行资源回收利用，走出了一条科技含量高、资源循环利用、绿色低碳的可持续发展之路。

7.1.3　三山岛金矿绿色开采效果

三山岛金矿秉承"山东黄金，生态矿业"的发展理念，以保护自然生态平衡为基础，以生态经济为依据，以高新技术为支撑，以节约资源、清洁生产、水土保持和废弃物深层次循环利用为特征，将土地复垦和生态矿业作为高质量发展的根本，在采矿活动的全生命周期内坚持绿色开采，探索出了全程多向创新的绿色开采模式，逐步实现了绿色发展与经济效益的共赢，走出了一条安全环保、绿色高效、可持续发展的新道路。

（1）绿色环保成效

三山岛金矿摒弃了"只顾眼前、不顾长远，先污染后治理、先破坏后恢复"的传统发展方式，坚持实施土地复垦、生态环保等政策，实现绿色环保与高质量发展的同频共振，打造了山东黄金生态矿业的标杆企业。

在绿色环保方面，三山岛金矿严格遵守矿产资源、安全生产和环境保护等法律法规，认真落实上级行政部门要求和相关规定，先后投资 2000 余万元，对矿区进行整体绿化，植树 11400 多棵，绿化面积达 10.4 万 m^2，可绿化面积绿化率达到 100%，实现了生态保护与矿产资源开采的同步规划、同步实施。

三山岛金矿大力推进矿山生态化改造，投资 6000 余万元用于尾矿库的护坡、绿化等综合治理。其间，累计推挖土石 90 余万 m^3，覆盖优质土壤 40 万 m^3，种植黑松、龙柏等抗风耐碱树种 16 万余株、草皮 60 万 m^2，对约 0.27 km^2 的盐碱海滩进行了覆土植被，成功打造"省级环境教育基地"——山东黄金尾矿生态治理项目实验区，有力解决了矿山开发建设与生态环境保护的矛盾关系，在满足矿山生产需要的同时，最大限度地减轻了污染、美化了环境。

（2）科学研究成效

三山岛金矿与中南大学、东北大学、北京科技大学等国内知名科研院校开展了多项深度合作，通过科研保障安全高效绿色开采。2018 年，三山岛金矿开展了"深部金属矿绿色开采关键技术研发与示范"研究，针对深部金属矿绿色开采目标，按照高效开采、低废产出、固废最大化利用和余废生态化无害化处置的思路，构建了深部金属矿绿色开采模式与技术构架，攻克了深部金属矿低废高效绿色采矿技术、低能耗高可靠性深井全尾砂充填技术、金属矿全尾砂改良处置技术等科学问题与关键技术，绿色开采实践取得了重大突破。

三山岛金矿研发应用了大量绿色开采关键技术，大幅降低采矿贫化损失率，减少了废石产出。尾废资源利用率大幅提高，减少了土地侵占。尾砂基质改良技术取得巨大成效，改良区域绿化率达到91%。绿色开采关键技术为减少现代化工业环境污染和修复原生态景观做出了重大贡献，建成了1000 m以深绿色开采示范矿山，实现了深部金属矿开采与生态环境协同发展，为维护国家黄金战略安全和支撑区域经济平稳发展做出了较为显著的贡献，为矿山绿色开采与可持续注入了新的发展保障，引领了传统矿业向绿色矿业转型升级。

（3）安全生产成效

三山岛金矿是我国目前唯一的海底金属矿山，其开采面临着对技术和安全更高的要求。为此，矿山通过对海底开采充填体及其围岩的变形监测和理论分析，成功揭示了海底采空区覆盖岩层移动变形规律，并在此基础上，结合海底矿坑水文地质结构调查和涌水动态监测资料，确定了海底矿区海水溃入防水突水结构及突水通道形成的潜在形式和突水模式，针对海底矿区具体的地质及采矿条件，制定了合理、有效的突水预测方法和防治措施，科学指导海底矿山安全高效开采。

三山岛金矿本着"边开发边治理"的发展原则和"在保护中开发、在开发中保护"的基本方针，在高强度生产的同时，利用井下废石和尾砂对采空区进行充填，对井下废石充填完毕的采空区继续采用尾砂进行接顶充填。生产过程中的废石基本不出坑，直接充填至采空区，使采空区充填率达到100%。同时，矿山通过科学观察，设立了覆盖整个矿区的地面变形监测点和地下水动态监测点，对区域内地面变形、地下水动态监测点和矿坑水进行实时的常规监测，大大减轻了矿山开采过程中对地质环境造成的破坏，进一步避免了地表出现的塌陷问题以及充填过程中对地形、地貌和景观造成的潜在影响。

7.2 凡口铅锌矿绿色开采实践

7.2.1 工程背景

凡口铅锌矿是亚洲最大的铅锌银矿生产基地之一，矿山位于广东省韶关市东北方向48 km，凡口铅锌矿全景图见图7-21。矿区开发历史悠久，早在宋朝就开采了少量硫和铅锌矿石。凡口铅锌矿于1958年建矿，1968年投产，资源优势显著，是目前亚洲最大的单一铅锌银矿生产基地、国家能源资源规划重点矿区和矿产资源重点勘查区。矿山资源丰富，品位高，储量大，矿石中除富含 13% 左右的铅锌金属，还赋存大量的银和锗、镓等稀散金属。

图 7-21　凡口铅锌矿全景图

凡口铅锌矿年采矿石约 140 万 t，日处理铅锌矿石 5500 t，具有年产 18 万 t 铅锌金属量的生产能力。主要产品有铅锌矿石、铅精矿（品位 60%）、锌精矿（品位 55%）、混合铅锌精矿（铅+锌品位 47% 以上）、高铁硫精矿（品位 47%）以及大量建筑砂石料。凡口铅锌矿采矿工艺先进，地下开采井深达 900 m，采用中央主、副井加斜坡道开拓方式，目前主要的采矿方法为无底柱深孔后退式采矿法和盘区机械化中深孔采矿法。

7.2.2　凡口铅锌矿绿色开采工程实施过程

7.2.2.1　安全高效采矿

凡口铅锌矿 2002 年形成日处理铅锌矿石 4500 t、年产 15 万 t 铅锌金属量的生产能力。2009 年 18 万 t 技改扩产后，形成日处理铅锌矿石 5500 t、年产 18 万 t 铅锌金属量的生产能力。主要采矿工艺包括盘区机械化上向中深孔分层充填法、无底柱深孔后退式采矿法。

（1）无底柱深孔后退式崩矿嗣后充填采矿法

为配合凡口铅锌矿 2008 年 18 万 t 金属量达产，在试用小孔径深孔采矿法的基础上，中南大学与凡口铅锌矿试验研究"无底柱深孔后退式崩矿嗣后充填采矿法"。该采矿方法底部结构为平底硐室结构,采用小孔径后退式崩矿,边孔实行竹筒间隔不耦合装药,嗣后一次充填,能够实现安全高效开采要求,现已大面积推广应用[217]。

采场阶段高度为 20~50 m,采场长度为 40~80 m,一般为矿体厚度,矿房宽度为 8 m,矿体倾角为 70°左右。上部凿岩硐室高度为 3.6 m 左右,顶板采用锚杆和金属网联合支护,底部不留底柱,采用全拉开的平底硐室出矿,出矿硐室高度为 3~3.5 m,通过进路连接运输平巷。若采用人工拉槽,则在底部硐室用吊罐法向上掘进天井与上部硐室相通,作为爆破自由面,天井断面为 2 m×2 m,也可不施工切割天井。

采切工程完成后,采用 CS100L 型潜孔钻机在上部硐室向下钻凿小孔径深孔(D = 110 mm)穿通下部硐室。自下而上进行拉槽爆破,爆破到一定高度后一次爆破破穿上部硐室,然后以此爆破空场为自由面分次侧向爆破[218],见图 7-22。

根据凡口铅锌矿的经验及试验数据,采场孔网参数为孔距(2.0~2.3 m)×排距(1.8~2.2 m),根据采场矿岩性质进行适当调整。拉槽区布置在采场靠里位置,人工拉槽以天井为自由面进行拉槽;非人工拉槽则采用束状孔拉槽方式。斜孔最大孔底距不大于 2.6 m。间柱采场边孔距离矿房充填体 1.0~1.2 m。

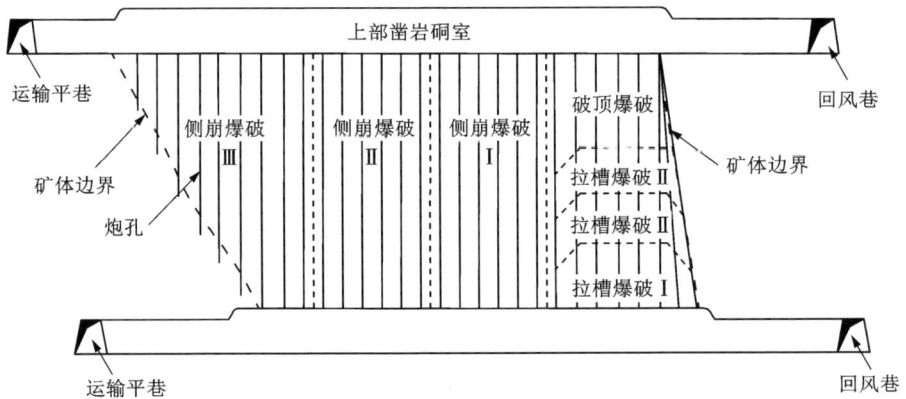

图 7-22 采场分次爆破

拉槽爆破的主要目的是为采场破顶和侧向爆破提供自由面,一般在拉槽区范围由下至上逐层进行拉槽爆破。每次拉槽高度为 6 m 左右,每个炮孔装 2 层炸药,层与层之间采用河沙间隔,每层炸药中安装有起爆弹、数据雷管和塑料导爆管的起爆药包起爆炸药。孔内不同药层和不同炮孔之间进行微差起爆。首先起爆拉槽区中间的束状孔,其余炮孔围绕束状孔由里向外起爆,第一层炸药全部起爆后再以同样的顺序起爆第二层炸药。

拉槽爆破至一定安全厚度后，再进行破顶爆破。根据凡口铅锌矿矿岩性质、采场结构、采场跨度、充填质量等因素，确保上部硐室设备行走和装药人员作业安全，安全厚度一般为 10~12 m。破顶爆破分为拉槽区和侧崩区。拉槽区每个炮孔装 3 层药，层与层之间采用河沙间隔，顶部预留一定长度填沙。每层炸药安装有起爆弹、数码雷管和塑料导爆管的起爆药包。孔内不同药层和不同炮孔之间进行微差起爆。起爆顺序与拉槽爆破一致，第一层炸药全部起爆后起爆第二层，最后起爆第三层。

侧向爆破区炮孔采用间隔装药，中间排炮孔采用河沙间隔，为控制采场边帮和保护相邻矿房充填体，边排炮孔采用竹筒间隔不耦合装药。因侧向爆破炮孔单孔装药层数多，若用孔内微差起爆则单孔雷管数量较多，所以孔内采用双导爆索起爆炸药，孔外连接双发雷管引爆导爆索。侧向爆破区炮孔以拉槽区爆破形成的空间为自由面逐列后退式起爆，边孔滞后于中间孔起爆，相邻炮孔起爆微差间隔时间为 25~100 ms。

深孔采矿法在回采间柱采场时容易出现相邻矿房充填垮落、稳定性下降的现象，回采矿房采场则易出现超采、欠采造成相邻间柱采场回采难度大的情况。为保护矿房充填体和矿岩边界，破顶爆破和侧向爆破的边孔采用不耦合装药，不耦合装药的线密度为中间炮孔线密度的 50%~80%。炸药之间用竹筒间隔，间隔距离根据采场结构、矿岩性质确定，一般 1 条炸药间隔 1.0 m 竹筒，见图 7-23。

下部出矿结构为平底硐室，出矿作业在爆破空场下进行。为保护作业人员安全，采用遥控铲运机出矿。操作人员可以在安全地带，通过遥控设备对铲运机进行操作，避免工人直接进入危险区作业，有效保护作业人员的人身安全。

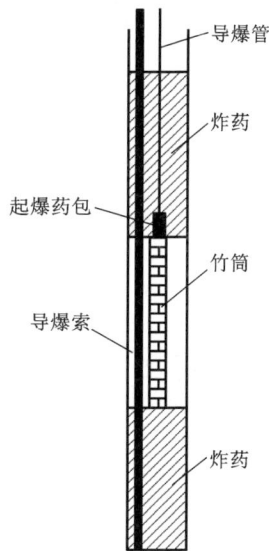

图 7-23　边孔竹筒间隔不耦合装药示意

（2）机械化中深孔超常规采矿法

随着深部开拓工程的完工投产，2008 年左右企业生产达到了年产 18 万 t 铅锌金属量，而经过近 10 年的高产、稳产，急倾斜的厚大矿体也基本消耗殆尽，在深部逐渐出现一些厚度不均匀、产状平缓至倾斜、分支复合复杂矿体以及一些间柱和边柱矿体，利用常规的采矿工艺回采安全难度大、生产效率低、贫化损失率高。为解决这些问题，2018 年下半年起，针对此类矿体，凡口铅锌矿与中南大学展开合作,分别在 Shn-500 m209#S 采场、Shn-550 m209#N 采场、Shn-550Mn6-7# 采场开展了机械化中深孔超常规采矿法试验,取得了良好的效果。

盘区机械化采场通常垂直矿体走向布置,长度为矿体厚度,一般为 30~60 m,采场宽度为 8 m,每次回采一分层(4~6 m);矿体下盘沿脉布置分段平巷,每 8 m 为一分段,分段之间采用盘区斜坡道连接;采场内布置通风天井,用于采场通风及作为爆破拉槽最初的补偿空间。回采时首先爆破拉槽,之后爆破侧崩。

图 7-24 为典型的盘区机械化采场炮孔布置图,采场宽度为 8 m,8 m 以外靠近上盘的矿体另行设计开采,靠近下盘的矿体严格按照矿界打扇形孔。回采采用 HS105 型上向自动接杆台车施工上向炮孔,孔深为 2~6 杆,孔距为 1.3~1.4 m,拉槽孔网参数为 1 m×1 m;采用 BIT 型装药台车装药,铲运机出矿。

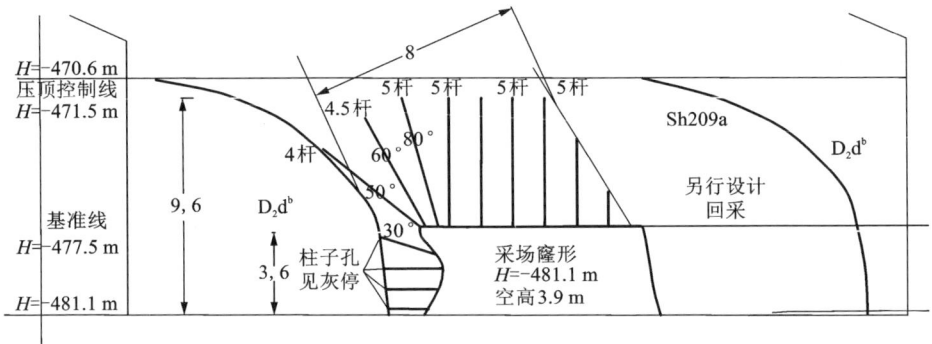

图 7-24 盘区机械化采场炮孔布置图

超常规采场通常指分层回采宽度超过 10 m,分层回采高度超过 8 m 的采场。因此超常规采矿工艺是在采场回采过程中,根据矿体赋存条件,突破常规分层回采技术参数要求,对分层回采宽度超过 10 m(超宽回采),或分层回采高度超过 8 m(超高回采)的采场进行开采的技术方法。超常规采场宽度超过 10 m,通常采用双硐室布置,采场沿矿体走向布置,平均宽度为 15 m,最宽处达 22 m,设计回采高度超过 9 m,采场双硐室中间预留保安矿柱,矿柱施工水平孔,顶板用凿岩台车集中打上向中深孔,集中爆破,并使用遥控铲运机出矿,出矿完成后及时充填。

超常规采场分层回采结束后,通常采用局部或全面充填结顶的方式进行充填,确保下步骤回采时作业安全。随着采场结构参数的增大,回采高度、宽度的增加,单次爆破矿量最大可达 2 万 t,相比常规回采工艺提高 50% 以上。单次回采矿量增加,导致万吨采准工程量降低;采场施工周期基本等同常规回采工艺,但单次回采矿量大幅增加,因此每万吨施工周期短,见表 7-1;因单次回采矿量增加，从而减少了各环节作业过程中的辅助环节，提高了出矿效率；生产能力高，爆破单耗略低[219]。超常规采矿工艺主要技术经济指标见表 7-2。

表 7-1　常规、超常规采场单次回采循环实践对比　　　　　单位：d

类别	采场名称	找边	支护	打眼	爆破	出矿	充填	养护	合计
常规	Shn-500 m214#s	10	10	10	2	10	15	7	64
超常规	Shn-550 mN6-7#	15	15	17	2	15	15	7	86
	Shn-550 m209#N	13	13	13	2	17	13	7	73
	Shn-550 m209#S	14	14	14	2	13	14	7	78

表 7-2　常规、超常规采矿工艺主要技术经济指标对比

类别	采场名称	药量/kg	矿量/t	单耗 kg/t	贫化率 /%	损失率 /%	循环时间 /d	生产能力 t/d
常规	Shn-500 m214#s	2520	7200	0.35	11.5	0.5	64	112.4
超常规	Shn-550 mN6-7#	5480	18000	0.30	11.3	0.5	86	209.3
	Shn-550 m209#N	4900	14600	0.33	11.3	0.5	73	200.1
	Shn-550 m209#S	6000	17000	0.35	11.3	0.5	78	217.9

7.2.2.2　资源综合利用

（1）尾废充填利用

凡口铅锌矿是我国使用充填法较为成熟的矿山，随着采场机械化程度及生产能力的提高，其回采工艺对充填质量的要求也越来越高。伴随着无底柱深孔后退式采矿法的推广应用，采场嗣后充填脱水的问题严重影响该采矿法在矿房回采中的应用。为此，凡口铅锌矿与广州大学于 2009 年联合进行了充填新工艺、新材料的研究——高性能泡沫砂浆充填[220]。

高性能泡沫砂浆充填技术是一种用胶凝材料（主要指水泥）、骨料（主要指分级尾砂、全尾砂、棒磨砂、河沙等）、水、预先制备的高性能细密泡沫料，按照一定的比例均匀混合，并经物理化学反应最终凝固硬化成一种轻质胶凝充填体的工业实用技术，高性能泡沫砂浆充填工艺流程见图 7-25。

实时精确控制分级尾砂、水泥、水、泡沫的供给量，砂浆浓度能稳定在 75%以上，灰砂比为 1∶3.5～1∶4，采场充填体 7d 抗压强度平均约为 1.4 MPa，28 d抗压强度平均约为 2.5 MPa，基本能满足凡口矿的矿房充填体强度要求。充填效

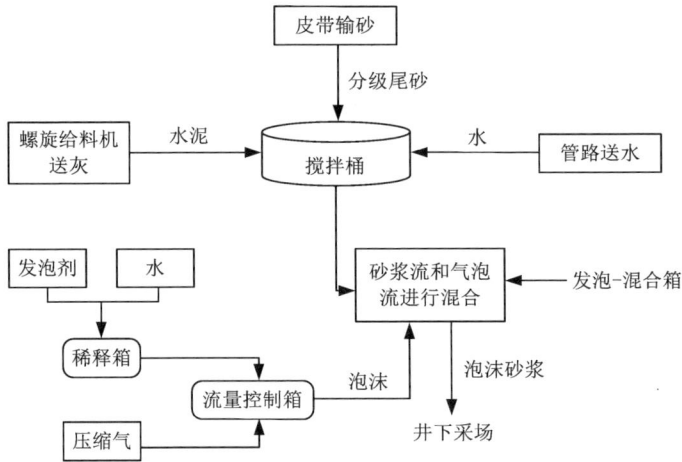

图 7-25　高性能泡沫砂浆充填工艺流程

果良好，充填输送流量稳定，充填管口出料声音小，管口摆动小，采场泡沫砂浆湿密度和地表泡沫砂浆湿密度基本一致，基本上没有消泡现象，泡沫砂浆的体积浓度达到了膏体充填料浆的浓度状况，没有气泡分离上浮现象。按充填类型分别进行了矿房胶结充填和底柱接顶充填，在进行接顶充填时，效果良好，接顶率达到95%以上，高性能泡沫砂浆凝固后收缩极小。

凡口矿井下采空区废石留场与回填生产工艺，经过多年的推广与实施，井下各生产工区(队)形成了一种强制执行的规章制度，具有实用性强、操作简便、安全、高效的特点，通过把井下巷道掘进、采场采准、切割产生的废石，采用先暂堆、再回填和直接留场的方法作为采空区的充填骨料充填。这种方法不但节约充填成本，还减少废石出笼成本，加快采场的回采速度，减少出渣环节，降低出渣的风险。而且，每年可以完成的废石留场和废石回填量达 8 万 m^3/a (其中废石留场 2.6 万 m^3、废石回填 5.4 万 m^3)。

凡口铅锌矿井下每个中段高度约为40 m，每个采场拉底层在各中段的上分段位置开始施工，造成每个中段留有 8~10 m 厚的底柱，底柱回采时上方的充填体构成安全隐患。针对上述状况，凡口铅锌矿经过多年探索，将地网应用于首层充填采场，地网类型有竹竿、铁管、钢丝绳编制的简易网。遥控铲运机不仅用于出矿，也用来将竹架、螺纹钢、钢丝绳编制的地网由采场外运至采场内，首层充填厚度超过 1 m，相当于给采场底柱上方浇筑了 1 m 厚的钢筋混凝土，大大增强了充填体强度，提高了以后回采底柱的安全性[221]。

（2）废水综合利用

凡口铅锌矿位于珠江流域的上游，每年浮选矿石需要 750 万 m³ 新水，选矿后排出的废水含有重金属离子、悬浮物、药剂等污染物，以前经过中和沉淀后，与尾矿一起由压力泵输送到 12.5 km 外的尾矿库，废水在尾矿库自然净化达到国家排放标准后再排放，在生产过程中，浪费了很多水资源。

2000 年开始，凡口铅锌矿与有关科研院校合作，把选矿废水利用作为重点科技攻关项目，开展系统的基础理论研究、水质评价、废水处理与铅锌浮选试验、工业应用试验，开发了就地回收、澄清与净化处理选矿废水，直接将澄清的选矿废水回用于铅锌浮选过程中，建立了选矿废水综合回收与利用系统。该系统 2004 年开始运作，实施效果良好。选矿废水循环利用率在 65% 以上，减少新水用量及废水输送量，降低了电耗、材料消耗及污染处理等费用，在稳定铅锌选矿生产技术经济指标的同时，提高锌回收率 1%，年综合经济效益达 1600 万元[222]。

（3）尾废资源综合利用

凡口铅锌矿长年生产堆存的废石超 200 万 t，该废石堆场已形成较大规模，随着生产推进，规模进一步扩大。露天的废石堆场不符合环保监管要求，并且具有一定安全隐患。为建设"无尾、无废"的绿色矿山，凡口矿实施了三大重点技改工程，分别为：选矿厂原矿预先抛废系统、建材厂采掘废石资源化综合利用、全尾砂充填系统升级改造，其中智能分选技术为关键核心技术，凡口铅锌矿智能分选抛废设备见图 7-26。

凡口矿投资了 5 亿多元先后在选矿厂建设了原矿预先抛废系统，依托智能分选技术，在矿石入选前分出废石，提升入选品位；产出废石由建材厂再次抛分加工处理，建材厂处理加工由采矿和选厂提供的废石，选矿尾砂全部用于井下充填。实现了采、选矿作业闭环式"无废"生产，并延伸了矿山产业链，达到了资源价值最大化利用。尾废资源综合利用产生了可观的经济效益和社会环保效益，为凡口矿采矿技术的创新提升和尾矿库退出创造了有利条件。

图 7-26　智能分选抛废设备

7.2.2.3 生态环境保护

"凡口铅锌矿伴生硫化矿物，经化学氧化作用而产生含重金属的酸性废水，植物难以生长，废水迁移将影响周边生态环境。要想复绿，得先治土壤。"韶关市生态环境局相关负责人说，为了从源头上降低区域土壤环境风险，从减少污染物产生和切断扩散途径两个角度着手，通过"原位基质改良+直接植被技术"、清污分流和污水处理等综合治理措施，守住周边生态环境安全防线。截至目前，成功在 0.21 km² 尾矿库和 0.33 km² 尾砂堆置区种植了本土植物，形成稳定的植物群落，并建立免维护、不退化的良性生态系统，真正实现标本兼治。建立同类矿山尾矿库生态环境修复技术示范基地，为覆土植绿创造了可能性。同时，实施帷幕注浆截流工程，每年减排井下水 700 多万 t，保障了浅部 530 多万 t 价值 150 多亿元的优质矿石的安全开采，生态效益和经济效益十分显著。它为我国强岩溶地下开采矿山解决水患问题和修复矿山水系生态提供了成功经验，已在国内多个矿山推广应用[223]。

凡口矿尾矿库 2#库区生态恢复工程分为 I 、II 两期，总投资逾 1500 万元。从 2015 年试验阶段开始，至 2021 年 9 月 II 期工程完工通过竣工环境保护验收，前后历时 6 a，通过"原位基质改良直接植被+生态浮床"系统技术，对矿山尾矿库 2#库区约 400 亩干滩区域进行生态恢复，改变土壤酸化、植物难以存活的性状，在 2#库区建立了免维护、不退化、多样性的植被系统，恢复了稳定可繁衍的生物群落，土壤 pH 提高至 4~6，明显提高了矿区生态环境质量，建立同类矿山尾矿库生态环境修复技术示范基地，为建设绿色矿山提供了关键技术支撑，已经成为生态修复示范区[224]。

7.2.3 凡口铅锌矿绿色开采效果

凡口铅锌矿位于广东省韶关市仁化县境内，是目前亚洲最大的铅锌银矿种生产基地之一，其绿色开采经验和成效如下所示。

(1)资源开发成效

在采矿工艺方面，凡口铅锌矿最早引进了加拿大的地下大直径深孔球形药包爆破采矿法，后来推广到全国，经过多次改进工艺，演变为目前大量使用的无底柱大直径深孔后退式采矿法，该采矿工艺采用遥控铲运机出矿，机械化程度更高，安全性更好，效率更高。

(2)无废开采成效

凡口铅锌矿采用中央主、副井开拓，地下开采最大采矿深度达 882 m。由于矿体顶部覆盖含水丰富的壶天灰岩，地面有许多工业建筑物，因此凡口铅锌矿采用充填采矿法。主要的采矿方法有：大直径深孔采矿法、盘区机械化中深孔采矿法、全尾砂充填法、泡沫砂浆充填法等。

凡口铅锌矿采掘产生的废石全部用作充填料,回填井下采空区,实现采掘废石零排放;选矿产出的尾砂,经脱水、分级处理后用于井下充填,大大减少了尾砂排放;选矿废水通过澄清、净化回收后,使其能重新利用于硫化铅锌矿选矿工艺流程中,实现选矿废水资源化综合利用。凡口铅锌矿基本上实现废石回填、尾砂充填和废水综合利用,废石堆场不再增加,减少了"三废"的堆放和排放,减轻了矿山废弃资源污染,并产生明显的经济效益和社会效益。

(3)环境治理成效

凡口铅锌优化选矿流程,加强选矿技术管理和生产现场管理,严格控制选矿药剂和絮凝剂的使用,严查生产过程中的跑、冒、滴、漏现象,从源头减轻尾矿库排放压力,引进先进的监测仪器,加强在线监测设施的日常管理,使环保设施保持良好的运行状态,及时排查治理环保隐患,确保外排水的达标排放。

凡口铅锌矿在重视矿山环境保护的同时,也着力进行国家矿山公园的建设(见图 7-27),保护独特的矿业遗迹、地质遗迹,改善矿区生态环境,逐步发展工业旅游。矿山环境综合治理工程,既是绿色矿山建设规划任务,也是国家矿山公园建设的重要基础,两者相得益彰。

图 7-27　凡口国家矿山公园

凡口铅锌矿在国家级绿色矿山建设过程中投入大量财力、物力、人力,率先转变了传统的先污染后治理的生产模式,形成矿产资源开发与环境保护、社会发展相协调的发展模式,对凡口矿区及董塘镇的生态文明建设具有巨大贡献。

7.3　德兴铜矿绿色开采实践

7.3.1　工程背景

德兴铜矿位于江西省德兴市东北部 18 km,坐落于怀玉山脉孔雀山下。矿区交通方便，公路直达南昌、九江、上饶、衢州、黄山等城市；水路可经乐安江通至鄱阳湖；铁路与皖赣线相连，北可达安徽、江苏，南通湖南、福建。目前已探明有开采价值的铜金属量达 1000 多万 t，矿体赋存特点是储量大而集中、埋藏浅、剥采比小、矿石可选性好、综合利用元素多。该矿是世界上储量在 800 万 t 以上的八个斑岩铜矿之一，也是目前国内最大的露天有色金属矿山，被国务院发展研究中心命名为"中国第一大铜矿"。

德兴铜矿是首批国家级绿色矿山试点单位，隶属江西铜业集团公司管理，是江铜集团的主干矿山和重要原料基地，担负着江铜集团铜、金、银等自产矿的主要生产及相关经营管理职能。目前有铜厂矿区、富家坞矿区、朱砂红矿区三大矿床，德兴铜矿全景图见图 7-28。矿床典型特征是储量大、埋藏浅、含铜品位低、伴生元素多、矿化均匀、矿体连续性好、易采易选，除铜外还伴生有大量的金、银、钼、硫、铼等元素，综合利用价值极高[225]。

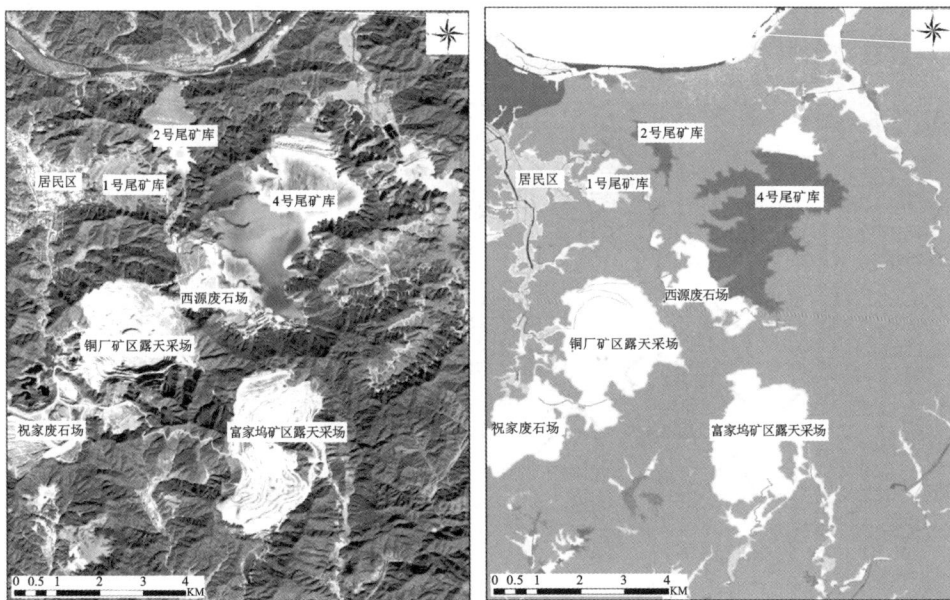

图 7-28　德兴铜矿全景图[226]

扫一扫，看彩图

7.3.2　德兴铜矿绿色开采工程实施过程

7.3.2.1　安全高效开采

露天矿开采由剥岩、采矿和掘沟三个环节组成,其主要生产工艺程序:穿孔、爆破、铲装、运输及排土。德兴铜矿的开拓运输系统主要采用独立式间断开采工艺系统(电铲—汽车运输),自 2012 年初开始,废石采用半连续开采工艺系统(电铲—汽车—固定式破碎站—废石胶带运输)。

(1)穿孔作业

德兴铜矿采区分为南、北 2 个采区,采区面积达 5.52 km²,作业地点多、工作线长。目前最低作业水平为+5 m,最高作业水平+380 m。穿孔设备为中孔径潜孔钻机,型号有 CM – 695D、CM – 351 和 KS – 126 等,孔径为 ϕ110 mm ~ ϕ140 mm,极限穿孔倾斜角为 65°~90°。为保证生产管理有序和高效进行,采场依据矿山全年工作量合理安排年计划、月计划和周计划,以指导穿孔作业。

当某个台阶(或钻机)必须布孔时,由爆破布孔人员与生产科、地测科技术人员一起确定,这样可避免由于不熟悉该台阶的地质情况(如岩石性质、节理裂隙、高程、采空区、松方等)而造成不合理的孔网参数。布孔后在炮孔布置图上标明孔网参数、孔深、炮孔数等交给穿孔工段,在眉线上布孔时一定要确保钻机作业的安全位置。德兴铜矿规定钻机不得在距眉线 2.5 m 内作业,布孔要确保下台阶的底板在同一水平线上。根据每个炮孔所在水平高度不同,不可能所有布孔都是同一深度,有的必须设计为超深孔。德兴铜矿的台阶标准高度为 15 m,为保证这一高度,布孔设计高度是 17.5 m,有时也设计为 18 m。

德兴铜矿采矿场地势东南高、西北低,沟谷、盆地全年温湿多雨,雨量集中在每年 3—7 月,年降雨量为 1416~2885 mm,在南、北山各台阶都不同程度地存在“水孔”现象。特别是南、北采区连接处,原是一条河道,当台阶降到 65 m 水平时,地下水更大,造成底仓开沟时钻孔排渣困难,岩渣更易回填,孔壁易坍塌,成孔非常困难,一面炮有 2/3 的次孔。处理办法如下:一是采取“分段、分流”钻孔;二是选择岩石节理裂隙发育不良的部位下沟,钻机钻孔成孔率高;三是采用预装炸药、穿孔后立即装药充填,保证成孔的有效利用。

(2)爆破作业

对于不同成因的岩石而言,一般来说岩浆岩可爆性较差(对爆破作用的抵抗能力最强),沉积岩和变质岩的可爆性较好。岩石的基本性质、地质构造等因素对爆破效果影响较大。德兴铜矿经验孔网参数与岩石性质的匹配见表 7-3[227]。

表 7-3　德兴铜矿经验孔网参数与岩石性质的匹配[228]

岩性	岩石坚固性系数 f	台阶高度 /m	单孔装药量 /kg	排距 /m	孔距 /m	乳化炸药单耗 /(kg·m⁻²)	标准炸药单耗 /(kg·m⁻²)
一类岩	12	15	750	5.5	6	1.52	1.06
	11	15	750	5.5	7	1.30	0.91
	10	15	700	6	7	1.11	0.78
二类岩	9	15	700	6	8	0.97	0.68
	8	15	700	7	8	0.83	0.58
	7	15	650	7	9	0.69	0.48
三类岩	7	15	650	8	9	0.60	0.42
	6	15	600	8	10	0.50	0.35
	5	15	600	9	10	0.44	0.31

　　为了保证生产作业安全及减少边坡的维护费用，德兴铜矿在邻近固定边坡实施预裂爆破。为保护壁面的完整性，预裂面前方须设计布置 1 排(中硬–坚硬岩)到 2 排(构造带或风化的松软层)缓冲孔，缓冲孔的抵抗线为主爆孔的 1/2~2/3、孔距为主孔的 2/3，装药量不超过主孔的 60%~70%，构造带或松软层采用间隔装药。缓冲孔底与壁面之间视岩性与主爆孔径留有 1.0~2.5 m 厚的保护层，邻近固定边坡布孔剖面示意图见图 7-29。

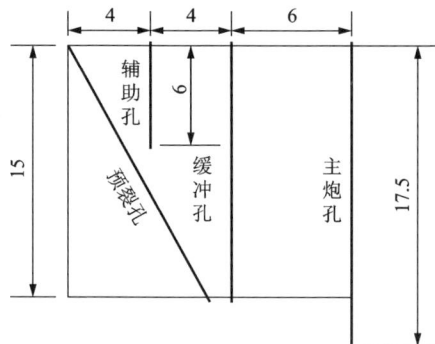

图 7-29　邻近固定边坡布孔剖面示意图(单位：m)

　　为防止爆破应力波从侧面绕过预裂缝破坏保留的岩体，预裂孔的布孔界线应超出主爆区，预裂缝向主爆区两侧各自延伸的长度按经验数值一般为 7~15 m。预裂爆破在高堑边坡的施工中用途非常广泛，它能有效降低路堑边坡爆破病害，特别是对大爆破产生的边坡病害。预裂效果好，不仅可以降低开挖成本，同时也可以减少边坡的整修和竣工后的维修成本。德兴铜矿通过现场经验总结，确定合理的装药量和装药结构，加强现场的施工管理，取得了较好的成果。

（3）铲装作业

铲装工艺是露天矿山生产的主要环节，电铲又是这一生产环节的重点设备，电铲效率的高低，不仅直接影响矿床的开采强度，而且也影响矿山的生产能力和最终经济效益。德兴铜矿为适应大规模开采的需要，拥有一系列配套的大型穿、爆、铲、运等工程机械设备[229]，德兴铜矿主要采掘设备数量与参数见表 7-4。

表 7-4　德兴铜矿主要采掘设备数量与参数表

工艺	设备名称		型号规格	技术参数	数量/台
穿孔	钻机	牙轮钻机	YZ-35	$\phi 250$	10
			KY-250	$\phi 250$	4
			KY-310	$\phi 310$	1
铲装	挖掘机(电铲)		2300XP	16.8 m^3	4
			2300XPA	19.9 m^3	1
			2300XPC	19 m^3	5
			WK-35	35 m^3	4
			WK-20	20 m^3	1
运输	电动轮		730E	185 t	21
			830E	220 t	10
			MCC 400A	220 t	18
			NTE200	185 t	4
			NTE240	220 t	2
			XDE240(试用车)	220 t	1
	电机车		ZK30-750/550	30	10
			CJY30/7GP	30	10

续表7-4

工艺	设备名称	型号规格	技术参数	数量/台
道路修筑、养护与排土	压路机	SD-200	230	8
	平地机	16M	297HP	7
		16H	250HP	2
		GR3003	330HP	1
	推土机	D-10R	570HP	6
		D-10T	580HP	8
		SD52-5	604HP	1
		D375A-2	525HP	2
		D375A-5	573HP	1
		D375A-5R	550HP	4
		D375A-6	588HP	2
		D375A-6	609HP	5
		D375A-6	644HP	3
	装载机	992D	735HP	2
		988H	501HP	5
		L220E	350HP	1
	前装机	ZL50G	—	3
		CLG856	—	5
破碎	液压旋回破碎机	1400/250	1750(采场)	2
		60″×89″	5500(采场)	1

(4)运输作业

露天采区作业现场恶劣和复杂的环境是影响运输过程中最大的因素,也额外增加了运输成本,只有不断提高设备的质量和性能,才能降低成本和减少能耗。德兴铜矿使用的大吨位电动轮自卸卡车主要有:日本小松630E 和美国尤克里德R170,载重154 t;日本日立EH3500、美国尤克里德R190、日本小松730E、国产北重NTE200,载重185 t;日本小松830E、国产中冶MCC400A,载重220 t。

近年来,德兴铜矿采矿运输设备重点向优质和大型化方向发展,随着国产设备生产能力提高和技术提升,为降低成本逐步使用国产设备,目前采矿场51 台电动轮中国产占15 台,明年将继续增加8 台。

因为采矿的发展,需求的装载设备容量料越来越大,受矿藏开采面不断下降的影响,电动轮汽车的重车爬坡动力和下坡制动要求越来越高。目前主力机台只有国产北重 NTE200、日本小松 730E，额定载重 185 t；日本小松 830E、国产中冶 MCC400A，额定载重 220 t，其他设备因为年限和故障率高报废不再使用。采矿设备需不断更新换代，使用大吨位电动轮，给矿山采矿生产带来高效率。

富家坞采区现场最长坡道约为 2 km，坡度为 30°，车辆满载下坡速度必须控制在 19km/h 之内才能安全平稳运行。此时电动轮卡车两台马达相当于发电机，将卡车的动能转换成电能，然后将产生的电流通过制动电阻栅发热转换成热能消耗掉，达到电制动减速的最佳效果。电制动过程中单边马达产生的最大制动扭矩可达到 15000 N/m，并且不会给设备带来损耗。电铲在开沟作业时坡度达到 40°，要求电动轮的爬坡能力高，为此选用的发动机输入功率达到 1868 kW，在很恶劣的条件下依然保持动力强劲、安全行驶，不易出现陷车或因动力不足发生意外的状况，从而提高了运行效率，保证了矿山生产效率[230]。

(5) 边坡监测

目前铜厂矿区杨桃坞、水龙山、石金岩、黄牛前和西源岭开采阶段边坡已形成，边坡暴露高度高达 500 多 m，见图 7-30。

图 7-30　铜厂采区露天采场边坡

在矿山开采过程中，由于岩体自重应力、断层等地质构造和地下水等因素的影响，部分区段的边坡已相继出现滑坡险情。为确保露采最终边坡管理贯穿整个矿山生产的全过程，最大限度地避免或减少地质灾害，维护矿山日常开采过程中的边坡安全，须对边坡进行多措并举的监测与管理，具体如下：

① 边坡日常管理。包括从邻近边坡爆破设计、过程控制、复核到位情况、边坡修整等一系列边坡出露控制管理。做好边坡监测管理工作，对边坡进行长期观测，根据边坡监测结果，形成分析报告，根据分析报告整理资料并存档。维护好边坡上所有设施，如监测桩、水沟、挡墙、护坡等。

②人工监测。定期测量，对边坡进行长期监测，每周至少两个采区各一次巡视并记录，每月至少组织有关人员对露天开采边坡进行一次安全专项检查，特别是雨季前后要增加边坡安全检查频次。根据对边坡监测桩的监测结果，形成分析报告，针对监测数据异常及检查出有隐患的边坡，及时确认并提出专业性建议。

③重点区域巡视。德兴铜矿根据边坡特征，评估各边坡风险等级，根据风险级别将边坡分为重点和非重点巡视区域，针对日常巡视以及监测数据异常区域进行重点巡视，有重点、有方向地排除隐患，以确保设备、人员安全。

④雷达监测。引进真实孔径雷达监测技术，实时获取监测区域位移、速度和速度增量等参数，通过数据分析，判断边坡的稳定性情况并对边坡滑坡进行实时预警，同时将雷达监测技术与原有监测技术相结合，对于边坡的巡视管理更有针对性和有效性，更能确保边坡的稳定性，德兴铜矿监测区域与成像见图7-31。

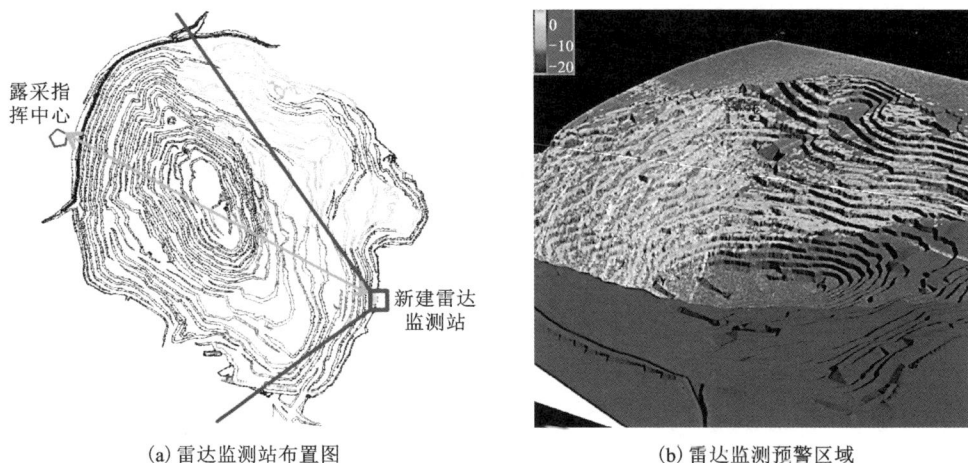

(a) 雷达监测站布置图　　　　　　　　(b) 雷达监测预警区域

图7-31　边坡雷达实时监测与预警技术在露天采场中的应用

扫一扫，看彩图

边坡雷达是近年来发展起来的一种新型边坡表面位移监测设备，是一种雷达主动成像遥感测量技术，它利用电磁波相位干涉原理在不同时间对同一目标区域进行多次重复测量，通过处理测量到的雷达电磁波相位数据即可实现对目标区域的变形监测。边坡雷达采用电磁波对边坡进行远距离测量，具有测量精度高、监测距离远、监测范围广、连续空间覆盖和全自动等优点，同时受雨、雾和尘埃等外在环境影响较小，能实现对边坡变形的动态实时监测，非常适合露天矿采场等大范围边坡变形监测。

（6）智能化建设

随着德兴铜矿生产规模的扩大，设备的增多，生产管理更加复杂，为了最大限度地发挥采矿设备效率，充分开发和利用资源，2007 年引进了 DISPATCH 系统的露天卡车计算机自动调度系统。2021 年 7 月底开始使用露天矿卡车智能调度系统，采用北斗定位系统，实现电动轮、电铲、钻机等设备的实时监控。通过运用该系统，依靠高效调度算法，实时准确真实反映现场的实际生产情况和各设备位置及运行信息，德兴铜矿露天卡车智能调度系统见图 7-32。

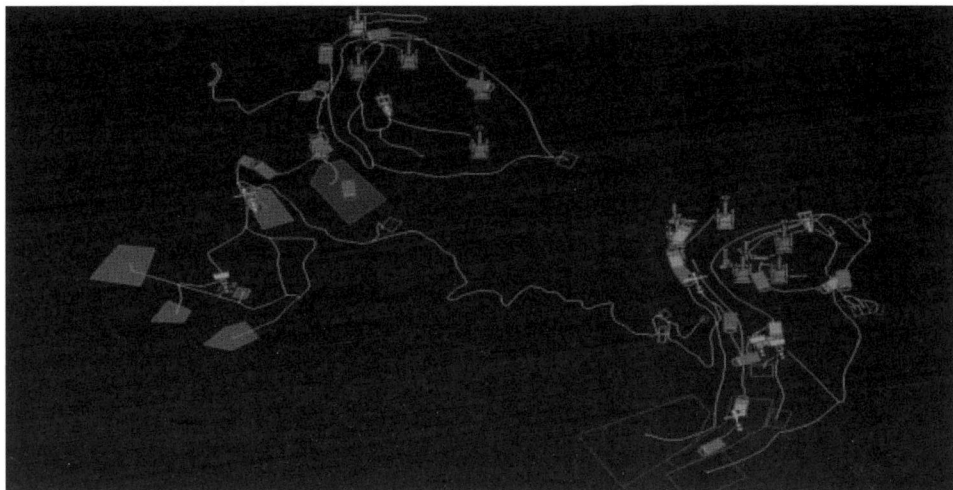

图 7-32　德兴铜矿露天卡车智能调度系统

扫一扫，看彩图

德兴铜矿实现了电动轮、电铲、钻机等设备的实时监控，减少了电动轮汽车、电铲的非生产性呆滞时间，提高了矿山生产能力，促进了现场安全有序管理。

7.3.2.2　资源综合利用

德兴铜矿在资源开发利用过程中，不放弃每一点资源。在绿色开采实践过程中，德兴铜矿以创新理念为先导，以科学技术为支撑，有效提高了矿山资源综合利用水平，实现了德兴铜矿高质量循环发展。

德兴铜矿含有大量的低品位铜矿石，在 2003 年开始采用当量品位法对高金低铜、高钼低铜资源开展综合评价，对于单铜边界品位达到 0.2%、铜综合入选品位达到 0.25% 的低品位矿石进行充分回收利用。截至 2021 年末，累计利用低品位矿石 2.39×10^8 t，从中回收铜 5.98×10^6 t、金 38.96 t、银 216.6 t、钼 1.88×10^6 t、硫 4.50×10^6 t。

在资源开发与综合利用方面，德兴铜矿大力发展循环经济，把资源合理开发和综合利用作为可持续发展战略的一项重要内容，重视低品位矿石的回收与利用，发展循环经济，利用细菌浸出-萃取-电积新工艺和化学硫化等先进技术，回收废石和酸性废水中的铜矿资源，充分回收矿山现有铜矿资源和伴生有价元素，有效延长了企业自身服务年限，推动了资源综合利用向效益型、产业化方向发展，极大地提高了矿山资源的利用率。在国内同类矿山企业中，德兴铜矿率先实现了规模效益，取得了很好的经济效果，也为我国铜工业的发展谱写了新的篇章，起到了很好的示范作用。

德兴铜矿在开展湿法冶金提铜试验研究的基础上，将废石、废水污染防治和有价金属回收有机结合，建成了千吨级的铜回收工厂，利用细菌堆浸工艺不仅每年能从废石中回收铜金属约 1300 t，还能减少酸性水的处理压力。德兴铜矿联合百泰公司采用化学硫化技术从酸性废水中回收铜资源，该项目于 2007 年底建成投入试生产，目前已累计生产出铜精矿含铜约 1 万 t。化学硫化技术的应用进一步提高了该矿山资源的综合利用，降低了对环境的污染，并形成了新的经济增长动能，具有显著的经济、环境和社会效益。德兴铜矿每年在铜、硫、钼多元发展、多极增长的循环经济中，创造产值 7.7 亿元，为类似矿山找到了一条主体资源枯竭之后未来生存发展的出路。发展循环经济，在产生经济效应的同时，还凸显了社会效应和生态效应。

7.3.2.3 生态环境保护

（1）污水处理

根据不同的污水源，德兴铜矿在采场、废石场修建了大量用于截排水的明沟、巷道、拦水坝、酸性水调节水库，对所截水源的水质进行化验分析，再排向对应的污水处理系统，以便减少外排污染物量，大大降低了污水量和水处理成本。

德兴铜矿采用电石渣进行酸性水处理，做到了废物再利用的同时，极大节约了处理成本。此外，德兴铜矿现有两个酸性水处理厂，采用加拿大 PRA 公司的高浓度浆料（HDS）技术，设计酸性水处理能力达 10×10^4 t/d，工艺流程图见图 7-33。

（2）废气减排

德兴铜矿采用先进的废气处理设备，有组织地排放经处理达到排放标准的废气。其中，锅炉烟气采用旋风除尘+双碱法工艺处理，烟气经 40 m 高烟囱排出；焙烧烟气采用两级旋风除尘+三级水喷淋+三级碱液喷淋吸收对烟气处理，经 40 m 高烟囱排出（安装烟气在线监控装置）；热风炉采用碱液喷淋对烟气进行处理，经 20 m 烟囱排出。采矿生产过程中产生的粉尘采用湿式凿岩、爆堆喷雾洒水以及运输道路洒水等各种降尘措施,有效抑制了粉尘污染。

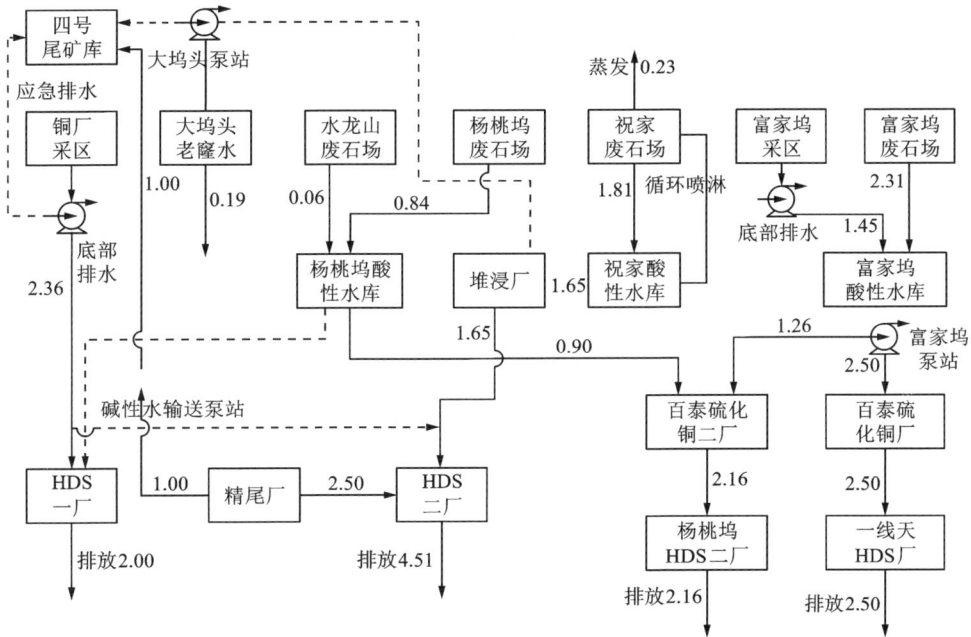

图 7-33　德兴铜矿酸性水处理系统工艺流程图(单位:d)

(3)防尘减尘

随着德兴铜矿露天采矿场进入凹陷开采以来,矿山生产过程中产生粉尘已成为影响环境、作业效率、运输安全和生产成本的重要控制因素,空气中的粉尘恶化了采装和运输作业条件,给职工身心健康带来较大危害,防尘工作显得尤为重要。目前采区运输道路的抑尘、防尘主要是由电动轮汽车改装洒水车来完成,在采区开采范围小、运输道路短、运输量小时,采用电动轮洒水车喷洒防尘能起到较好的效果。但随着采区凹陷开采越来越深和富家坞采区出矿,主干道路越来越长,排土场越来越大,光靠现有的洒水车防尘是远远不够的。

2007 年采用固定管路加压喷洒防尘,与电动轮洒水车有机结合,能使采区防尘工作更上一个新台阶。而且,这一防尘新工艺与洒水车相比,喷头喷洒能形成雾状效果,射程远,覆盖面积大,不易对道路产生冲刷,同时系统操作维修简单,运行成本较低。利用固定坑线管路喷洒这一新工艺对解决目前和今后一段时期采区粉尘治理问题具有明显效果,在矿山抑尘、防尘中具有一定推广和应用价值。这一方法目前正在采矿场铜厂采区和富家坞采区主干道挡墙上推广应用。

(4)生态治理

德兴铜矿因地制宜,采取多元化模式有效推进了矿山废地的生态修复与利用。针对露天坑平台区以增加耕地、还耕种粮为目标,采取"生态修复+土地复垦"模式,通过"粉煤灰+腐殖酸+有机生物菌肥"的微生物修复、分层回填覆土、聚乙烯醇(PVA)混合料配方防渗层修筑新技术等对土壤进行改良;针对边坡以恢复自然生态群落为目标,采取"生态修复+园林建设"模式,通过种植污染抗性强、适应性好的乡土树种为主,以景观再造、矿地综合利用为辅,采用科学的植物演替序列及草镶嵌序列,逐步恢复自然的生态植物群落[232]。

自20世纪90年代末,德兴铜矿开始实施矿山土地复垦工作,现已完成复垦面积约5 km²,矿区生态修复投资金额上亿元,复垦效果显著,见图7-34。德兴铜矿大量使用农业废弃物、工业废弃物(如酸性废水泥等)作为修复基质改良的材料,不仅降低了修复成本,同时也解决了废弃物的处置难题,开创了矿山废弃地修复后的再利用,既解决了用地矛盾又增加了收益。

图7-34　德兴铜矿已完成的排土场和尾矿库复垦

7.3.3　德兴铜矿绿色开采效果

(1)资源综合利用成效

在资源开发与综合利用方面,德兴铜矿积极发展循环经济,一是重视低品位矿石的回收与利用;二是发展循环经济,利用细菌浸出-萃取-电积新工艺和化学硫化等先进技术,回收废石和酸性废水中的铜矿资源,充分回收矿山现有铜矿资源和伴生有价元素,有效延长了企业自身服务年限,推动了资源综合利用向效益型、产业化方向发展,极大地提高了矿山资源的利用率,在国内同类矿山企业中,率先实现了规模效益,取得了很好的经济效果。

德兴铜矿年均回收低品位铜矿石近千万吨,通过资源综合利用回收铜、金、银、钼等金属;从废石和酸性废水中回收铜。全面完成铜矿资源合理开发利用

"三率"指标：德兴铜矿绿色开采采矿回采率为 98.6%，选铜回收率为 85.71%，共伴生矿产资源综合利用率为 57.17%，各项指标均大幅度提高。

（2）技术研发成效

德兴铜矿坚持"科技兴矿"战略，积极推广应用一大批新技术、新工艺、新设备、新成果，无论是技术装备，还是采选核心技术，都达到国内同行业最高水平，拥有了世界先进的电动轮、电铲、牙轮钻设备，并引进了国内首家先进的卡调系统、敏太克矿业软件。三期工程引进国际先进水平的采选工艺和设备，成为国内技术装备最先进、生产规模最大的矿山。4 号尾矿库（见图 7-35），采用世界先进、国内首创的中线法堆坝工艺，成为亚洲最大、最安全的尾矿库。

图 7-35　德兴铜矿 4 号尾矿库

德兴铜矿扩大采选生产规模，在技术改造工程中应用了一大批世界一流的技术和大型高效的采选设备。包括铜钼等可浮 200 m³ 和 160 m³ 浮选机、MP800 破碎机、ϕ10.37 m×5.19 m 大型半自磨机和球磨机，以及 35 m³ 电铲、830E 电动轮汽车等先进的技术和大型高效的采选装备以及采选自动化控制技术，为进一步提升有价元素的综合回收、加大规模效益、矿山可持续发展提供了坚实保证。2013 年 4 月德兴铜矿被国土部评为"矿产资源节约与综合利用先进技术推广应用示范矿山"。

（3）节能减排成效

德兴铜矿重视节能减排工作，成立了全矿节能减排领导小组，加强节能减排工作的宣传教育，提高对节能减排工作重要性的认识。大力推广节能型变压器、节能型电动机的应用、推广应用变频节能技术、利用同步电动机自补偿的方式提高功率因数、在泵类等多种负载设备中大量使用变频调速装置等技能改造。同时强化调度指挥，确保均衡稳定生产，采用多碎少磨工艺及利用大型浮选柱等选矿设备大幅减少能耗。

实施清污分流，从源头上减少酸性水的产生。针对矿区地处南方多雨区，雨季降雨量大而且集中，且雨水流经废石即转变成酸性水的特点，采取清污分流措施，将清水和污水分离，清水直接排入大坞河，避免受污染，污水进入酸性水库进行集中处理。德兴铜矿先后完成了杨桃坞酸性水库、祝家酸性水库及水龙山废石场清污分流、露天采矿场南山 110 截水沟及引水巷道、大坞头老窿水的治理工程等，这些工程的建成使用，从源头上减少了污染物的产生，每年可以减少酸性水量达 332 多万 t。

（4）环境治理成效

为适应国家不断提高的环保要求，实现矿山废水稳定达标排放目标，德兴铜矿委托中国恩菲工程技术有限公司完成了《德兴铜矿环保设施完善工程可行性研究报告》，德兴铜矿环保设施完善工程投资估算 39232.01 万元，该项目的投入运行极大提高了应对极端异常气候条件下全矿废水的处理能力。

德兴铜矿为加强矿山地质灾害防治工作，建立了采矿场边坡及排土场监测系统，矿区地质环境得到全面治理，多年来未发生重大地质灾害。按照江西省国土资源厅及环境保护厅的要求，按时足额缴纳矿山环境治理与生态恢复保证金。

德兴铜矿加快推进矿区废弃地的恢复治理与试验研究，与北京矿冶研究总院合作，完成了国家科技支撑计划课题"有色金属矿山废弃物堆场生态修复技术研究与示范项目"，并通过科技部组织的专家鉴定。在水龙山废石场建立矿山生态复垦示范基地，先后对露天采矿场卡调楼周边、铜厂采区 7#公路边坡、西源废石场、杨桃坞废石场及尾矿库坝体等区域开展生态复垦，三年累计投入资金 1129 万元，新增复垦面积 0.149 km^2。

新建了 3000 t/d 矿区生活污水处理设施，对矿区内的生活污水进行收集处理，进一步提高矿区的环境质量。与澳大利亚昆士兰大学矿山土地修复中心合作开展国家国际科技合作项目——金属矿山堆场酸性污染综合整治关键技术合作研究，以解决矿山堆场酸性污染综合整治的关键技术问题，建立矿山废物及其酸污染的可持续性解决方案。

第 8 章
金属矿绿色开采发展展望

8.1　金属矿尾废的综合利用成为重点领域

矿产资源是人类赖以生存的重要物质基础,是推动国民经济实现跨越式发展的根本保障。特别是金属矿产是国民经济的重要基础原材料产业,在经济建设、国防建设和社会发展中发挥着重要作用。据《中国矿产资源报告(2020)》统计,全国已发现173种矿产,其中金属矿产达59种,金属矿产资源品种非常齐全,储量丰富。我国金属矿产资源分布存在如下特点:①资源总量大,但人均占有量低,是一个资源相对贫乏的国家;②贫矿较多、富矿稀少,开发利用难度大;③共生、伴生矿床多,单一矿床少,综合利用率低;④分布范围广,各省、市、自治区均有产出,但区域间不均衡。由于我国庞大的人口基数和所处的工业化发展阶段,近年来金属矿产资源产量和消费总量一直处在世界首位,如2020年我国十种有色金属(铜、铝、铅、锌、钨、锡、镍、汞、镁、钛)产量达6168万t。尽管近年来我国经济已由高速增长阶段转向高质量发展阶段,但当前及未来一段时间内我国对金属矿产资源的刚性需求依然强劲。

8.1.1　尾废的危害

由于金属矿石品位低,为了得到满足各种用途的金属,还需要对采出的矿石进行选矿处理和冶金提纯。金属矿开采后因采选冶工艺要求产生大量固体废料,其中有尾矿、废石、冶炼后的废渣三种类型,见图8-1。

在三大类固体废料中,以矿石选矿后产生的废料最高,特别是有用矿物含量越低的矿产,如金、钼、钽、铌等贵金属、稀有金属等,其废料含量高达90%~99%,即便是黑色金属矿山,其尾矿量的占比也达到了50%以上。

同时,在矿石开采过程中,因生产工艺的要求、生产系统的需要,作业空间的需要与生产组织等原因,露天矿表土剥离和地下井巷工程掘进,必然会产生大

(a) 尾矿库及尾砂　　　　　(b) 采掘或剥离废石　　　　　(c) 冶炼废渣

图 8-1　金属矿尾废类型与来源

量的废石。此外，在金属冶炼过程中还产生了一定量的废渣，如重金属渣(铜渣、铅渣和锌渣等)、轻金属渣(如提炼氧化铝产生的赤泥)和稀有金属渣。

目前，国内金属矿尾废大多采用构筑尾矿坝排放或者地表直接堆存的方式进行处理。据统计，我国有金属矿约 6.9 万座、各类尾矿库 1.42 万座，年排放的尾矿和废石量分别达 15 亿 t 和 6 亿 t 以上，尾矿堆存总量达 146 亿 t，废石累计堆存量高达 380 亿 t。有研究报告指出，发达国家对尾废的综合利用率已达 60% ~ 80%，而我国尾砂的综合利用率仅为 30%，大量尾废仍以地表堆存的方式进行处置，由此带来的后果是侵占土地，破坏生态和污染环境。事实上，矿山尾废带来的主要危害有以下四点。

(1) 尾矿是引发重大环境问题的污染源

尾废对环境的影响突出表现在侵占土地、破坏植被，导致土地退化、荒漠化以及粉尘污染、水体污染等。如原冶金部曾对 9 个重点金属矿选厂调查的结果表明，其选厂附近的 15 条河流受到不同程度的污染，矿山粉尘导致周围土地出现沙化，造成 2.355 km² 农田绝产、2.687 km² 农田减产。又如，曾被称为新中国钢铁工业粮仓的鞍山，几十年的铁矿开发给周围环境带来了明显的负面效应。其中，最为典型的是在鞍山周边形成了约 30 km² 的排土场和尾矿库(6 个)，这个被称为全国最大的排土场和尾矿库内几乎寸草不生，更像一个人造巨型戈壁沙漠，同时也成为鞍山最大的粉尘污染源。

众所周知，尾砂粒度较细，长期堆存，风化现象严重，遭遇大风天气，产生二次扬尘。粉尘飞扬，可形成长达数百米的"黄龙"，造成周围土壤污染，并严重影响居民身体健康。据专家论证，我国矿山尾砂也是沙尘暴产生的重点尘源之一。另外，尾砂中含有的重金属离子，以及有毒的残留浮选药剂和剥离废石中硫化矿物的强酸性，对矿山及其周边地区造成严重的环境污染和生态破坏，其影响是持久且深远的。由于我国矿山多数依山傍水，矿山开发面临许多重大环境问题，长此以往未得到足够重视，所积累的环境后果最终以"跨域报复""污染转移"等不同形态影响区域环境，给人们带来难以补救的灾难。

（2）尾砂堆存占用大量土地资源

我国共有大中型矿山 9000 多座，小型矿山 26 万座，因采矿土地侵占，占地面积已接近 4 万 km^2，由此而废弃的土地面积以 330 km^2/a 的速度增加。以我国露天矿为例，排土场、尾矿库占地面积占矿山用地面积的 30%~60%。采矿活动及其废弃物的排放不仅破坏和占用了大量的土地资源，也加剧了我国人多地少的矛盾，对土地的侵占和环境污染制约了当地的社会经济发展并危害到人体健康等，成为一系列社会问题的主要根源之一。

目前，一些企业的尾矿库已快到服务年限，有的处于超期服役阶段。随着生产规模的不断增加、矿石品位的下降，矿山尾矿量将不断增加，建立新的更大尾矿库是势在必行，这需要占用大量的农林用地。据统计，一个年产 200 万 t 铁精矿的选矿厂，建一座尾矿库须占地 0.534~0.667 km^2，且仅能维持 10~15 a 生产之用。由于土地资源越来越紧张，征地费用越来越高，导致尾矿库的基建投资占整个采选企业费用的比例越来越大，且尾矿库的维护和维修也须消耗大量的资金。

（3）引发重大地质灾害

尾矿库是堆存流塑状尾砂物体的特殊构筑物，被国家安监部门列为重大危险源。在全国运行的黑色矿山尾矿库中，存在安全隐患的尾矿库约占 30%，我国每年都有尾矿库溃坝事故发生，且屡见不鲜，并造成了重大人员伤亡和财产损失。多年来，矿山固体废物堆存诱发次生地质灾害，如排土场滑坡、泥石流、尾矿库溃坝等多起重大工程与地质灾害，给社会带来了极大的损失。

据对我国具有较大规模的 2500 多座尾矿库的统计表明，20 世纪 80 年代以来，发生泥石流和溃坝事故 200 余起。如 1986 年 4 月 30 日黄梅山铁矿尾矿库溃坝，冲毁尾矿库下游 3 km^2 的所有建筑，尾矿不仅掩埋了大片土地，还造成 19 人在溃坝中死亡，95 人受伤；又如 2000 年广西南丹县大厂镇鸿图选矿厂发生的尾砂坝溃坝，事故殃及附近住宅区，造成 70 人伤亡，其中死亡人数 28 人，几十人受伤；又如 2008 年山西襄汾"9·8"尾矿库溃坝事故，直接造成 267 人遇难。可见，尾矿库的存在是尾矿事故发生的根源，消除、减少或对尾矿进行整体利用是彻底铲除尾砂事故危险源的最有效方法。

（4）造成资源严重浪费

我国矿产资源利用率普遍较低，其总回收率比矿业发达国家低 10%~20%，其中铁、锰等黑色金属矿山采选平均回收率仅为 65%，国有有色金属矿山采选综合回收率只有 60%~70%。以铁矿为例，我国铁矿资源的共伴生组分很丰富，大约有 30 种，但目前铁矿能回收的伴生资源种类仅有 20 余种，因此我国仍有大量有价金属元素及可利用的非金属矿物遗留在固体废物中，每年有待开发的矿产资源总值高达数千亿元。特别是"老尾矿",受当时技术条件的限制,遗留在尾矿中的有用组分与资源种类更多、更大,是不容忽视的待开发的资源宝藏。

矿山固体"废物"具有危害和利用的双重性,是一种宝贵的二次资源。我国矿产固体"废物"的一个显著特点是体量大、矿物伴生成分多,主要原因是我国在开发矿物资源方面存在着"单打一""取主弃辅"等资源利用方式和政策导向,结果将许多伴生组分矿物作为废物弃置。因此,我国矿产固体废物具有再资源化和能源化的巨大潜力。以铁矿为例,全国每年铁矿尾矿排放量约为 6.3 亿 t,铁尾矿中铁含量以全铁 11% 计算,如果仅回收铁含量为 61% 的铁精矿,产率按 2%~3% 估算,全国每年就可以从新产生的尾矿中回收 1260 万~1680 万 t 铁精矿,相当于投资建设 4~6 个大型采选联合企业。

8.1.2 尾废综合利用

从全球尾矿综合利用的技术水准来看,我国金属矿产企业对于尾废的处理依旧还处于探索与初级阶段,许多矿山尾废几乎都是作充填料用于处理井下采空区,很少有企业能够将金属尾废用到如微晶玻璃等建材上。究其原因,大抵是自身的资源转化技术不到位,加上金属尾废原料运输成本过高,很多企业不愿花费过多的费用在尾废处理上。由于尾废中蕴含的金属纯度较低,成分复杂,根本无法直接利用到建材或其他工业领域,而金属尾废在提取有用成分时需要极其复杂的工艺,很多企业无法拿出对应的提炼技术来处理尾矿。

金属矿尾废综合利用是矿山发展的重要方向,零尾废或无尾排放是金属矿绿色开采的目标,是落实习近平总书记"绿水青山就是金山银山"科学论断的必由之路。未来金属矿尾废资源化利用的重点领域如下。

(1)井下充填材料是首选

利用矿山固体废弃物作井下充填料是金属矿开采充填料的最佳选择,不仅解决了矿山固体废弃物的资源化利用问题,而且是降低采矿成本和提高企业效益的有效途径。矿山充填是为防止地下开采引起地面沉降与地面开裂、控制地压,减少各种地质灾害的发生的有效措施,同时也是减少资源损失、实现矿山环保与矿区生态健康的有效方法,更是深井开采的唯一可行的方法。

金属矿尾废用于井下采空区充填,可实现矿山资源回收率从 60% 提高到 90% 以上,如贵州开磷集团,原用空场法开采,资源回收率仅为 68% 左右,通过磷石膏充填法开采,其资源回收率提高到 92% 左右。充填法用于深井开采,通过充填料的填实,大幅度减少围岩对采空区的放热,降低了井下降温通风的冷量,从而改善了井下作业环境,减少了矿山用于制冷降温费用,节省了矿山开采成本。近几十年来,我国应用充填采矿法的金属矿山日益增多,在充填料制备、输送技术、充填材料开发和充填回采工艺技术等方面均取得了长足的发展,加之井下无轨自行设备的广泛应用,充填采矿法现已成为我国一种高效的开采方法。随着采矿向深部发展,地温地压的增加,环保要求的日趋严格,充填采矿法在 21 世纪特别是深井开采中会得到更大的发展。

尾矿用作充填料,传统的管道水力充填(包括高浓度充填)均选用分级粗尾砂作为充填料。近年来发展起来的全尾砂膏体充填工艺,减轻或消除了尾矿对地表或井下环境的污染,效果非常显著,见图 8-2(a)。此外,山东黄金集团顺应时代潮流,采用颠覆传统的充填工艺,创造性地研发了细粒级尾矿充填成套装备与技术,提出了将粗粒级尾砂建材化、细粒级尾砂充填的无尾矿山建设新理念。其指导思想是通过将 50% 左右粗尾砂建材化,50% 细粒级尾砂用于采空区充填,实现对金属矿全尾矿的 100% 消耗,改变了传统矿山尾砂充填—粗粒级尾砂或全尾砂采空区充填、尾矿库堆放的尾矿处理模式,从根本上解决了尾矿库容及尾矿堆存的问题,实现了黄金矿山的无尾开采。

矿山废石也可用作充填料,废石充填一般有两种方式:一种是干式充填(即全废石充填),见图 8-2(b);另一种是作为传统尾砂胶结充填的粗骨料。这两种充填方式在许多矿山得到成功应用。如南京铅锌银矿,该矿作为无尾矿山的典型矿山,既有干式废石充填,又将废石作为粗骨料用于矿山胶结充填中。

(a) 全尾砂胶结充填体　　　　　　　　　(b) 废石充填

图 8-2　全尾砂胶结充填体及废石充填

(2) 回收有用金属和矿物

为了实现对金属矿山固体废弃物的再利用,可通过先进的生产工艺及设备回收尾矿或废石中有价金属和矿物。过去,我国的选矿技术不太先进,无法完全、高效地选出金属矿石中所留存的各种有价组分,使金属矿物中伴生的各种有价元素与有用矿物在开发过程中得不到充分完全回收与利用,使得大量的金属资源与矿物被浪费在尾矿中。随着我国科学技术的不断进步,选矿技术得到了空前发展与进步，在国家资源综合利用与开发政策和措施的双重加力下，矿山普遍增强了对伴生矿物资源的回收利用，从而降低了矿山固体废弃物的浪费，提高了矿物资源的有效利用率，进而推动了矿山固体废物的开发回收与利用，使资源综合回收利用的成本与建设费用进一步降低。

①铁尾矿再选

一方面，我国铁矿选矿厂尾矿具有数量大、粒度细、类型多、性质复杂的特点。以 2018 年为例，该年我国共产生约 4.76 亿 t 铁尾矿，占到了当年全国尾矿总排放量的 39.3%。另一方面，我国铁矿资源呈现相对集中分布的特点，超过半数铁矿在鞍山、白云鄂博、攀枝花等成矿带，历年累积下也造就了很多地区巨量的尾矿存量。有报告显示，截至 2018 年底，我国尾矿累计堆存量约为 207 亿 t，其中占比最大的就是铁尾矿。铁矿的平均入选品位却只有 25.54%，由此每生产 1 t 铁精矿，则须排出近 3 t 铁尾矿。

目前，我国堆存的铁尾矿量高达数十亿吨，占全部尾矿堆存总量的近 1/3。因此，钢铁企业目前已高度重视铁尾矿再选，采用各种工艺从铁尾矿中再回收铁。主要选用的再回收方法有磁化焙烧、浮选、酸浸、絮凝等，有些还通过综合回收金、银、铜等有价金属，以进一步提高矿石的经济效益。目前，进行单金属类铁尾矿再选的有鞍钢东鞍山铁矿、齐大山铁矿、大孤山矿、首钢大石河铁矿、密云铁矿等选矿厂及邯邢地区的北洺河铁矿、玉泉岭铁矿、玉石洼铁矿以及王家子铁矿、符山铁矿等选矿厂；进行多金属类铁尾矿资源再利用的有大冶铁尾矿、金山店铁尾矿、金岭铁尾矿及张家洼铁尾矿等大型铁尾矿。这些尾矿除含有较高品位的铁资源外，还含有金、银、铜、钴、镍等多种高价值有色金属；如白云鄂博铁尾矿中除含有 22.9% 的铁矿物外，还含有具有回收价值的 15.0% 的萤石矿及 8.6% 的稀土等矿物；又如攀枝花铁尾矿中，除含有大量的铁、钒等矿物外，还含有硫、镓及镍、钴等元素可供回收。

②铜尾矿再选

随着工业化程度的不断提高，铜价的不断攀升，以及铜矿开采规模的不断扩大，由此带来的铜矿石边界品位和开采品位越来越低，产生的废石和尾矿逐渐增多。据统计，我国每开采 1 t 金属铜就会产生 400 t 左右的尾废，可见，从数量庞大且含铜量低的铜尾废中回收铜及其他有用矿物，既有十分重要的经济和环境意义，又困难重重。根据我国铜尾废的成分与矿物结构，从铜尾废中可以选出铜、金、银、铁、硫、萤石、硅灰石、重晶石等多种有用成分。如江铜的银山铅锌矿，从铅锌尾矿和铜硫尾矿中回收绢云母；安庆铜矿从铜尾矿中综合回收铜和铁。又如德兴铜矿，从露天矿剥离的废石（约 12 亿 t）中，通过堆浸技术，可回收铜 30.8 万 t，同时还可回收金、银、钼等。紫金山金铜矿采用新工艺技术，对废石中的金属进行了选别回收，大大提高了资源利用率。

③金尾矿再选

金作为贵重金属，其价格不断提升，在高价的诱惑下，金矿资源的采选及回收技术受到广泛关注。调查表明，在计划经济体制下，金价偏低，外加金矿选冶技术落后，导致金矿尾废中仍有相当一部分金、银等有价元素未能得到充分回收。据有关资料报道，我国每生产 1 t 黄金，大约要消耗 2 t 黄金储量，回收率只有 50%左右，也就是说，大约还有一半的金储量遗留在井下或尾废、炉渣中。随着采选冶技术的快速发展，以往金矿回收率低下的情况逐渐得到好转，可最大限度地回收尾矿中的金银等有价组分。如银洞坡金矿利用全泥氰化炭浆提金工艺从金尾矿中回收金、银等有价矿物，提高了金的回收率。三门峡市安底金矿从 0.7 g/t 尾矿中堆浸金，从而大大提高了金的回收率。另外，从金尾矿中可以回收硫，如山东省七宝山金矿为金铜硫共生矿，选别工艺流程采用一段磨矿、优先浮选流程，一次获得金铜精矿产品。1995 年以来，七宝山金矿采用浮选工艺从金尾矿中选硫，该工艺不用硫酸，使选硫精矿成本降低，获得的硫精矿品位达 37.6%，回收率达 82.46%。

④铅锌尾矿再选

我国铅锌多金属矿产资源丰富，矿石常伴生有铜、银、金、铋、锑、硒、碲、钨、钼、锗、镓、铊、硫、铁及萤石等，我国银产量的 70%来自铅锌矿石，可见，铅锌多金属矿石的综合回收意义特别重大。从铅锌尾矿中综合回收多种有价金属和有用矿物，是提高铅锌多金属矿综合回收水平的重要举措。如湖南邵东铅锌矿，从尾矿中成功回收萤石；高桥铅锌矿从尾矿中回收重晶石；八家子铅锌矿从尾矿中浮选回收银，每年回收银 8.92 t。

⑤其他金属尾矿再选

金堆城钼业为综合回收钼硫尾矿中的磁铁矿，采用磁选再磨细筛选矿工艺，成功地回收了尾矿中的磁铁矿；河南栾川某钼矿，从浮选钼后的尾矿中，用磁重流程再选，回收钨精矿，选钨后的尾矿再回收长石精矿和石英精矿；云南云龙锡矿采用重选浮选流程从锡尾矿回收锡；栗木锡矿也成功应用重选浮选流程从老尾矿中回收锡；宜春钽铌矿选矿尾矿经浮选回收锂云母，重选回收长石，成为我国最大的锂云母产地。钨经常与许多金属矿和非金属矿共生，因此选钨尾矿再选，可以回收某些金属矿或非金属矿。我国作为主要的产钨国，已有 8 个钨选厂从钨尾矿中回收钼，如漂塘钨矿、湘东钨矿、荡平钨矿等。

此外，过去因为选矿技术，多数矿山将达不到工业开采要求的低品位矿石当作废石丢弃，特别是我国一些生产历史悠久的老矿山，由于当时技术等方面的原因与条件限制，废石不仅数量大，而且其中含有价金属等可重新利用的资源丰富，现在依靠先进技术可以加以回收，成为不容忽视的新资源。如江西德兴铜矿，曾把含铜量低于 0.3%的矿石作为废石丢弃，为了回收这部分资源，采用堆浸

→萃取→电积工艺提取废石中的铜。该矿 10 多年来，已处理含铜废石 5500 多万 t，回收铜 14.7 万 t，黄金 11.6 t，取得了较好的经济效益。废石中有用组分回收不仅为企业创造了经济效益，而且回收了资源，避免了资源浪费，同时减少了废石的排放。

（3）建材化利用

金属矿山尾矿虽然物质组成千差万别，但其基本矿物组分与资源开发利用途径仍是有规律可循的。尾矿矿物成分、化学成分及其工艺性能三大要素构成了尾矿利用可行性的基础。磨细的尾矿是一种复合矿物原料，加上其中微量元素的作用，具有建材所需要的许多工艺特点。目前，我国建筑业仍处于不断发展之中，对建材的需求量有增无减，这无疑为利用尾矿生产建材提供了一个良好契机。另外，废石是建筑材料和制作骨料的良好材料。金属矿尾废用作建材的主要应用领域如下。

①尾矿制砖

可供制砖的矿山尾砂有多类，如各种金属矿尾砂、非金属矿尾砂等。铁尾矿制砖：利用铁尾矿制成免烧砖，因尾矿中含有特殊的铁元素及其矿物结构，铁尾砂免烧砖具有强度高、性能好等特点。如马鞍山矿山研究院采用齐大山、歪头山铁矿尾矿，成功地制成了免烧砖，各项指标均达到国家建材局颁布的《非烧结黏土砖技术条件》规定的 100 号标准砖的要求。铁尾矿制作墙、地面装饰砖，同济大学与马钢姑山铁矿合作，利用粒度为 0.15 mm 以下的尾矿为主要原料，掺入不同量、不同成分的添加剂，可生产出各种规格的砌墙砖、地面砖、外墙装饰砖、光面砖等。

铅锌尾矿制砖：湖南邵东铅锌选矿厂尾矿在利用分支浮选回收萤石的生产流程中，第一支浮选尾矿经分级的部分主要成分为二氧化硅和三氧化二铝，再配加部分黏土熟料和夹泥，制成砖烘干后，在重烧炉中烧成砖，达到国家高炉用耐火砖标准；江西铜业公司银山铅锌矿，利用该矿尾矿化学成分比较稳定的特点，生产蒸压硅酸盐砖，经测定达到国家 150 号标准砖要求。目前，银山铅锌矿已建成年产 1000 万块砖的尾矿砖厂。

铜尾矿制砖：月山铜矿以尾矿和石灰为原料，经坯料制备、压制成型、饱和蒸压养护制成灰砂砖，经检验，砖质量均达部颁标准。

金尾矿制砖：山东理工大学利用焦家金矿尾矿，添加少量当地的廉价黏土研制出符合国家标准的陶瓷墙地砖制品；丹东市建材研究所利用金矿矿渣为主要原料，加入部分塑性较好的黏土原料，经烧结制成一种新型建筑装饰材料——废矿渣饰面砖，见图 8-3。

钨尾矿制砖：江西西华山钨矿利用尾矿与石灰生产钙化砖，年生产砖达 1000 万块，成品砖经检测各项指标均达国家 150 号标准砖要求。

(a) 尾砂制砖　　　　　　　　　(b) 尾砂制备微晶玻璃

图 8-3　矿山尾砂综合利用

②尾矿生产水泥

众所周知，水泥是经过二磨一烧工艺制成的一种高强胶凝材料，水泥质量的好坏主要反应在强度的高低，即取决于熟料烧成情况及熟料中的矿物组成。熟料一般由硅酸三钙、硅酸二钙、铝酸三钙和铁铝酸四钙四种矿物组成，其中对水泥早期强度起作用的是硅酸三钙、铝酸三钙；后期强度起主要作用的是硅酸二钙、铁铝酸四钙、硅酸三钙；硅酸三钙是水泥熟料中的主要矿物成分(约占 50%)。

尾矿用于生产水泥，就是利用尾矿中的某些微量元素影响熟料的形成和矿物的组成及其物理化学激发取代水泥的基本物料成分。钼铁尾矿用于生产水泥：杭州闲埠钼铁矿研究用钼铁尾矿代替部分水泥原料烧制水泥，并在余杭县和睦水泥厂获得成功，经济效益明显。铜、铅锌尾矿用于生产水泥：掺加铜、铅锌尾矿煅烧水泥，主要是利用尾矿中的微量元素来改善熟料煅烧过程中硅酸盐矿物及熔剂矿物的形成条件，加快硅酸三钙的晶体发育成长，稳定硅酸二钙β型晶体的结构转型，从而降低液相产生的温度，形成少量早强矿物，致使熟料质量尤其是早期强度明显提高。我国凡口铅锌矿，利用含有方解石、石灰石为主的尾矿生产水泥，年产量达 15 万 t，水泥性能良好，其标号可达标准 525 水泥强度。

③生产新型玻璃材料

铁尾矿制饰面玻璃：同济大学以南京某高铁铝型尾矿为主要原料进行了熔制饰面玻璃的试验研究，制成的饰面玻璃漆黑发亮、均匀一致，无气泡、无疵点。铜尾矿制饰面玻璃，同济大学以吉林地区高铝铁硫铜尾矿为主要原料，在试验室试验基础上，进行了铜尾矿制饰面玻璃工业性扩大试验，制成的饰面玻璃成品，其理化性能均能满足有关饰面材料的技术性能要求，外观装饰效果优于天然大理石。

④生产建筑微晶玻璃

铁尾矿生产微晶玻璃：北京科技大学以大庙铁矿尾矿和废石为主要原料制成了尾矿微晶玻璃，其成品抗压强度、抗折强度、光泽度、耐酸碱性等均达到或超过了天然花岗岩。

铜尾矿生产微晶玻璃：同济大学与上海玻璃器皿二厂合作，以安徽琅琊山铜矿尾矿为主要原料，经过试验，研制出可代替大理石、花岗岩和陶瓷面砖等具有高强、耐磨和耐蚀的铜尾矿微晶玻璃材料。

钨尾矿生产微晶玻璃：中南大学与中国地质大学合作，研制出了一种新型钨尾矿微晶玻璃，工艺简单，成本低廉，产品性能优于天然大理石和花岗岩。此外，尾废还可用于生产加气混凝土，鞍钢矿渣砖厂利用大孤山选厂尾矿加入水泥、石灰等原料，制成加气混凝土，其产品重量轻，保湿性能好。

(4)用于农业领域

金属矿山尾废在农业领域的应用主要是作为土壤改良剂、肥料和土地复垦。根据矿山固体废弃物的化学性质，尾废含有土壤改良成分，可以作土壤改良剂。例如磁铁矿尾矿中含有少量磁铁矿，具有载磁性能，对这类尾矿可进一步磁化而成磁尾土壤改良剂；含钙尾矿作土壤改良剂，施于酸性土壤中，可达到中和酸性、改良土壤的目的。矿山固体废弃物的成分不同，可以用于生产尾矿磁肥、微量元素肥、磷复合肥等多种肥料。磁尾矿中添加氮磷钾以及微量元素，经磁化后制成磁肥，增加微量元素团聚，促进植物吸收；通常，含有植物生长所需的 B、Mn、Cu、Zn、Mo 等微量元素的尾矿，可以生产微量元素肥，改善土壤团粒结构，增大孔隙度，促进土壤中水循坏和植物吸收作用；对于磷矿等非金属矿尾矿中常含氮磷钾等元素，可以用作磷复合肥，提高土壤肥效，促进作物生长。

除了上述矿业领域、建材领域、农业领域，尾矿还可以用于其他一些领域，如含 SiO_2 和 Al_2O_3 高的尾矿可用作耐火材料；含方解石、长石或矾类盐的尾矿或废石，可生产工业污水絮凝剂、捕收剂等。此外，尾废还有生产高吸水保水材料、隔音材料、矿物聚合物、曝气滤池滤料以及用作路基材料等方面的应用，由此坚信，随着科技的发展与人类研究的深入，金属矿山尾废的用途与应用将越来越广泛。

8.2 数字化、智能化、无人化是大势所趋

8.2.1 矿山数字化

美国副总统戈尔于1998年在一场题为《数字地球：21世纪认识地球的方式》的演讲中最先提出"数字地球"的概念，数字矿山是数字地球理念在矿山勘探、开

发及矿山管理中的具体应用，是未来矿山的崭新体系。所谓数字矿山，是指人类在矿山地表和地下开采矿产资源的工程活动中所涉及的各种静、动态信息的全部数字化，并由计算机网络进行管理，同时可运用空间技术与实时自动定位、导航技术对矿山生产工序实行远程遥控操作和自动化采矿的综合体系。

结合矿业发达国家矿山信息化建设不同的战略设想，以及学者们对数字矿山概念的理解，数字矿山分为初级到高级三个阶段：一为初级阶段，即矿山建立数字化阶段；二为中级阶段，即建立可以反映真实矿山面貌（地上、井下）的虚拟矿山阶段；三为高级阶段，即自动化、远程遥控采矿阶段。

20 世纪末至今，矿山信息化的重点已经转移到地下矿山生产过程自动化、采矿远程遥控和采矿设备自动化等方面，其主要原因是存在三方面的需求：一是提高劳动生产率，降低成本的需要；二是开采贫矿和深部矿床的需要；三是降低劳动强度，改善矿工安全和健康状况的需要。

矿山作为一个特殊的生产单位，其开采对象时空不断变化，要实现科学管理，必须对矿山开采部门各个生产环节与工序进行全面的数据采集，采用现代信息技术，实现矿山勘测、规划、设计的数字化，技术与生产过程数字化，经营管理与决策过程数字化，最终体现为矿山的高度信息化、自动化、智能化。只有这样，才能实现矿山开采的高效、安全、低成本开采，并且使矿产资源开发与生态、环境保护相协调。构建数字矿山的最大技术难点是开采过程中实时了解与掌握其开采对象的情况，精确获得矿体岩性、矿床品位、矿岩边界、矿石储量、矿岩内部结构、断层及其开挖后矿岩的受力状态、矿岩的稳固性、安全性等，进而实时对矿体开采进行量测与有效控制。事实上，金属矿开采系统是一个复杂、多变、信息隐蔽、难以预测的巨型信息系统，涉及地质、采矿、选矿、安全、岩土工程、通风、机械、环保、自动化等学科领域，从设计、施工、劳动组织到产品加工、销售等，各生产过程与工艺环节的信息采集传输、处理、集成、成果显示等，需要多学科交叉、创新和积累。构建数字矿山，将彻底改变现有的矿山生产模式与回采工艺，使矿山开采更安全、更合理、更科学，资源综合利用程度大幅度提高，经济效益与社会效益大幅度提升。数字矿山是矿业发展的目标和方向，而不是一项具体的工程。

数字矿山建设的基础理论包括：系统工程学、信息工程学、数字地质学、岩石力学理论、现代采矿学、机械工程学、机器人与自动化、无线电通信理论、空间信息理论、自动定位与导航理论、智能监测监控理论、工程管理科学、运筹学与控制论等。不得不说，我国目前数字化矿山发展仍处在初级阶段，总体水平还很低，仍有大量的工作需要进行探索与开发，特别是涉及资源储量的空间探测技术、采矿开挖后岩层受力状态与稳定性确定技术等有待研究，且任重道远。

在数字化矿山建设方面，国内外开展了广泛的研究。从国外数字化矿山建设现状来看，早在 20 世纪 80 年代，加拿大矿业公司就研制了多种自动化运输设备；20 世纪 90 年代，一些发达国家开始拟定数字矿山发展计划，并着手研究并成功运用遥控采矿技术，如 1994 年澳大利亚发起了采矿机器人研究项目，1996 年挪威、加拿大、芬兰合作开展了采矿自动化计划。

21 世纪以来，加拿大、澳大利亚等国的金属矿山已部分实现无人采矿。目前，美国、澳大利亚、加拿大、瑞典等国家已经逐渐实现遥控采矿、无人工作面甚至无人开采矿山。美国已成功地开发出一个大范围的采矿调度系统，采用最新计算机、无线数据通信、调度优化以及全球卫星定位系统技术，进行露天矿生产的计算机实时控制与管理。国外矿业发达国家的数字化矿山技术起步早，发展快，主要从开采过程的自动化、智能化入手，将数字化技术成功应用于凿岩、爆破、装载、支护和运输等作业中。此外，一些地下矿山，除了开采系统的固定设备已实现自动化，采矿环节的铲装运设备如铲运机、凿岩台车、井下自卸卡车等全部实现了无人驾驶，工人只须在地面对设备进行遥控，就可以使井下采矿作业顺利完成。

我国数字化矿山建设从 2000 年开始，针对矿山企业信息化建设总体水平低的问题，先从发展"数字矿山"技术和理念入手，逐渐开展了相关技术的研究、开发与试验，使我国矿山数据获取能力弱、数字化程度低、相关软件缺乏、传感器运行效果较差等问题逐渐得到改善。"十一五"期间，科技部已将"地下无人采矿技术"列为"863""支撑计划"的首批启动专题方向之一；"十二五"期间，科技部继续加大了对无人采矿的支持力度。很多矿井通过引进设备与技术，逐渐实现了采掘、运输、支护设备的机械化与信息化，而且无人工作面也在一些煤矿获得了成功应用。

近十年来，国内矿井相继建立和采用了井下监测监控系统、人员定位系统、压风自救系统、供水施救系统、紧急避险系统和通信联络系统，标志着国内矿山数字化技术应用的起步；此外，还有一些矿山利用大型矿山工程软件，实现了资源开采环境的可视化。尽管如此，但国内矿山数字化目前仍存在以下问题：一是数字矿山起步晚，基础建设薄弱；二是矿山企业的传统观念落后，虽然我们有很多矿山企业接受了国外矿业发达国家前沿的技术和发达的管理理念，但我国矿山人的传统理念和固定的思维意识，使这些先进的技术和理念难以得到很好的融合；三是数字矿山的发展缺乏整体规划，矿山企业在数字化实际操作过程中，大部分管理者过于追求短期经济效益，导致决策者对矿山信息化建设缺乏重视，从而并没有投入大量的资金；四是数字矿山软件开发能力、相关人员业务能力、数字矿山系统集合与规划、管理理念和过程的规范化仍须极大提升。

"十三五"规划提出，要在矿山静态及动态信息的数据集成与融合技术、矿山智能化调度与控制技术、开采装备可视化表征技术等方面实现突破。在铜矿、铅锌矿、铝土矿、镍矿、金矿等矿山开采领域，推广成套智能化协同采矿技术体系与主体装备，集成空间信息、环境信息和定位导航信息，依托骨干企业建设数字化矿山并开展行业示范，力争在"十三五"末，实现矿山设计数字化率提高 50%、矿石损失率和贫化率降低 20%、自动数据采集率高于 90%、生产效率提高 25%、运营成本降低 30%、能源利用率提高 15%。当前，在我国优质矿产资源稀缺、开采条件愈加恶劣，以及高品位矿石越来越少的情况下，矿山企业对于采矿安全和环境方面的要求越来越高，国家对"数字矿山"的期望极大，显然，数字矿山已经成为矿业发展的必然趋势。未来，我国发展数字矿山之路势必道阻且长，包括矿山虚拟现实平台、矿山开采过程智能化管控平台、智能开采软件、矿山生产智能化系统、矿山物联网关键技术等，需要我们矿山人进一步开拓与发展，数字化矿山行则将至，前途光明。

8.2.2　矿山智能化

当前，世界主要国家都把智能科技作为创新发展的战略方向，努力将其打造为促进经济社会发展的新引擎。智能科技作为新型生产力正在深刻改变人类生活和生产方式以及思维模式，成为推动产业变革的核心驱动力。中共十九大报告中也明确提出"推动互联网、大数据、人工智能和实体经济深度融合"，为工业的智能化发展指明了方向。而矿业作为国家的支柱产业，随着矿产资源的日益减少，矿石品位的逐渐降低，开采难度的越来越大，矿山企业追求高质量发展的心情愈发迫切。智能矿山作为大数据、"互联网+"战略在矿业的具体体现，能够主动感知、自动分析，依据深度学习的知识库，形成最优决策模型并对各环节实施自动调控，实现设计、生产、运营管理等环节安全、高效、经济、绿色的矿山。以数字化、信息化、自动化和智能化带动传统矿业转型升级，建设智能矿山，提升核心竞争力，是中国矿山行业发展的必由之路。因此，加快国内矿山尤其是新矿山的智能化建设对提高我国矿山技术水平及推动矿业技术进步有着重大而深远的意义。

无人驾驶的卡车在矿区穿梭不息，空无一人的磨浮车间内机器轰鸣，无人操控的有轨电机车在井下自行完成装矿、运矿、卸矿等工作，海量在线数据经过智能管控平台的采集、整合、分析，最终为矿业生产经营决策提供支持。这些几年前还被憧憬的未来场景现在已经实实在在地呈现在人们面前，智能矿山在信息感知、数据融合、三维可视、无人操控等方面的优势日益凸显。我国是一个矿业大国，但还不是矿业强国。据调查统计，我国金属矿山有上万座，其中仅有少数现代化大型矿山，其技术装备水平和资源综合利用程度接近矿业发达国家水平，但是大部分中小型矿山，资源综合利用率和信息化程度较低，管理粗放，安全和环境问题突出。因此，很多矿业公司都在优化产业结构，竭力推动朝着有前景且可持续发展的业务转型，力求获得精准、全面且及时的信息，推动核心产业与辅助流程的整合，完善规划、控制与决策并致力于资源开发价值的实现。对于矿业企业及涉矿公司而言，高质量发展已成为必然趋势，无论是优化结构、转型升级，还是科技创新、跨越发展，矿业企业在探寻高质量发展新动能的同时，正践行着高质量发展的多元化路径。

智能矿山体系自下而上包括基础系统、过程自动化控制系统（PCS）、生产过程执行系统（MES）、企业资源规划系统（ERP）、智能决策系统（BI/BW）等，还有统一架构的矿山数据库、规范的数据接口、标准化的作业流程以及智能系统的支撑，任何环节的缺失或不足都会导致无法或难以发挥智能矿山的优势。

目前，国内外智能矿山建设聚焦于智能开采，实现少人、无人的智能化采矿是当前国际采矿界研究的热点。一系列的无人化生产技术与工艺正在涌现，如由设备生产厂商主导的露天矿卡车无人驾驶技术和系统已经投入实际应用。澳大利亚所罗门（Solomon）露天铁矿利用卡特矿山之星（MineStar）系统，实现了卡车无人驾驶和矿山车辆管理、生产现场管理、安全避让、设备诊断、调度协同指挥等功能，大幅减少了现场人员，实现了大型露天矿的安全高效生产。又如小松公司与力拓公司紧密协作，研发了自动运输系统（autonomous haulage system，AHS），并应用于澳大利亚皮尔巴拉（Pilbara）地区的矿山。该系统将自动化卡车与推土机、装载机和电铲有机配合，使得自卸车能在无人操作的情况下实现复杂的装载、运输和卸载自动的循环运行，有效提高了生产效率和安全性，延长了轮胎寿命，节省了燃油消耗并减少了尾气的排放，降低了矿山总体运行成本。

小松公司正在研发的无驾驶室的无人矿用卡车，使用四轮驱动和四轮转向技术，保证车辆具备更好的控制和可操作性，利用无线网络和障碍物检测技术实现无人驾驶。长期以来，力拓集团在数字化、智能化等方面投入了巨额资金，技术创新成效显著，经过多年的运营管理已成为智能矿山业建设的开拓者和领先者。力拓公司在 20 年前开始使用自动化矿山机械，并逐渐拓展到价值优化、数据科学和人工智能等新兴领域，每年在技术研发上的投入超过 2 亿美元，并在露采和地采、矿物加工和自动化等领域建立了卓越研发中心，为各项业务的开展提供技术支持、保证和服务，并打造了自己的智能人才队伍。如力拓在皮尔巴拉矿区的大规模自动化开采试验已超过 10 a，截至 2019 年底，已有 183 辆自动卡车和 26 辆无人驾驶试验卡车，自动化卡车的运行成本比同等的载人卡车低 15%，生产率提高 25%，设备利用率提高了 40%。

力拓于 2014 年初开始部署首个基于机器学习的工具，优化了关键开采设备的预测性维护。为了更好地利用这些数字机遇，力拓创建了开放式数据环境，使其能够将市场上最优秀的人才和工具引入业务，推动了数字化进程。同时，在 2000 年，力拓开始研究 MAS 矿井自动化系统，该系统是一个复杂的人工智能和机器学习平台，有助于提供实时的操作意见与建议。如今，通过这一系统几乎可以追踪矿山中的每一件事，甚至每一桶材料的含量、储存模型、混合参数等，大大提高了生产能力和水平，类似的例子在力拓还有很多。

长期以来，我国矿业企业紧盯国际矿业发达企业动向，为矿业企业的智能化做了大量的工作，可谓喜中有忧。忧的是我国多数矿业企业都是粗放型公司，矿业企业具有人员多、劳动力强、智能化知识薄弱等特点，矿山难以开展智能化并完全实现智能化矿山建设，所以矿山在强调智能化、无人化的同时，还要强调人的作用，并结合矿山自身的特点。喜的是国内有多个矿企、设备厂商及研究机构，开展了智能化的相关研究，从技术、装备、系统的硬软件上取得了卓有成效的应用。如大型矿卡企业以及华为等IT和互联网技术公司正在开展无人驾驶技术与系统的研究，并已在露天矿进行现场验证，形成具有中国特色的技术自主的露天矿无人驾驶解决方案，实现露天的安全高效生产。国内无人矿山方面，正在研发矿山无人化管理系统以及端到端的矿区无人运输解决方案，该方案主要包括三部分，即矿卡无人化、挖掘机的半自主化以及机群管理与调度系统。该系统能够在降低单车改装成本的前提下实现集群化的运营管理，让矿山运输更安全高效，加速我国矿山开采智能化进程。

对于智能矿山的智慧程度，不同人有不同的理解和认识，它没有一个统一的标准。矿山的智能化也没有一个统一的模式，它是一个渐进和不断完善的过程，它需要我们每个矿业人的共同参与和不懈努力，我们每个人都是信息化改造传统矿业的推动者和践行者。对于矿山企业尤其是规模较大的矿山企业来说，更应该积极探索和实践集约化、连续化、遥控化等采矿新模式，将推进矿业信息化作为矿山企业转型升级的工作重心。对于矿业装备的生产与服务商来说，应该重点把自己的关注点放在发展智能矿山采矿设备制造的软硬件上，形成具有开创与独特知识产权的特殊采矿装备与操作平台。随着矿山智能化建设的推进，除了将面临资金短缺问题，更严峻的是行业将面临人才的不足。因此，高校和企业都应该培养面向未来的创新人才，这也是一项非常重要的任务。

目前，国内矿山智能化建设总体处于起步阶段，其首要问题是多数矿山对智能化建设认识不够，主要集中表现为以下两个方面：一方面，矿山建设在由智能化开采可能导致采矿辅助人员岗位减少与当前宏观上增加社会责任要求之间的抉择上的两难境地，开采的智能化必然会从整体上降低传统生产模式中粗放型劳动力所占的比例，而多数矿山在这一方面基本只致力于维持现状；另一方面，智能化矿山的高效运行要求更具专业化的生产技术人员与管理团队，而高素质人员与团队的缺乏有可能导致矿山在实现采选自动化后由于无法得到有效运转而影响整体效益，因此，多数矿山在系统的装备智能化设备决策上止步不前。

总之，对智能化矿山认识的不足限制并阻碍了智能化矿山的建设及推广应用，同时认识的不到位也直接影响了矿山在智能化建设中所取得成果的数量和质量。那么，对于如何推进智能化矿山建设这个问题，矿山在具备基础的智能化条件后，需要建立与之相应的管理机制，矿山在引进并使用了多套先进采掘装备软件和硬件系统的同时，摒弃传统性的强调"责任制"生产管理模式，注重管理手段、管理技术等细节性内容的实施。传统的矿山管理通常采用的是一种被动式处理模式，该模式的核心主要是对一些事件如事故、故障等的被动式处理，是一种相对滞后的处理机制且系统性严重不足。智能化矿山的管理要求管理者能够高效统筹矿山管理人员、材料、设备等涉及生产和安全的各环节之间的关系，能够在对资源进行合理配置的基础上使各系统模块的作用得到最大程度的发挥。智能化矿山要求管理者必须具备对各种自动化系统进行熟练操作与维护的能力，因此，通过转变现有管理机制，减少人为因素对矿山管理造成的过多干扰是实现智能化矿山管理的重点。

新矿山智能化建设并不是一蹴而就的，而是应该改变传统思维，从规划研究开始，扎实、稳步推进矿山智能化体系构建；转变传统管理模式，切实提高各环节系统的协作效率，建立智能化管控体系，努力打造智能一体化矿山。只有坚持长期、持续的智能化建设方针，从自身实际出发，以技术升级为主线，不断创新进取，新矿山才能从根本上提升核心竞争力，创造更显著的社会和经济效益。随着经济、科技的发展，各行各业都开始进行大规模变革，采矿行业也面临着向"高质量"转型升级的挑战。在人工智能、5G等新一代信息技术加速应用的背景下，未来矿山的发展唯有向精细化管理、数字化运行转变，才能真正建成智慧矿山，实现本质安全。

8.2.3 矿山无人化

目前采矿业正背负着因安全导致的政策环境、经济损失、从业人员意愿低、舆论压力等"四座大山"。大力发展矿业数字化和智能化的无人矿山技术，实现"机械化换人、自动化减人、智能化无人"，已经成为大多矿山企业转型升级的有效措施。

早在1996年，时任亚利桑那大学机器人与自动化实验室主任的王飞跃教授及其团队，承担了世界上最大的工程机械和矿山设备生产厂家——卡特彼勒的自动化项目，对动态不可预测的岩石开挖环境进行了实时控制算法的设计，应用神经网络、模糊逻辑和有限状态机来模拟人类挖掘策略，通过设计在线铲斗挖掘轨迹，完成了世界上第一台全自动装载、挖掘和运输的无人驾驶矿卡，使得其挖满率从70%提升到90%，获得了1996年的Caterpillar技术发明奖，并出版了世界上首部矿山自动卡车的研究专著。近年来，随着科技发展、传感器等硬件的补强，单台矿卡实现无人驾驶已经不再是难事，但如果想要整体提高矿山的安全和生产效率，就需要无人矿山技术整体方案和集群化的运营。目前，露天无人矿山系统大概分成 3 个层次，共 11 个子系统，帮助客户实现智慧露天矿无人化作业全流程，包括云端智能调度与管理系统、矿车无人驾驶系统、挖机协同作业管理系统、无人矿卡仿真系统、远程驾驶系统和 V2X 车路协同感知、大数据分析、远程故障诊断、应急管理、调度、地图管理等。

无人矿山概念在国内兴起大概是在 2017 年，2020 年 3 月，中共中央政治局常务委员会召开会议，正式提出"新基建"概念，智慧矿山无人化赛道成为"新基建"的重要应用领域。同年，国家发改委等八部委在《关于加快煤矿智能化发展的指导意见》中提出，到 2025 年，我国要实现露天煤矿无人化运输；同年 4 月，工业和信息化部、发展改革委、自然资源部等在《有色金属行业智能工厂（矿山）建设指南（试行）》中提到，要打造具有自感知、自学习、自决策、自执行、自适应的智能矿山，也同样有助于矿山无人驾驶运输车市场发展。无人驾驶技术最先应用于矿区的原因在于，和城市情况不同，矿区人烟稀少，道路情况简单，无人驾驶用于矿区后有助于降低运营成本、提高生产效率、保证矿区安全，解决矿山开采环境恶劣、危险性高等问题，推动了我国采矿技术革新。以运营成本为例，相比有人驾驶，无人驾驶可以将整体效率提高 30%、节油 15%、轮胎损耗减少 20%，并且节省人工成本，大大提升矿企的效益和竞争力。2020 年 5 月 28 日，中国先进的智慧矿山无人化解决方案提供商慧拓正式发布"愚公 YUGONG"[233] 无人露天矿山整体解决方案，这是国内目前国内唯一自主研发的矿山无人化全栈式整体解决方案，见图 8-4。

洛钼集团与华为公司等合作开发出国内首个无人采矿 5G 运输车，可实现露天矿区钻、铲、装、运全程无人操作，使矿区生产的安全性、开采效率、资源利用率得到提升，降低生产成本，成为全国首个拥有 5G 技术的智能无人矿山。山东黄金矿业（莱西）有限公司也联合中国移动、华为技术有限公司共同设计部署的矿井 5G+远程遥控+无人化智能开采技术，2020 年 7 月正式投入运行，成为全国首家具有 5G+无人驾驶技术的地下矿山，同样在三山岛金矿，溜井大块破碎与放矿、矿卡自主运行和卸载、智能决策与远程集控等均应用了 5G 技术，实现了无人控制。普朗铜矿依托 5G+智能装备、智能控制，实现了井下无轨铲运机、有轨运输电机车的无人操作，采矿工人在宽敞明亮的调度大厅就能操作数公里外的井下采矿智能装备，实现了"少人、无人"的井下安全生产。

从目前来看，我国矿山无人化行业仍处于发展的初级阶段，市场发展潜力巨大，再加上政策利好，国内多家企业纷纷加速产业布局，以及早实现矿企向无人化、智能化的产业升级换代。但对于企业而言，先进技术和商业落地能力仍然是其核心竞争力。可以预见，未来"无人矿山"将在有色金属行业全面推广复制。

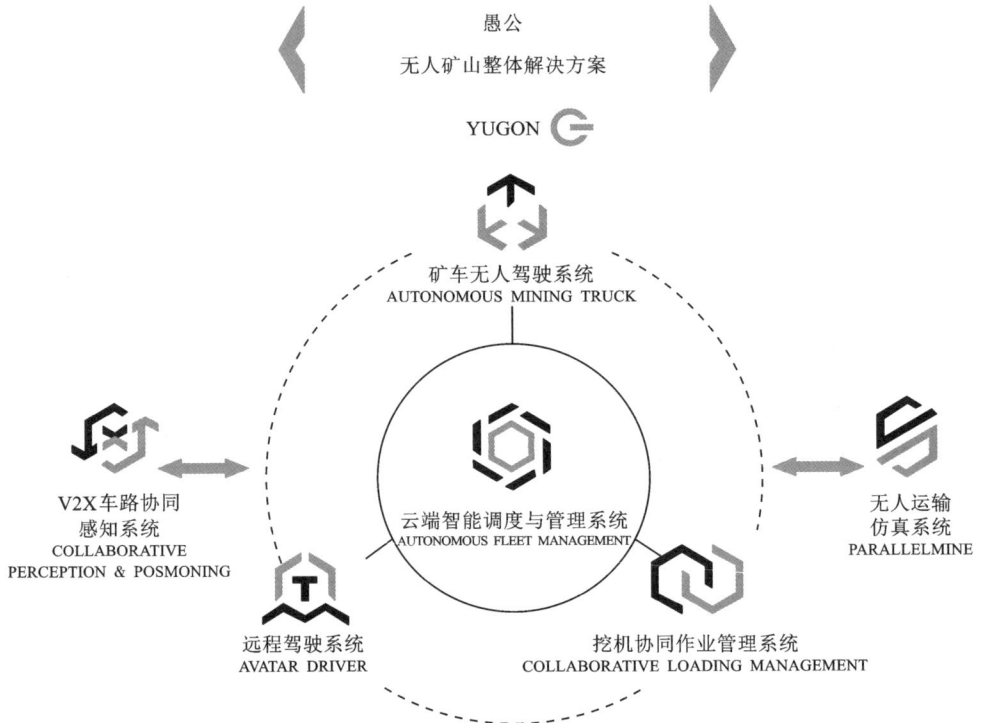

图 8-4 "愚公"六大核心子系统

8.3 金属矿绿色开采向地球深部进军

深部金属矿开采不可避免扰动地域环境、产生废物、损失资源。自 20 世纪90 年代以来,国内外根据全球可持续发展战略,相继推出了绿色开采的相关法律、法规和设计、建设与管理规范,推动了金属矿绿色开采的发展,在环境监督、治理及绿色矿山建设与技术创新等方面取得了成效。我国 2009 年提出了发展"绿色矿业"及"2020 年基本建立绿色矿山格局"的战略目标,形成以充填采矿和矿山固废充填为核心的绿色开采方案,出现了具有代表性的山东黄金生态矿业发展理念;2018 年自然资源部公示了九大行业"绿色矿山建设规范",从资源开发方式等五大方面提出了相关规定。同年,科技部又立项了"深部金属矿绿色开采关键技术研发与示范"国家重点研发计划项目,还批准了依托北京矿冶科技集团有限公司建设的金属矿绿色开采国际联合研究中心以及核准登记的中关村绿色矿山产业联盟。近年来,各个地区也出台了相应的绿色开采相关的地方标准,极大地推动了绿色矿山的建设和发展。

据统计，全球自 20 世纪以来已累计粗钢 590 亿 t、铜 8 亿 t 和铝 14 亿 t。尽管近年来矿业发展受经济衰退、产能过剩和环保压力骤增等因素影响出现低迷，但工业化的持续推进使市场对矿产资源的大规模需求还会保持相当长时期，矿产资源的生产和消费在未来一段时间内仍处于高位态势。然而，长期大规模、高强度、粗放式的过度开发造成地球浅部资源日益枯竭，国内外许多矿山相继进入深部开采，特别是金属矿山。目前，国外采深超千米的金属矿山有 112 座，最深的为南非的 Mponeng 金矿（4350 m）；国内千米深的金属矿井有 32 座（最深为 1600 m 的釜鑫金矿），国内外十大深井见图 8-5。未来 5~10 a，我国将有 1/3 以上的矿山进入 1000 m 以深的开采深度。可见，千米级深部开采将成为矿业今后开发的常态。

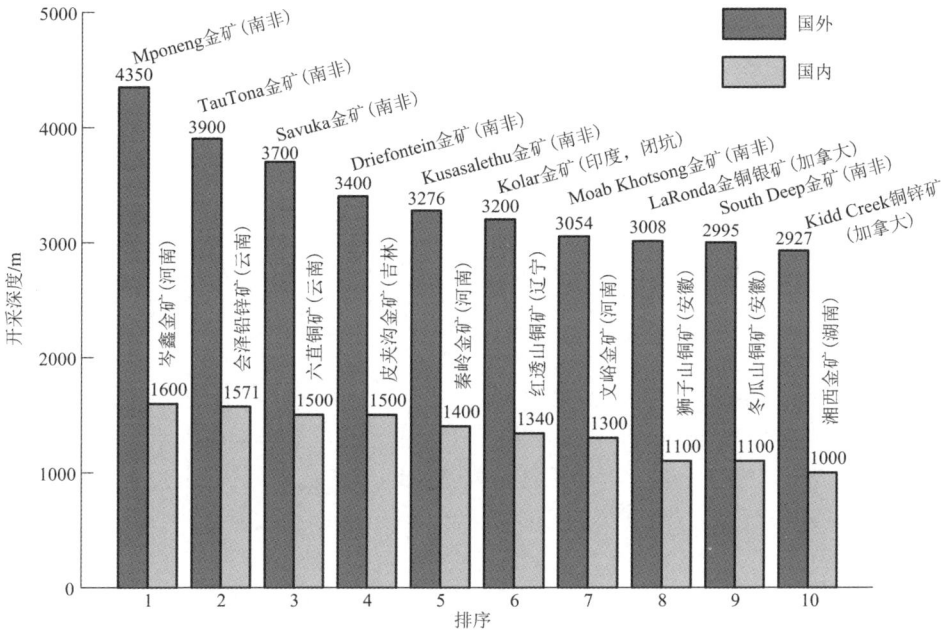

图 8-5　国内外十大深井

2016 年，习近平总书记在全国科技创新大会上指出，向地球深部进军是我们必须解决的战略科技问题，"深地"是我国面向 2030 年进行"深度"布局的四大方向之一，深部资源的勘探开发是当前亟待解决的首要问题。深部资源赋存地质条件复杂，力学环境呈现高应力（>50 MPa）、高地温（>40℃）、高井深（1000~5000 m）和高岩溶水压（>10 MPa）以及采矿活动强扰动等特征，以致开采过程中岩爆和冒顶、片帮等灾害频繁高发，且难以预测和有效控制。由于深部硬岩的脆性强、储能高（$>10^5 J/m^3$），巷道爆破开挖诱发灾害的量级和频率更大，且易引起连锁反应。例如，南非 Driefontein 金矿井下 2000～2800 m 采深处每天发生岩爆 600 多次，最高震级达 4.2 级。

深部开采作为矿业发展的前沿领域，也面临着诸多挑战。深部岩体地质力学特点决定了深部开采与浅部开采的明显区别在于深部岩石所处的特殊环境，即"三高一扰动"的复杂力学环境，使得诸多关键难题需要破解，具体如下。

（1）深部高应力问题

深部高应力可能导致破坏性的地压活动，包括前面提到的岩爆、塌方、冒顶、突水等由采矿开挖引起的动力灾害。如红透山铜矿，20 世纪 80 年代开采到 400 m 时，就发生过轻微岩爆，开采深度达到 700 m 后岩爆逐渐频繁发生，1999 年发生了 2 次较强岩爆，破坏力相当于 500～600 kg（TNT 当量）。冬瓜山铜矿 1999 年发生了较强岩爆，造成大量锚杆金属网破坏。至止，我国发生过显著岩爆的地下金属矿山多达 8 个。

（2）岩性恶化问题

浅部的硬岩到深部变成软岩，弹性体变成潜塑性体，这给支护和采矿安全造成了很大负担，严重影响了采矿效率和效益。

（3）深井高温环境问题

岩层温度随深部以 1.7℃/100 m～3.0℃/100 m 的梯度增加，如南非西部矿井，在深部 3000 m 处，岩层温度最高可达 80℃。深井的高温环境条件严重影响工人的劳动生产效率，而为了进行有效降温，又将大大增加采矿成本。据统计资料，矿内环境气温超标 1℃，工人作业劳动生产率会下降 7%～10%。

而随着开采深度的增加，矿石和各种物料的提升高度显著增加，提升难度和提升成本大大增加，并对生产安全构成威胁。同时，超大规模超深井开采中涉及安全生产的建井施工、采矿工艺、提升运输、通风降温、采场充填、岩移预测等重大问题的解决，离不开深井提升钢丝绳检测装置、大处理能力的尾矿浓缩贮存装置、超大规模金属矿井运输智能控制系统等关键装备的研发应用；深部金属矿山开采相关技术标准也有待建立和完善。这些深部开采中的关键难题，同时也是未来绿色开采中需要面对和处理的核心问题。

参考文献

[1] 国土资源部.国土资源部关于贯彻落实全国矿产资源规划发展绿色矿业建设绿色矿山工作的指导意见[J].国土资源通讯,2010(16):29-32.

[2] 李永绣,焦小燕,何小彬,等.离子型稀土绿色开采技术的研究进展及主要问题[C]//中国稀土学会.中国稀土学会第四届学术年会论文集.北京:中国稀土学会,2000:66-70.

[3] 钱鸣高,许家林,缪协兴.煤矿绿色开采技术[J].中国矿业大学学报,2003(4):5-10.

[4] 钱鸣高,缪协兴,许家林.资源与环境协调(绿色)开采及其技术体系[J].采矿与安全工程学报,2006(1):1-5.

[5] 崔丽琴.绿色开采创新理念与矿区可持续发展[J].安全与环境学报,2006(S1):54-55.

[6] 王建法,刘建兴,陈晃.金属矿绿色开采的理念与技术框架[J].矿业工程,2016,14(6):16-18.

[7] 刘勇,刘萍,曾建荣.采矿业绿色开采法律体系探讨[J].煤矿安全,2008(1):98-101.

[8] 季闪电.我国绿色矿业综合评价指标体系及相关政策研究[D].北京:中国地质大学(北京),2014.

[9] 申洛霖.井工煤矿绿色开采激励机制研究[D].徐州:中国矿业大学,2014.

[10] 王晓宇,卢明银,张振芳,等.绿色开采评价指标体系研究[J].化工矿物与加工,2009,38(3):32-35.

[11] 刘丰韬.新城金矿资源绿色开采效果评价研究[D].沈阳:东北大学,2014.

[12] 王建法.金属矿山绿色开采指标体系的构建与评价方法研究[D].福州:福州大学,2017.

[13] 刘鹏.露天煤矿绿色开采评价指标体系及建设路径研究[D].徐州:中国矿业大学,2020.

[14] 缪海宾.大型露天煤矿绿色开采理论与评价方法[J].煤矿安全,2017,48(9):230-233.

[15] 赵国彦,邱菊,赵源,等.金属矿绿色开采评价方法探讨[J].黄金科学技术,2020,28(2):169-175.

[16] 赵国彦,邱菊,赵源,等.金属矿绿色开采评价指标体系及组合赋权法研究[J].安全与环境学报,2020,20(6):2309-2316.

[17] 王运敏,章林,张钦礼,等.金属矿露天地下高效转换绿色开采综合技术与示范[Z].中钢集团马鞍山矿山研究院有限公司,2013-12-01.

[18] 余南中.绿色开采与膏体充填[J].有色金属设计,2016,43(1):1-5.

[19] 古德生，周科平.现代金属矿业的发展主题[J].金属矿山，2012(7)：1-8.

[20] 吴爱祥，王勇，张敏哲，等.金属矿山地下开采关键技术新进展与展望[J].金属矿山，2021(1)：1-13.

[21] 龚鹏，张洪岩，赵奎涛.全国绿色矿业研究文献统计分析[J].中国矿业，2018，27(10)：104-107+121.

[22] 钱鸣高，许家林，缪协兴.煤矿绿色开采技术[J].中国矿业大学学报，2003，32(4)：343-348.

[23] 钱鸣高，许家林，缪协兴.煤矿绿色开采技术的研究与实践[J].能源技术与管理，2004(1)：1-4.

[24] AZAPAGIC A. Developing a framework for sustainable development indicators for the mining and minerals industry[J]. Journal of Cleaner Production, 2004, 12(6)：639-662.

[25] KUSI-SARPONG S, BAI C, SARKIS J, et al. Green supply chain practices evaluation in the mining industry using a joint rough sets and fuzzy TOPSIS methodology[J]. Resources Policy, 2015, 46：86-100.

[26] IIED, WBCSD. Breaking new ground：Mining, minerals and sustainable development. Final Report on the Mining, Minerals and Sustainable Development Project (MMSD). International Institute for Environment and Development and World Business Council for Sustainable Development 2002. http：//www. iied. org/mmsd.

[27] GMI. Global Mining Initiative. http：//www. globalmining. com/index.

[28] IMA-EUROPE. Sustainability indicators for the industrial minerals sector. IMA-Europe, Brussels：2002.

[29] 联合国.可持续发展问题世界首脑会议的报告[R].南非约翰内斯堡：2002.

[30] WHITMORE A. The emperors new clothes：Sustainable mining? [J]. Journal of Cleaner Production, 2006, 14(3-4)：309-314.

[31] Rachel's Environment & Health News, Corporate Campaign Against Precaution [N]. 18, 2003.

[32] LAURENCE D, STAMFORD C, BARRY S, et al. A guide to leading practice sustainable development in mining [R]. Australian Government Department of Resources and Tourism, Canberra, 2011.

[33] ECCLESTON C H. The EIS Book：Managing and Preparing Environmental Impact Statements [M]. CRC Press, 2010.

[34] 宋蕾.美国土地复垦基金对中国废弃矿山修复治理的启示[J].经济问题探索，2010(4)：87-90.

[35] 钱鸣高.绿色开采的概念与技术体系[J].煤炭科技，2003(4)：1-3.

[36] 李兴尚，许家林，朱卫兵，等.从采充均衡论煤矿部分充填开采模式的选择[J].辽宁工程技术大学学报(自然科学版)，2008(2)：168-171.

[37] 王建国，王来贵，纪玉石，等.大型露天煤矿绿色开采理论探讨[J].露天采矿技术，2015(1)：1-3.

［38］ 赵源，赵国彦，裴佃飞，等.地下金属矿绿色开采模式的内涵、特征与类型分析[J].中国有色金属学报，2021，31(12)：3700-3712.

［39］ 赵国彦，吴攀，裴佃飞，等.基于绿色开采的深部金属矿开采模式与技术体系研究[J].黄金，2020，41(9)：58-65.

［40］ 赵国彦，吴攀，朱幸福，等.基于灰色关联分析的三山岛金矿绿色开采技术优先级评价[J].黄金科学技术，2019，27(6)：835-843.

［41］ 钱鸣高.绿色开采的概念与技术体系[J].煤炭科技，2003(4)：1-3.

［42］ 姜杰.矿业生态化开发的哲学研究及模式探索[D].北京：中共中央党校，2012.

［43］ RUEFF H, RAHIM I, KOHLER T, et al. Can the green economy enhance sustainable mountain development? The potential role of awareness building[J]. Environmental Science and Policy，2015，49：85-94.

［44］ 约翰·贝拉米·福斯特.生态危机与资本主义[M].耿建新，宋兴无，译.上海：上海译文出版社，2006.

［45］ 胡鞍钢.中国：创新绿色发展[J].马克思主义与现实，2013(2)：75.

［46］ 何光汉.区域空间管治下的四川省主体功能区建设研究[D].成都：西南财经大学，2010.

［47］ HOLMBERG J, SANDBROOK R. Sustainable development：what is to be done?. In：Holmberg, J. ed. Policies for a Small Planet [M]. London：Earthscan，1992：19-38.

［48］ BARBIER E B. The concept of sustainable economic development [J]. Environmental Conservation，1987，14(2)：101-110.

［49］ 李晓峰.适应与共生：传统聚落之生态发展[J].华中建筑，1998(2)：108-110.

［50］ 汤天滋，TANGTIAN-ZI. 主要发达国家发展循环经济经验述评[J].理论参考，2005(8)：21-27.

［51］ 齐建国.中国循环经济发展的若干理论与实践探索[J].学习与探索，2005(2)：160-167+240.

［52］ EHRENFELD J R. The Making of Green Engineers：Sustainable Development and the Hybrid Imagination, by Andrew Jamison. San Rafael, CA, USA：Morgan and Claypool Publishers，2013, 137pp., ISBN 9781627051590, paperback[J]. Journal of Industrial Ecology，2015，19(1)：176-177.

［53］ BELL S. Engineers, Society, and Sustainability[M]. Morgan & Claypool，2011：109.

［54］ 陈德敏.循环经济的核心内涵是资源循环利用：兼论循环经济概念的科学运用[J].中国人口·资源与环境，2004(2)：13-16.

［55］ 刘翱翔.循环经济理论在矿山企业中的应用：评《矿山企业循环经济发展问题研究》[J].矿业研究与开发，2019，39(7)：152-153.

［56］ 罗攀生，邹莉.循环经济发展模式下矿区的发展与对策：评《矿区循环经济理论与技术》[J].矿业研究与开发，2020，40(9)：188.

［57］ 胡鞍钢.中国创新绿色发展[M].北京：中国人民大学出版社，2012.

［58］ 郝栋.绿色发展道路的哲学探析[D].北京：中共中央党校，2012.

［59］ BEGON M, TOWNSEND C R, HARPER J L. Ecology：From individuals to ecosystems.

[60] 李发娟. 青海省生态矿业发展模式初探[J]. 青海环境, 2006(1): 18-20.

[61] 薛巧慧, 田其云. 探索生态矿业[J]. 中国人口・资源与环境, 2013, 23(S2): 138-142.

[62] 赵腊平. "两山"理论的历史、理论和现实逻辑: 写在习近平总书记提出"两山"理论十五周年之际[N]. 中国矿业报, 2020-08-16.

[63] 钱鸣高. 绿色开采的概念与技术体系[J]. 煤炭科技, 2003(4): 1-3.

[64] 国土资源部. 矿产资源储量规模划分标准[S]. 北京: 2000.

[65] 中华人民共和国生态环境部. 全国大、中城市固体废物污染环境防治年报[EB/OL]. http://www.mee.gov.cn/ywgz/gtfwyhxpgl/gtfw/202012/P020201228557295103367.pdf.

[66] 中国国土资源经济研究院. 中国矿产资源节约与综合利用报告[R]. 北京: 地质出版社, 2014.

[67] 姚华辉, 蔡练兵, 刘维, 等. 我国金属矿山废石资源化综合利用现状与发展[J]. 中国有色金属学报, 2021, 31(6): 1649-1660.

[68] 蔡美峰, 薛鼎龙, 任奋华. 金属矿深部开采现状与发展战略[J]. 工程科学学报, 2019, 41(4): 417-426.

[69] 黄利, 白怡, 冯启明, 等. 高岭石型硫铁矿烧渣破碎粒度与解离度及磁选效果研究[J]. 非金属矿, 2012, 35(3): 9-11.

[70] HE J F, LIU C G, HONG P, et al. Mineralogical characterization of the typical coarse iron ore particles and the potential to discharge waste gangue using a dry density-based gravity separation[J]. Powder Technology, 2019, 342: 348-355.

[71] XIAO J H, ZHOU L L. Increasing iron and reducing phosphorus grades of magnetic-roasted high-phosphorus oolitic iron ore by low-intensity magnetic separation-reverse flotation[J]. Processes, 2019, 7(6): 388.

[72] TAO D, ZHOU X, DOPICO P G, et al. Evaluation of novel Georgia Pacific clay binders in iron ore flotation[J]. Minerals and Metallurgical Processing, 2010, 27(1): 42-46.

[73] 唐雪峰, 李家林. 某含锰赤铁矿石焙烧-弱磁选-强磁选试验[J]. 金属矿山, 2012(8): 52-55+60.

[74] 刘国庆, 张悦刊, 刘培坤, 等. 三产品重介旋流器分选锰矿石模拟与试验研究[J]. 金属矿山, 2020(11): 215-220.

[75] 吴秀玲, 林清泉, 毛耀清, 等. 湖南永州某低品位锰矿的选矿试验研究[J]. 中国锰业, 2013, 31(1): 11-15.

[76] 魏宗武. 某难选含锰贫铁矿的选矿试验研究[J]. 中国矿业, 2010, 19(3): 66-68+71.

[77] BAI X, WEN S, FENG Q, et al. Utilization of high-gradient magnetic separation-secondary grinding-leaching to improve the copper recovery from refractory copper oxide ores[J]. Minerals Engineering, 2019, 136: 77-80.

[78] 傅开彬, 汤鹏成, 秦天邦, 等. 四川某微细粒次生硫化铜矿浮选工艺研究[J]. 矿冶工程, 2018, 38(6): 48-50+54.

[79] 袁风香. 预先磁选工艺对某铜矿石浮选的影响[J]. 金属矿山, 2015(S1): 55-58.

[80] 丁淑芳, 牛艳萍, 张鸿波, 等. 某含金、银氧化铜矿选矿试验研究[J]. 资源开发与市场,

2014, 30(8)：899-901.

[81] 胡志宇.青海多隆拉哇金矿石浮选实验[J].矿物岩石, 2018, 38(4)：1-5.

[82] YANG Y, LIU S, XU B, et al. Extraction of gold from a low-grade double refractory gold ore using flotation-preoxidation-leaching process[M]//Rare Metal Technology 2015. Springer, Cham, 2015：55-62.

[83] BOBOZODA S, BOBOEV I R, STRIZHKO L S. Gold and copper recovery from flotation concentrates of Tarror deposit by autoclave leaching[J]. Journal of Mining Science, 2017, 53(2)：352-357.

[84] 范明阳, 王晓丽, 代淑娟, 等.某金矿石选矿试验研究[J].矿冶工程, 2017, 37(2)：46-48+53.

[85] 邓立佳, 代淑娟, 宿少玲, 等.某低品位微细粒金矿石浮选试验研究[J].矿冶工程, 2017, 37(1)：31-33+38.

[86] 蔡美峰, 薛鼎龙, 任奋华.金属矿深部开采现状与发展战略[J].工程科学学报, 2019, 41(4)：417-426.

[87] 文旭祥, 孙占学, 周义朋, 等.微生物浸铀研究进展[J].中国有色金属学报, 2020, 30(2)：411-420.

[88] 杜芳芳.某金矿尾矿综合回收金钨试验研究[J].矿山机械, 2018, 46(5)：51-55.

[89] 冯启明, 王维清, 张博廉, 等.利用四川某铜矿尾矿制作轻质免烧砖的工艺研究[J].中国矿业, 2010, 19(12)：90-92+95.

[90] 朱仁锋, 刘家弟, 李宗站.金矿尾矿综合回收利用工艺技术研究[J].黄金, 2011, 32(2)：53-55.

[91] 鲁亚, 刘松柏, 赵筠.利用铜尾矿制备经济型超高性能混凝土的研究[J].新型建筑材料, 2018, 45(12)：18-21+43.

[92] 刘军, 徐长伟, 刘智, 等.金属尾矿建筑微晶玻璃及其一次烧结制备方法：CN200810012165.5[P].2008-11-05.

[93] 彭建军, 贺深阳, 刘恒波, 等.白云石质金尾矿制备烧结砖的研究[J].新型建筑材料, 2012, 39(10)：21-23.

[94] 齐兆军, 盛宇航, 吕志文, 等.深锥浓密机在福建某金矿的应用研究[J].矿冶工程, 2018, 38(6)：71-73+78.

[95] 许新启, 杨焕文, 杨小聪.我国全尾砂高浓度(膏体)胶结充填简述[J].矿冶工程, 1998, 18(2)：1-4.

[96] 尹一男, 蒋训雄, 王海北.矿区地下水重金属污染防治初探：2013中国环境科学学会学术年会论文集(第五卷)[C].昆明：中国环境科学学会, 2013：1821-1825.

[97] 高文谦, 杨晓松.某钨矿区历史遗留废渣综合治理对策[J].有色金属(矿山部分), 2014, 66(3)：48-52.

[98] 王静纯.国内外小型矿山发展现状及其有关政策[C]//北京矿产地质研究所.中国实用矿山地质学(上册)专题资料汇编.北京：中国地质学会, 2010：304-307.

[99] 方敏, 马静.我国小型矿山的可持续发展战略[J].资源开发与市场, 2000, 16(3)：

169-170.

[100] 栗欣.绿色矿山建设模式的实践与探索[J].中国国土资源经济,2017,30(4):22-25.

[101] 中华人民共和国国土资源部.中国矿产资源报告[R].北京:地质出版社,2018.

[102] 中国资源综合利用年度报告(2014)[R].北京:国家发展和改革委员会,2014.

[103] 袁玲,孟扬,左玉明.黄金矿山尾矿资源回收和综合利用[J].黄金,2010,31(2):52
-56.

[104] 王吉青,王苹,赵晓娟,等.黄金生产尾矿综合利用的研究与应用[J].黄金科学技术,
2012,18(5):87-89.

[105] 中华人民共和国国土资源部.中国国土资源统计年鉴[M].北京:地质出版社,2017.

[106] 李剑.系统科学视域下的金融风险研究[D].成都西南财经大学,2017.

[107] 林康义.系统中整体和部分的辩证关系[J].哲学研究,1982(2):19-24+9.

[108] 潘韬,刘玉洁,张九天,等.适应气候变化技术体系的集成创新机制[J].中国人口·资源
与环境,2012,22(11):1-5.

[109] 郭海燕.从技术的本质看技术生态化[D].成都:成都理工大学,2008.

[110] 边云岗,刘国建.基于绿色技术系统观的生态化技术创新模式[J].广东工业大学学报
(社会科学版),2011,11(3):10-13.

[111] 钱鸣高,许家林,缪协兴.煤炭绿色开采[J].中国矿业大学学报,2003,32(4):343
-348.

[112] Ren T. Guest editorial-special issue on green mining in 2016[J]. International Journal
of Mining Science and Technology, 2017, 27(5):723-724.

[113] 自然资源部.关于《矿产资源节约和综合利用先进适用技术目录(2019版)》的公示[EB/
OL].(2019-12-05)[2019-12-26]. http∥gi. mnr. gov. cn/201912/ t20191206_2487022.
html.

[114] 王心.洱海流域入湖河流清水产流机制修复技术集成[D].西安:西安科技大学,2017.

[115] 中华人民共和国国家质量监督检验检疫总局.信息分类和编码的基本原则与方法:GB/T
7207—2002[S].北京:中国标准出版社,2002.

[116] 赵有军.基于灰色关联度的露天矿边坡稳定性分析[J].采矿技术,2019,19(1):
67-68.

[117] 郝艳捧,张磊,刘远鹤,等.基于改进灰色关联分析的 GIS 质量评价[J].电力自动化设
备,2017,37(7):161-165.

[118] LIN M C, WANG C C, CHEN M S. Using AHP and TOPSIS approaches in customer-driven
product design process[J]. Computer in industry, 2008, 59(1):17-31.

[119] 李柏年.模糊数学及其应用[M].合肥:合肥工业大学出版社,2007.

[120] 董陇军,赵国彦,宫凤强,等.尾矿坝地震稳定性分析的区间模型及应用[J].中南大学学
报(自然科学版),2011,42(1):164-169.

[121] 王恩杰,赵国彦,吴浩,等.充填管道磨损变权-模糊风险评估模型[J].中国安全科学学
报,2018,28(3):149-154.

[122] 张世雄.固体矿物资源开发工程[M].武汉:武汉理工大学出版社,2013.

［123］纪承子.非煤矿山安全监管的博弈分析［D］.昆明：昆明理工大学，2013.

［124］马晓南.基于博弈视角下煤矿安全生产与政府监管的演化与互惠分析［D］.大连：东北财经大学，2013.

［125］杨安妮，栗继祖.基于前景理论的煤矿安全行为监管演化博弈［J］.煤炭技术，2018，37(8)：330-333.

［126］刘全龙.中国煤矿安全监察监管系统演化博弈分析与控制情景研究［D］.徐州：中国矿业大学，2016.

［127］曹飞飞.基于演化博弈的煤炭矿区复合生态系统管理调控机制研究［D］.济南：山东师范大学，2016.

［128］王广成，曹飞飞.基于演化博弈的煤炭矿区生态修复管理机制研究［J］.生态学报，2017，37(12)：4198-4207.

［129］闫光礼.离子型稀土矿山环境修复演化博弈模型与策略研究［D］.北京：北京科技大学，2020.

［130］王新华，吴梦梦.基于三方博弈的矿区复垦土地移交模型及演化路径［J］.山东科技大学学报(社会科学版)，2020，22(3)：51-59.

［131］谭黎.煤矿企业逆向物流的演化博弈分析及激励机制研究［D］.郑州：郑州大学，2013.

［132］侯荡，梁志霞.基于演化博弈的我国煤炭企业绿色开采动态监管策略研究［J］.煤炭工程，2020，52(10)：186-191.

［133］JIA R X，NIE H H. Decentralization，Collusion，and Coal Mine Deaths［J］. Review of Economics and Statistics，2017，99(1)：105-118.

［134］徐大伟，杨娜，张雯.矿山环境恢复治理保证金制度中公众参与的博弈分析：基于合谋与防范的视角［J］.运筹与管理，2013，22(4)：20-25.

［135］张永安，马昱.基于熵权 TOPSIS 法的区域技术创新政策评价研究［J］.科技管理研究，2017，37(6)：92-97.

［136］杜春丽，洪诗佳.资源枯竭型城市转型政策的绩效评价［J］.统计与决策，2018，34(18)：70-73.

［137］DAN W，CAO S Q，JI C H. Evaluation on the Effect of Jing-jin-ji Coordinated Development Policy［C］. International Science and Culture for Academic Contacts，2018：7.

［138］ARLINDA H，VICTOR O K. Investigating integration of edible plants in urban open spaces：evaluation of policy challenges and successes of implementation［J］. Land Use Policy，2019，84：43-48.

［139］张孝亮.绿色开采的博弈分析［J］.煤炭经济研究，2011，31(4)：42-44.

［140］董源，裴向军，张引，等.基于组合赋权-云模型理论的岩爆预测研究［J］.地下空间与工程学报，2018，14(S1)：409-415.

［141］高世萍，武斌，杜金铭，等.激励机制下合作行为的演化动力学［J］.控制理论与应用，2018，35(5)：627-636.

［142］贾圣真.论国务院行政规定的效力位阶［J］.中南大学学报(社会科学版)，2016，22(3)：77-82.

[143]陈海嵩.环保督察制度法治化：定位、困境及其出路[J].法学评论，2017，35（3）：176－187.

[144]蒋光昱，王忠静，索滢.西北典型节水灌溉技术综合性能的层次分析与模糊综合评价[J].清华大学学报（自然科学版），2019，59（12）：981－989.

[145]郭亚军.综合评价理论、方法及应用[M].北京：科学出版社，2007.

[146]金成.基于主观度的双组合评价方法及应用[J].统计与决策，2018，34（19）：76－79.

[147]D Burchart－Korol. Application of Life Cycle Sustainability Assessment and Socio－Eco－Efficiency Analysis in Comprehensive Evaluation of Sustainable Development[J]. Journal of Ecology and Health，2011，15（3）：107－110.

[148]LI Y，ZHAO G，WU P，et al. An Integrated Gray DEMATEL and ANP Method for Evaluating the Green Mining Performance of Underground Gold Mines. Sustainability，2022，14（11）：6812.

[149]刘鹏.露天煤矿绿色开采评价指标体系及建设路径研究[D].徐州：中国矿业大学，2020.

[150]许加强，于光，何大义.绿色矿山的多专家综合评价方法探讨：以新汶矿业集团华丰矿山为例[J].资源与产业，2016，18（1）：61－68.

[151]刘尧.我国金属矿山绿色发展指标研究[D].北京：中国地质大学（北京），2012.

[152]张以河，胡攀，张娜，等.铁矿废石及尾矿资源综合利用与绿色矿山建设[J].资源与产业，2019，21（3）：1－13.

[153]海波.科技创新推动煤炭智能化绿色开采：全力推进盘州市煤炭智能化绿色开采[J].商情，2018（17）：182.

[154]秦飞.智慧煤矿建设与智能化开采关键核心技术分析[J].建筑工程技术与设计，2019（32）：367.

[155]张金锁，张伟，宋世杰.区域煤炭资源安全绿色高效开采评价指标体系与标准：以陕北侏罗纪煤田为例[J].中国煤炭，2015，41（6）：49－54.

[156]张文杰，黄体伟.我国煤矿安全法规体系的现状及展望[J].煤矿安全，2020，51（10）：10－17.

[157]滕炜，刘左军.中华人民共和国安全生产法解读[M].北京：中国法制出版社，2014

[158]温文静.安全生产法律体系研究[D].徐州：中国矿业大学，2018.

[159]应急管理部.企业职工伤亡事故分类标准：GB6441—1986[S].北京：中国标准出版社，1987.

[160]吴爱祥，王勇，张敏哲，等.金属矿山地下开采关键技术新进展与展望[J].金属矿山，2021（1）：1－13

[161]冯玉.煤矿企业本质安全型模式构建方法及应用[D].西安：西安科技大学，2018.

[162]王青云，李金华.关于循环经济的理论辨析[J].中国软科学，2004（7）：157－160+116.

[163]国家环保局科技标准司.工业污染物和排放系数手册[M].北京：中国环境科学出版社，1996：130－180.

[164]国土资源部.国土资源部关于金矿资源合理开发利用"三率"指标要求（试行）的公告[J].国土资源通讯，2013（3）：28－29.

[165] 山东省国土资源厅.山东省国土资源厅关于金铁煤等矿产资源合理开发利用"三率"最低指标要求的公告[J].山东省人民政府公报,2017(36):18-19.

[166] 7矿种"三率"最低指标公开征求意见[J].现代矿业,2019,35(1):105.

[167] 国土资源部发布5种矿产"三率"最低指标要求[J].现代矿业,2016,32(1):263.

[168] 陈冬梅.秀山锰资源绿色开发利用及保障度研究[D].重庆:重庆大学,2011.

[169] 郭佳.绿色煤炭矿山建设技术评价指标研究[J].边疆经济与文化,2012(2):27-28.

[170] 李洁,卢明银.井工煤矿绿色开采评价指标体系研究[J].能源技术与管理,2012(2):165-167.

[171] 刘丰韬.新城金矿资源绿色开采效果评价研究[D].沈阳:东北大学,2014.

[172] 郝秀强,任仰辉.安全高效绿色井工矿评价指标体系研究[J].中国煤炭,2015,41(3):69-72.

[173] 杨晓洁,董小勇.大型露天煤矿绿色开采评价体系研究[J].西部资源,2019(1):202-203.

[174] 刘鹏.露天煤矿绿色开采评价指标体系及建设路径研究[D].北京:中国矿业大学,2020.

[175] 赵武壮.针对性指导性操作性:解读《产业结构调整指导目录(2011年本)》有色金属产业部分[J].中国有色金属,2011(16):29-30.

[176] 胡敏.《产业结构调整指导目录(2019年本)》修订发布[J].炼油技术与工程,2019,49(12):53.

[177] 李沛,吴春茂.基于专家打分法的产品设计评价模型[J].包装工程,2018,39(20):207-211.

[178] 尹土兵,王品,张鸣鲁.基于AHP及模糊综合评判的地下金属矿山安全分析与评价[J].黄金科学技术,2015,23(3):60-66.

[179] 周步壮,杨胜强,张坤.三角模糊数-层次分析法在突出危险性预测中的应用研究[J].煤炭技术,2018,37(4):170-172.

[180] 吴旺,杨仕教.基于G1-灰色关联法的矿业企业对外投资风险评价研究[J].南华大学学报(自然科学版),2016,30(2):32-37.

[181] 张泽的,刘东,张皓然,等.基于PSO-AHP与粗集理论组合赋权的灌溉用水效率评价[J].节水灌溉,2018(10):59-63+67.

[182] 史兹国,郑斌.PSO-AHP模型在综合评价中的构建及应用[J].统计与决策,2012(1):30-33.

[183] 贾丽娜,梁收运.基于最优组合赋权法的华池县地质灾害易发性评价[J].地质灾害与环境保护,2018,29(4):61-67.

[184] 姚勇,税长军.梅州市地质灾害易发性评价方法研究[J].中国水土保持,2012,32(7):70-72.

[185] 杨志双,韩玉龙,张浩然.基于可拓理论的西南典型山区泥石流的危险性分级[J].河南理工大学学报(自然科学版),2013,32(1):35-39.

[186] 许军良,苏律文,仲晓林,等.基于博弈论思想的河流健康指标权重分配研究[J].江苏水利,2018(12):14-19.

[187]高明美,孙涛,张坤.基于超标倍数赋权法的济南市大气质量模糊动态评价[J].干旱区资源与环境,2014,28(9):150-154.

[188]邓天奇.基于客观组合赋权的供水管网健康度多级综合评价模型研究[D].广州:广东工业大学,2018.

[189]安慧君,王硕,常峥,等.森林质量模糊评价模型中赋权方法的选择:以红花尔基为例[J].西北林学院学报,2018,33(5):167-171.

[190]尹土兵,王品,张鸣鲁.基于AHP及模糊综合评判的地下金属矿山安全分析与评价[J].黄金科学技术,2015,23(3):60-66.

[191]吴崇丹,陈苗,刁剑.基于熵权法-模糊综合评价的污染物总量减排绩效评估与思考[J].四川环境,2018,37(5):163-168

[192]陈伟清,张学垚,赵文超,等.基于粗糙集与变异系数法相结合的智慧交通评价体系研究[J].数学的实践与认识,2019,49(2):191-197.

[193]索滢,王忠静.典型节水灌溉技术综合性能评价研究[J].灌溉排水学报,2018,37(11):113-120.

[194]龚大立.组合赋权法在煤矿安全风险分析中的应用[J].工矿自动化,2018,44(10):94-99.

[195]袁昭,林姣,王晋.基于主客观组合赋权法的即墨区饮用水源地水安全评价[J].绿色科技,2018(14):78-80.

[196]李俊漫,卢敏,舒心,等.组合赋权法在节水灌区综合效益评价中的应用[J].河南科学,2019,37(1):70-77.

[197]张亮.基于博弈论赋权的管制扇区风险集对评价模型[J].安全与环境学报,2018,18(5):1896-1901.

[198]王君莉.煤矿电气火灾危险性评价指标权重分配算法研究[J].煤矿机械,2017,38(7):40-42.

[199]刘笑可.基于G1法与熵权法的新型研发机构备案指标筛选研究[D].石家庄:河北科技大学,2019.

[200]吴光玲.基于模糊综合评价的露天矿边坡稳定性分析[J].内蒙古煤炭经济,2018(5):86-87.

[201]毛雨培.基于灰色理论和层次分析法的自然资源资产离任审计评价指标体系问题研究[D].南京:南京审计大学,2018.

[202]何子东.基于灰色理论和BIM技术的冷库节能性能评价研究[D].成都:西南石油大学,2018.

[203]董晓萌,程珍珍.基于聚类分析的课堂教学质量评价研究[J].渭南师范学院学报,2018,33(22):56-60.

[204]徐永能,毛一轩,刘述芳.可拓优度法在RCM实施效果评估中的应用[C].中国设备管理协会、巴西维修协会、欧洲国家维修团体联盟.第四届世界维修大会论文集[C].北京:中国设备管理协会,2008:834-839.

[205]焦海霞,贝绍轶,王志华.基于多目标决策的研究生科研创新能力评价研究[J].技术与

创新管理，2016，37（4）：371-375+396.

［206］黄震，傅鹤林，张加兵，等.基于云理论的盾构隧道施工风险综合评价模型［J］.铁道科学与工程学报，2018，15（11）：3012-3020.

［207］胡星.船舶运输节能减排评价指标体系及方法研究［D］.广州：华南理工大学，2012.

［208］高瑾瑾，郑源，李润鸣.抽水蓄能电站技术经济效益指标体系综合评价研究［J］.水利水电技术，2018，49（7）：152-158.

［209］陈华，林华忠，靳爱仙，等.基于物元分析法的将乐国有林场用材林质量评价研究［J］.林业资源管理，2018（5）：82-89.

［210］李道国，李欢.基于层次分析法的快递业客户满意度评价研究［J］.杭州电子科技大学学报（社会科学版），2018，14（4）：13-19.

［211］付强，韩冰，侯韩芳，等.基于 DEA 方法的绿色矿山标准效果评估［J］.标准科学，2017（8）：43-46.

［212］杨淑霞，韩奇，徐琳茜，等.鱼群算法与神经网络结合的节能减排效果评价［J］.中南大学学报（自然科学版），2012，43（4）：1538-1544.

［213］田欣.河北省生态文明城市建设评价指标体系研究［D］.保定：河北大学，2018.

［214］林漫冰，李雄英，黄绮雯.基于因子分析的我国区域经济发展水平研究［J］.经济数学，2018，35（4）：68-72.

［215］孟祥允，陈日辉，王时彬.灰色系统理论和模糊数学在矿井通风方案优化选择中的综合应用［J］.中国非金属矿工业导刊，2014（4）：60-63.

［216］李涛，王盛煜.基于灰色关联度和模糊综合评价法的我国电力市场交易评价体系研究［J］.工业技术经济，2018，37（9）：130-137.

［217］史秀志，邱贤阳，张木毅，等.凡口铅锌矿无底柱深孔后退式崩矿嗣后充填采矿法［J］.采矿技术，2011，11（4）：11-12+31.

［218］龙显日，孙勇，张宗国.凡口矿盘区机械化中深孔超常规采矿探索与研究［J］.采矿技术，2021，21（4）：14-17.

［219］田志刚，向军.泡沫砂浆新材料充填技术工艺研究及应用［J］.采矿技术，2015，15（2）：34-37+44.

［220］亢太鹏.凡口铅锌矿采矿与充填技术简介［J］.南方金属，2017（6）：26-29.

［221］张秋利.凡口矿选矿废水综合利用年创效益 1600 万元［N］.中国有色金属报，2007-07-21（007）.

［222］邹方筱.废弃矿山舍旧颜 绿水青山再为邻［N］.韶关日报，2022-07-30（A01）.

［223］曾庆宏.中金岭南凡口矿尾矿库生态恢复Ⅱ期工程顺利通过竣工环境保护验收［J］.中国有色金属，2021（19）：22-23.

［224］田旭芳，李兵.德兴铜矿绿色矿山建设对矿山高质量发展的作用［J］.铜业工程，2022（4）：113-115+120.

［225］王嘉芃，徐建国，沈家晓，等.德兴铜矿矿山重金属污染修复效果高光谱遥感评价［J］.自然资源遥感，2023，35（3）：284-291.

［226］黄克磊.德兴铜矿预裂爆破技术参数的确定与施工［J］.矿业装备，2015（8）：98-100.

[227] 余金勇.露天深孔台阶爆破布孔工艺探讨[J].铜业工程,2014(1):28-31.

[228] 陈素云.影响电铲挖掘效率的因素分析[J].产业与科技论坛,2017,16(14):80-81.

[229] 许盛林.德兴铜矿采矿运输设备可持续发展探讨与展望[J].铜业工程,2019,156(2):20-24.

[230] 唐维凯,王利岗,赖鹏辉,等.高寒地区露采高边坡合成孔径雷达在线监测预警研究[J].中国矿业,2022,31(2):99-103.

[231] http://www.dxs.gov.cn/dxszrzyj/dx2qouk2/202310/5d4102120bf94033b8f9f1514cc92c6d.shtml

[232] https://mse.xauat.edu.cn/info/1039/2022.htm